Franz Zahradnik · Hochtemperatur-Thermoplaste

Hochtemperatur-Thermoplaste

Aufbau – Eigenschaften – Anwendungen

Dr.-Ing. Franz Zahradnik

VDI VERLAG

Die Deutsche Bibliothek – CIP-Einheitsaufnahme

Zahradnik, Franz:
Hochtemperatur-Thermoplaste : Aufbau – Eigenschaften –
Anwendungen / Franz Zahradnik. – Düsseldorf : VDI-Verl.,
1993
   ISBN 3-18-401158-5

Printed in Germany
Druck und Verarbeitung: Druckerei Fuck, Koblenz

ISBN 3-18-401158-5

Vorwort

In diesem Buch wird der Versuch unternommen, eine Gruppe von Kunststoffen zusammenfassend darzustellen, die bei erhöhten Temperaturen, im Bereich oberhalb 140°C bis etwa 250°C, einige im verstärkten Zustand bis 320°C, anwendbar und durch Phenylenringe in der Hauptkette charakterisiert sind. Dabei sind sie unvernetzt, was ihre Verarbeitung zu Fertigteilen gegenüber den klassischen Hochtemperatur-Kunststoffen, den Duromeren (Duroplasten), erheblich vereinfacht. Sie lassen sich bis auf wenige Ausnahmen nach den gängigen Verarbeitungsmethoden für Thermoplaste formen und wiederholt über die Schmelze aufbereiten. Aufgrund dieser Eigenschaften haben sie sich in den letzten Jahren ein breites Feld neuer Anwendungen, besonders als leichte Konstruktionswerkstoffe, erschlossen.

In der Einleitung wird das Stoffgebiet abgegrenzt und eine Einteilung der Hochtemperatur-Thermoplaste an Hand ihrer chemischen Struktur vorgenommen. Im nachfolgenden Kapitel werden die verschiedenen Übergangsbereiche mit ihren charakteristischen Temperaturen beschrieben und die Einsatzgrenzen dieser Kunststoffe erläutert.

Im Hauptteil werden die einzelnen Hochtemperatur-Thermoplaste detailliert in getrennten Kapiteln beschrieben. Dabei sind die einzelnen Kapitel untergliedert, in Struktur, Synthesemethoden, Eigenschaften, einschließlich der Verarbeitungsmöglichkeiten und Anwendungen. Die hauptsächlichsten Hersteller und Handelsnamen werden angegeben.

Damit der Benutzer des Buches den für eine bestimmte Anwendung bestmöglichen Stoff auswählen kann, werden im letzten Kapitel die Eigenschaften der einzelnen Hochtemperatur-Thermoplaste nochmals übersichtlich in Tabellenform zusammengefaßt und gegenübergestellt.

Besonderes Augenmerk wird auf ein dieses Sondergebiet möglichst umfassendes Literaturverzeichnis gerichtet. Dadurch soll es dem Benutzer des Buches ermöglicht werden, sich auch weitergehend in der Originalliteratur zu informieren.

VI

Zu Dank verpflichtet bin ich meinen akademischen Lehrern, den Herren Prof. Dr. G. Hesse, Prof. Dr. A. Maercker und Prof. Dr. F.R. Schwarzl, die mich in die organische Chemie sowie die Physik und Mechanik der Polymere eingeführt und mit diesen Gebieten vertraut gemacht haben. Meinen Kollegen, den Herren Priv.-Doz. Dr. A. Brather, Dr. J. Kaschta, Dr. M. Wolf, Dipl.-Ing. H.-H. Sandner und Dipl.-Ing. T. Zeiler danke ich für viele wertvolle Anregungen und Diskussionen.

Den Anstoß zur Beschäftigung mit dieser Kunststoffgruppe hat mir Herr Dipl.-Ing. J. Rabe gegeben, wofür ich ihm ganz besonders danke. Bei dem Großteil der von uns durchgeführten Messungen konnten wir Material benutzen, das uns durch Vermittlung von Herrn Rabe und Frau Dipl.-Ing. D. Bilwatsch von der Firma INA Wälzlager Schaeffler KG, Produktbereich Kunststofftechnik, in Höchstadt zur Verfügung gestellt wurde. Weitere Materialien wurden uns freundlicherweise von folgenden Firmen überlassen: BASF AG, Bayer AG, Hoechst AG, Siemens AG, Deutsche ICI GmbH und General Electric Plastic GmbH.

Dank schulde ich auch Frau Dipl.-Ing. Z. Glaser vom VDI-Verlag für ihr Angebot, dieses Buch erscheinen zu lassen, und ihr Verständnis für die wiederholte Verzögerung der Manuskriptabgabe.

An dieser Stelle danke ich den vielen ungenannten Freunden und Fachkollegen, die mich zu dieser Arbeit angeregt und mir bei der Fertigstellung geholfen haben.

Erlangen, im März 1993

Franz Zahradnik

Inhalt

VIII

1 Einleitung

1.1 Zum Begriff Hochtemperatur-Thermoplaste

Wenn von Werkstoffen die Rede ist, dann versteht man darunter Materialien, mit denen der Konstrukteur in der Lage ist, Bauten, Bauteile oder Maschinen in ihren vielfältigsten Ausführungen, zu realisieren. Bei dieser Umsetzung ist die Wahl des geeigneten Materials von ausschlaggebender Bedeutung. Bei der Verwendung metallischer oder keramischer Werkstoffe ist deren Temperaturbeständigkeit in der Regel von untergeordneter Bedeutung. Bei der Anwendung von Kunststoffen ist sie dagegen wichtig. Kunststoffe unterscheiden sich von den anderen Werkstoffen ganz wesentlich dadurch, daß sie als organische Materialien bei erhöhter Temperatur unter der Einwirkung von Sauerstoff zur Zersetzung, bzw. Verbrennung, neigen. Aber diese Zersetzungstemperaturen sind nicht gleichzusetzen mit den maximalen Einsatztemperaturen. Thermoplaste, also Kunststoffe, die sich aus linearen, unvernetzten Makromolekülen aufbauen, zeigen weit unterhalb dieser Zersetzungstemperaturen Zustandsänderungen, die ihre Anwendung einschränken. Bei amorphen Thermoplasten wird der feste, glasartige Zustand nach oben durch die Glastemperatur begrenzt. Teilkristalline Thermoplaste weisen darüber hinaus eine Kristallitschmelztemperatur auf und beide Polymerarten sind oberhalb dieser Temperaturen als Werkstoffe nicht einsetztbar. Bei noch höheren Temperaturen zeigen sie viskoses Fließen. Diese Fließtemperaturen charakterisieren den Bereich für die thermoplastische Verarbeitung und liegen noch unterhalb der Zersetzungstemperaturen.

In dem vorliegenden Buch soll eines der jüngeren Spezialgebiete aus dem Bereich der organischen Werkstoffe dargestellt werden. Dabei ist der Begriff "Hochtemperatur" durchaus mißverständlich, denn derart hohe Anwendungstemperaturen, wie sie bei metallischen oder keramischen Werkstoffen möglich sind, lassen sich mit den Vertretern dieser Kunststoffgruppe nicht erreichen. Wir verwenden dennoch diesen Begriff um die hier zusammengefaßten von anderen Kunstoffen abzugrenzen, die als technische Kunststoffe bezeichnet werden und bis zu Temperaturen von etwa 140°C, maximal und nur für sehr kurze Zeit bis 170°C, eingesetzt werden können.

Tab.1.1: *Charakteristische Temperaturen einiger, unverstärkter Kunststoffe. HDT bezeichnet die Wärmeformbeständigkeitstemperatur nach ISO 75A, T_g die Glastemperatur und T_m die Kristallitschmelztemperatur [1-4].*

Kunststoff	HDT; °C	T_g; °C	T_m; °C	$T_{verarb.}$; °C
Poly(ethylene)	35-50	-123	104-139	180-300
Poly(vinylchlorid)	66-77	81		170-210
Poly(styrol)	77-103	100		200-250
Poly(butylenterephthalat)	55-65	45	223	230-270
Poly(ethylenterephthalat)	80-85	70	255	250-280
Poly(amide) PA 66 PA 6-terephthalat	75-90 130	50 140-180	240-265	270-300 370
Poly(phenylensulfid)	110	83	285	300-350
Poly(acetale) Homopolym. Copolym.	127-136 110-125	-82	175 165	200-230 190-210
Poly(carbonat)	131	141	260	280-320
Poly(etheretherketon)	152	145	334	370-420
Poly(sulfon)	174	185		340-370
Poly(arylat)	174	188		350-390
Poly(phenylenether)	174	205	267	300-320
Poly(etherimid)	200	215		330-420
Poly(ethersulfon)	204	225		340-390
Poly(amidimid)	260	275		320-370

Dabei ist die Unterteilung in technische oder temperaturbeständige Thermoplaste und hochtemperaturbeständige oder Hochtemperatur-Thermoplaste (HT-Thermoplaste) bei der Temperatur 140°C auf den ersten Blick willkürlich. Dennoch unterscheiden sich beide Gruppen, die der technischen und die der hochtemperaturbeständigen Thermoplaste, grundsätzlich in ihrem chemischen Aufbau. Die Thermoplaste mit Wärmeformbeständigkeits- bzw. HD-(Heat-Distortion)-Temperaturen unterhalb 140°C sind durch Molekülketten mit vorwiegend aliphatischen Grundeinheiten charakterisiert, während die der Hochtemperatur-Thermoplaste solche mit hauptsächlich aromatischen Gliedern aufweisen.

Dieser Unterschied ist bedeutend, da der Einbau aromatischer Ringe, d.h. von phenolischen oder heterocyclischen Gruppen, aber auch von Ether- und Sulfonbrücken, zu höherer thermischen Stabilität führt *[5,6]*. Ketten mit aliphatischen, alicyclischen und olefinischen Kohlenwasserstoff-Bausteinen zeigen dagegen nur geringe thermische Beständigkeit.

Hochtemperatur-Thermoplaste sind demnach charakterisiert durch einen Kettenaufbau aus aromatischen Ringen, die über Ether-, Ester-, Sulfid-, Sulfon-, Amid- oder Imidglieder verknüpft sind. Bezüglich dieses Aufbaues gibt es wenige Ausnahmen; bei einigen Poly(arylensulfonen), Poly(arylaten) und bei Poly(etherimid) sind noch aliphatische Glieder, nämlich die Isopropylidengruppe aus dem Comonomer Bisphenol A, als Kettenbaustein vorhanden.

Der zweite Begriff "Thermoplaste" bezieht sich auf die vorteilhafte Eigenschaft dieser Kunststoffe über die Schmelze, also thermoplastisch, formgebend verarbeitet werden zu können. Bezogen auf die molekulare Struktur bedeutet dies, daß alle diese Kunststoffe aus unvernetzten Makromolekülen bestehen. Sie unterscheiden sich dadurch grundlegend von den klassischen hochtemperatur- und hitzebeständigen Kunststoffen, den Duromeren.

In Tab.1.1 sind auch die Verarbeitungstemperaturen ($T_{verarb.}$) angegeben und es wird deutlich, daß erhöhte Temperaturbeständigkeit in der Anwendung in erster Linie mit erhöhten Verarbeitungstemperaturen erkauft werden muß.

Die hier als Hochtemperatur-Thermoplaste zusammengefaßten Materialien besitzen Verarbeitungstemperaturen zwischen 300 und 420°C. Mit 400 bis 450°C ist aber auch die Grenze erreicht, bis zu der sich Stähle als Material für Verarbeitungsmaschinen einsetzen lassen. Höhere Verarbeitungstemperaturen als 450°C würden Sondermaterialien für diese Verarbeitungsmaschinen erforderlich machen, deren Anschaffung den wirtschaftlich vertretbaren Rahmen zur Produktion von Kunststoffteilen sicherlich sprengen würde.

Dennoch gibt es Kunststoffe, die bei Temperaturen oberhalb 230°C ohne Verlust ihrer gesuchten Eigenschaften eingesetzt werden können. In der Literatur *[7, siehe auch 5]* werden hitzebeständige Kunststoffe (heat-resistant resins) definiert als Materialien, deren mechanische Eigenschaften sich über tausende von Stunden bei 230°C, hunderte von Stunden bei 300°C, Minuten bei 540°C und Sekunden bis zu 760°C nicht verschlechtern .

4   *Einleitung*

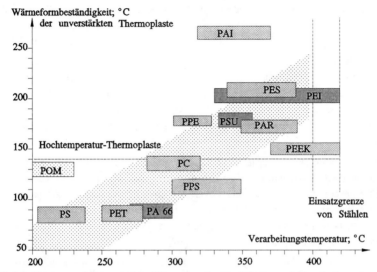

Abb.1.1: *Zusammenhang zwischen Wärmeformbeständigkeits- und Verarbeitungstemperaturen unverstärkter Thermoplaste.*

Diesen Anforderungen werden Hochtemperatur-Thermoplaste nicht gerecht. Besteht doch einer ihrer wesentlichen Vorteile darin, sich bei hinreichend niedrigen Temperaturen, nämlich unterhalb 450°C, über die Schmelze verarbeitet zu lassen.

Hitzebeständige, duromere Kunststoffe *[5-7]* verarbeitet man nach einem gänzlich andersartigen Prinzip zu Formteilen. Ihre Synthese wird nur soweit vorangetrieben, bis flüssige oder noch einfach zu handhabende Oligomere bzw. Präpolymere entstehen. Diese noch reaktiven Vorstufen werden formgebend verarbeitet und anschließend in einem weiteren Reaktionsschritt, der Härtung, zu Ketten mit hohen Molmassen bzw. molekularen Netzwerken verknüpft. Dadurch wird die prinzipielle Unvereinbarkeit von niedriger Verarbeitungstemperatur und hoher thermischer Beständigkeit in der Anwendung umgangen.

Eine weitere Kunststoff-Familie, die der Fluorpolymere *[8,9]*, wird in dieser Darstellung nicht behandelt, obwohl einige ihrer Vertreter durchaus als hochtemperaturbeständige Kunststoffe, in Hinblick auf ihre Thermostabilität, geeignet sind. Poly(tetrafluorethylen) PTFE ist aufgrund der stabilen Kohlenstoff-Fluor-Bindung und der Tatsache, daß die Fluoratome gleichsam eine schützende Hülle um die Kohlenstoff-Hauptkette bilden, ausgezeichnet durch herausragende chemische Beständigkeit und thermooxidative Stabilität. Die Wärmeformbeständigkeit nach ISO 75A allerdings liegt für PTFE zwischen 50 und 60°C. Die höchste Wärmeformbeständigkeit von allen Fluorpolymeren findet man bei Poly(vinylidenfluorid) PVDF mit 100°C. Darüber hinaus ist ihre Verarbeitung aufwendig. PTFE schmilzt zwar oberhalb 327°C, die Schmelzviskosität liegt aber bei 380°C mit etwa 10 GPas noch so hoch, daß es mit üblichen Verfahren nicht thermoplastisch verarbeitet werden kann.

Mit den hier behandelten HT-Thermoplasten dürfte somit der Rahmen ausgefüllt sein, der sich einmal aus den Möglichkeiten der einfachen Verarbeitung durch Formgebung über die Schmelze (thermoplastische Verarbeitung) und zum anderen aus optimaler thermischer Stabilität in der Anwendung ergibt.

Der Anteil der HT-Thermoplaste an der Weltkunststoffproduktion ist sehr gering; im Jahr 1990 wurden 29.000 Tonnen hergestellt, das entsprach 0,05% der gesamten Thermoplastproduktion. Im Vergleich dazu wurden von den Standart-Thermoplasten (PVC, PP, PE, PS etc.) in demselben Jahr 53,4 Millionen Tonnen (entspricht 96,1% der gesamten Thermoplastproduktion) und von den Technischen- Thermoplasten (PA, PC, POM, Fluorpolymere etc.) 2,1 Millionen Tonnen (d.s. 3,8%) produziert [21].

Den größten Anteil am Verbrauch im Jahre 1990 hatten die verschiedenen Poly(phenylensulfid)-Typen mit 13.700 Tonnen, während die Poly(aryletherketone) mit nur 450 Tonnen einen sehr geringen Verbrauch aufwiesen (siehe Tab.1.2). Ihr Preis lag bei 150-200 DM/kg [22], was sicherlich ein entscheidender Grund gegen eine breitere Anwendung der PAEK war.

Tab.1.2: Verbrauch und Preise von HT-Thermoplasten im Jahre 1990 [21,22].

HT-Thermoplast		Verbrauch; t	%	Preis; DM/kg
Poly(phenylensulfid)	PPS	13.700	48	15-20
Poly(sulfon)	PSU	6.200	21,7	22-36
Poly(ethersulfon)	PES	2.300	8	35-50
Poly(etherimid)	PEI	4.000	14	30-35
LC-Polymere		1.500	5,3	40-70
Poly(phenylensulfon) Radel®	PES	400	1,4	60-70
Poly(amidimid)	PAI			90-100
Poly(aryletherketone)	PAEK	450	1,6	150->200

1.2 Einteilung und Nomenklatur der HT-Thermoplaste

Wer sich mit Kunststoffen bzw. Polymeren beschäftigt, wird bemerken, daß es zum gegenwärtigen Zeitpunkt kein weitestgehend anwendbares, in sich geschlossenes und leicht durchschaubares System zur Klassifizierung gibt.

Eine Arbeitsgruppe der IUPAC um N.A. Platé und I.M. Papisov *[10]* hat nun ein Einteilungsschema entwickelt, das auf Homo- und Copolymere, bzw. auf alle makromolekularen Substanzen mit linearen Fadenmolekülen angewandt werden kann, deren konstitutionelle Grundeinheit (CRU = constitutional repeating unit i.e. die kleinste konstitutionelle Einheit, deren fortgesetzte Wiederholung ein reguläres Polymer beschreibt) identifiziert ist. Da die hier zusammengefaßten HT-Thermoplaste sich aus linearen Fadenmolekülen aufbauen und ihre konstitutionellen Grundeinheiten bekannt sind, wollen wir dieses Klassifizierungsschema anwenden.

Nach diesem System werden die einzelnen Polymere hierarchisch in Klassen, Unterklassen und Gruppen eingeordnet. Dabei wird die Konstitution der Hauptkette, d.h. die Art der Atome oder Atomgruppen, die in der Grundeinheit verknüpft sind, zur Klassifizierung herangezogen. Die höchste hierarchische Stufe bilden die beiden Klassen der Homoketten- und der Heterokettenpolymere. Jede unterteilt sich in mehrere Unterklassen entsprechend den Atomarten, die entweder allein (bei Homoketten) oder mit andersartigen Atomen (bei Heteroketten) in der Hauptkette verbunden sind.

Bei der Unterteilung der Klasse der Heterokettenpolymere in Unterklassen folgen wir dem Schema und ordnen die verschiedenen Polymere entsprechend absteigender Ordnung in:

- Sauerstoff-Kohlenstoff-(O,C)-Kettenpolymere

- Schwefel-Kohlenstoff-(S,C)-Kettenpolymere

- Stickstoff-Kohlenstoff-(N,C)-Kettenpolymere

Diese Reihenfolge ergibt sich aus den IUPAC-Regeln zur Nomenklatur anorganischer und koordinativer Polymere *[10]*. Demnach werden die Heteroatome in linearen Kettenpolymeren wie folgt gereiht: O, S, N, P, C, Si etc.. Diese Reihung wird auch zur Bezeichnung der Ketten mit drei oder mehr Heteroatomen angewandt.

Nach diesem Schema sollten Polymere mit drei Heteroatomen in der Hauptkette erst nach der Einordnung aller möglichen Polymere mit nur zwei verschiedenen Hauptkettenatomen eingereiht werden. Dieses Vorgehen halten wir für weniger geeignet, vielmehr erscheint uns die Einordnung der Heteroketten mit drei Atomen direkt nach den entsprechenden Heteroketten mit zwei Atomen ratsamer.

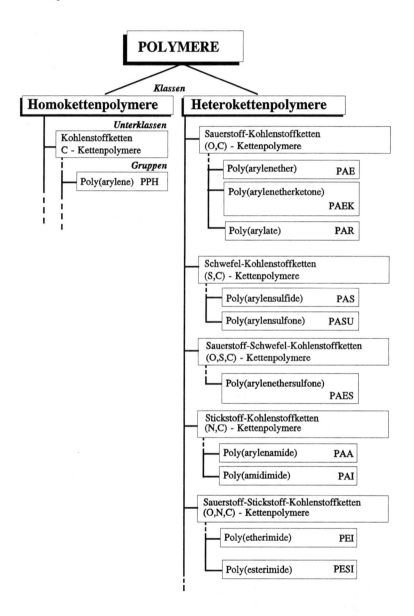

Schema 1: *Ausschnitt aus dem Klassifizierungsschema der IUPAC (Platé-Papisov).*

Zum Beispiel zeigen Poly(sulfone), eine Gruppe der Unterklasse (S,C)-Kettenpolymere, und Poly(ethersulfone), eine Gruppe der Unterklasse (O,S,C)-Kettenpolymere, viele Gemeinsamkeiten, die aus dem Vorhandensein der Sulfonylglieder resultieren. Diese enge "Verwandtschaft" sollte auch in der Klassifizierung zum Ausdruck kommen.

Gehen wir in diesem System weiter, so folgen nach den Unterklassen die verschiedenen Gruppen. Angewandt auf die hier zu behandelnden Hochtemperatur-Thermoplaste ergibt sich die in Schema 1 dargestellte Gruppeneinteilung. Die Verbindungslinien zwischen Unterklassen und Gruppen sind dabei strichliert eingezeichnet, da die aufgeführten Gruppen nur einen Teil der möglichen Polymergruppen darstellen; nicht wiedergegeben sind aliphatische, cycloaliphatische, olefinische und andere Polymergruppen.

Bei der Bezeichnung der einzelnen Gruppen ist es sinnvoll, solche Namen zu wählen, die die Besonderheiten dieser Polymere zum Ausdruck bringen und die sie leicht von anderen unterscheidbar machen. Das sind einmal die aromatischen Ringe und zum anderen die verschiedenen charakteristischen Kettenglieder, wie Ether-, Carbonyl-, Carboxy-, Sulfid-, Sulfon-, Imin- und Imidbausteine. So ergeben sich Bezeichnungen, wie Poly(arylenether), Poly(arylenetherketone), Poly(arylensulfone) etc.

Der charakteristischen Silbe -arylen- ist der Vorzug gegenüber -phenylen- zu geben, denn letztere bezeichnet eindeutig, das vom Benzol abgeleitete 2-wertige Radikal, während erstere allgemein auch mehrere aromatische Ringe unterschiedlicher Konstitution umfaßt *[11]*. Deshalb ist das Poly(1,4-phenylensulfid) eindeutig mit der Silbe -phenylen- beschrieben und stellt den einfachsten Vertreter, nämlich den unsubstituierten Vertreter in der Reihe der Poly(arylensulfide) dar. Die Gruppenbezeichnung Poly(arylensulfide) bezeichnet dagegen umfassend alle möglichen Polymere mit Grundeinheiten aus über Sulfidbrücken verknüpften aromatischen Ringen. Die ebenfalls in Polymerbezeichnungen anzutreffende Silbe -aryl- zur Kennzeichnung für aromatische Ringe als Hauptkettenglieder sollte nicht angewandt werden, da die Endung -yl nach den Nomenklaturregeln eindeutig einwertige Radikale kennzeichnet. Aromatische Ringe sind aber als Glieder der Polymer-Hauptkette mindestens 2-wertig (oder höherwertig, wenn am Ring verzweigt oder vernetzt), weshalb die Endung -ylen anzuhängen ist (z.B. bei Arenen ⇒ -aryl ⇒ -arylen-; beachte aber Benzol ⇒ -phenyl (nicht -benzyl!) ⇒ -phenylen- *[11]*).

Ein oftmals großes Problem sind die Bezeichnungen entsprechend den IUPAC-Regeln *[10,12,13]*. Sie werden immer häufiger benutzt, nicht mehr nur in der Makromolekularen Chemie. Wer z.B. auf der Suche nach Glastemperaturen das Polymer-Handbook von Brandrup-Immergut *[1]* aufschlägt, wird mit diesen Bezeichnungen konfrontiert. Wir werden deshalb bei jedem HT-Thermoplasten, dessen konstitutionelle Grundeinheit bekannt ist, die Bezeichnung entsprechend den strukturbezogenen Nomenklaturregeln angeben. Allerdings sind diese Bezeichnungen zu unhandlich um alleine und durchweg benutzt zu werden. Daraus ergibt sich die Notwendigkeit Synonyme und auch Kurzzeichen zu verwenden.

In der nachfolgenden Tab.1.3 sind die von uns benutzten Synonyme und Kurzzeichen angegeben. Dabei benutzen wir für Synonyme die Schreibweise mit Klammern, die auch in der Neuausgabe der DIN 7728 vom Januar 1988 angewandt wird. Abweichend davon schreiben wir alle Polymerbezeichnungen mit Klammern. Somit unterscheiden wir nicht zwischen strukturbezogenen (nach IUPAC in Klammern) und verfahrensbezogenen (nach IUPAC ohne Klammer) Namen *[13]*. Durch Verwendung dieser Klammerschreibweise ergibt sich eine einheitliche Schreibweise, deren möglichst umfassende Anwendung auch in der technischen Literatur wünschenswert wäre. Im übrigen wird durch die Verwendung einer einheitlichen Klammerschreibweise das Verständnis der älteren Originalliteratur nicht beeinträchtigt.

Bei den Kurzzeichen *[3,15,16,20]* ergeben sich größere Schwierigkeiten. Einmal schlagen verschiedene nationale Organisationen, wie DIN bzw. ASTM, für ein und dasselbe Polymer unterschiedliche Kurzzeichen, oder auch ein und dasselbe Kurzzeichen für verschieden Polymere, vor, zum anderen führen Firmen Kurzzeichen als Handelsnamen ein, die nach kurzer Zeit in der Literatur ohne Hinweis darauf, daß es sich um einen Handelsnamen handelt, benutzt werden. Weiterhin gibt es für eine Reihe der hier behandelten Polymere keine Kurzzeichen. Wir geben für solche Polymere Kurzzeichen an, wobei wir nicht mehr als vier Buchstaben verwenden, und nur solche Buchstaben, die sich aus den Monomeren in den IUPAC-Bezeichnungen oder den Synonymen ergeben.

Tab.1.3: Bezeichnungen und Kurzzeichen, nach dem IUPAC-Schema geordnet.

Klasse: Homokettenpolymere; Unterklasse: C-Kettenpolymere Gruppe: Poly(arylene)		
IUPAC-Bezeichnung	Synonym	Kurzzeichen
Poly(1,4-phenylen)	Poly(p-phenylen)	PPP[1]
Poly(1,4/1,3-phenylenmethylen) (uneinheitliche Struktur)[2]	Poly(benzyl)	PPM[3]
Poly(1,4-phenylenethylen)	Poly(p-xylylen)	PPX

Klasse: Heterokettenpolymere; Unterklasse (O,C)-Kettenpolymere
Gruppe: Poly(arylenether)

IUPAC-Bezeichnung	Synonym	Kurzzeichen
Poly(oxy-1,4-phenylen)	Poly(phenylenoxid)	POP
Poly[oxy-(2,6-dimethyl-1,4-phenylen)]	Poly(phenylenether)	PPE[4]
Gruppe: Poly(arylenetherketone)		
Poly(oxy-1,4-phenylencarbonyl-1,4-phenylen)	Poly(etherketon)	PEK
Poly[di(oxy-1,4-phenylen)carbonyl-1,4-phenylen]	Poly(etheretherketon)	PEEK[5]
Poly[oxy-di-(1,4-phenylencarbonyl)-1,4-phenylen]	Poly(etherketonketon)	PEKK
Poly[oxy-1,4-phenylencarbonyl-1,4-phenylenoxy-di-(1,4-phenylencarbonyl)-1,4-phenylen]	Poly(etherketonetherketonketon)	PEKEKK
Poly[oxy-1,4-phenylenoxy-di-(1,4-phenylencarbonyl)-1,4-phenylen]	Poly(etheretherketonketon)	PEEKK
Gruppe: Poly(arylate)		
Poly(oxy-1,4-phenylencarbonyl)	Poly(4-hydroxybenzoat)	POB[6]
Poly(oxy-1,4-phenylenisopropyliden-1,4-phenylenoxycarbonyl-1,3-phenylencarbonyl)	Poly(bisphenolisophthalat)	PBAI
Poly(oxy-1,4-phenylenisopropyliden-1,4-phenylenoxycarbonyl-1,4-phenylencarbonyl)	Poly(bisphenolterephthalat)	PBAT
Poly[2,2-bis(4-hydroxyphenyl)propan)-co-isophthalsäure;terephthalsäure]	Poly(bisphenoliso-/terephthalat)[7]	PBIT

Klasse: Heterokettenpolymere; Unterklasse (O,C)-Kettenpolymere
Gruppe: Poly(arylate) Fortsetzung

Poly(4,4'-dihydroxybiphenyl-co-4-hydroxybenzoesäure-co-isophthalsäure;terephthalsäure)	Poly(arylat) aus Dihydroxybiphenyl, Hydroxybenzoesäure und Iso-/Terephthalsäure[8]	PBBT
Poly(oxy-1,4-phenylencarbonyloxy-2,6-naphthylencarbonyl)	Poly(arylat) aus p-Hydroxybenzoesäure und 2,6-Hydroxynaphthoesäure	POBN

Klasse: Heterokettenpolymere; Unterklasse: (S,C)-Kettenpolymere
Gruppe: Poly(arylensulfide)

IUPAC-Bezeichnung	Synonym	Kurzzeichen
Poly(thio-1,4-phenylen)	Poly(p-phenylensulfid)	PPS[9]
Gruppe: Poly(arylensulfone)		
Poly(sulfonyl-1,4-phenylen)	Poly(sulfonyl-1,4-phenylen)	PSP[10]

Klasse: Heterokettenpolymere; Unterklasse: (O,S,C)-Kettenpolymere
Gruppe: Poly(arylenethersulfone)

IUPAC-Bezeichnung	Synonym	Kurzzeichen
Poly(oxy-1,4-phenylensulfonyl-1,4-phenylen)	Poly(ethersulfon)	PES[10]
Poly(oxy-1,4-phenylensulfonyl-1,4-phenylenoxy-1,4-phenylenisopropyliden-1,4-phenylen)	Poly(sulfon)	PSU[10]
Poly[oxy-di(1,4-phenylensulfonyl-1,4-phenylen)]	Poly(phenylensulfon)	PPSU[10]

Klasse: Heterokettenpolymere; Unterklasse (N,C)-Kettenpolymere
Gruppe: Poly(arylenamide)

IUPAC-Bezeichnung	Synonym	Kurzzeichen
Poly(imino-1,4-phenylen-carbonyl)	Poly(p-benzamid)	PBA
Poly(imino-1,4-phenylenimino-terephthaloyl	Poly(p-phenylentere-phthalamid	PPTA[11]
Poly(imino-1,3-phenylenimino-isophthaloyl)	Poly(m-phenylenisophthal-amid)	PMIA

Gruppe: Poly(phthalimidamide)[12]

Poly(phthalimido-5,2-diyl-1,4-phenylenmethylen-1,4-phenyleniminocarbonyl)	Poly(amidimid)	PAI[13]

Klasse: Heterokettenpolymere; Unterklasse: (O,N,C)-Kettenpolymere
Gruppe: (Poly(phthalimidether)[12]

IUPAC-Bezeichnung	Synonym	Kurzzeichen
Poly(phthalimido-5,2-diyl-1,3-phenylenphthalimido-2,5-diyl-oxy-1,4-phenylenisopropy-liden-1,4-phenylenoxy)	Poly(etherimid)	PEI[13]

Anmerkungen zu Tab. 2:

1) Nach *[15]*. Ein anderes Kurzzeichen, nämlich PPH, ist bei *[3]* angegeben. Uns erscheint PPP bezogen auf Poly(p-phenylen) als geeignet. PPH könnte als Kurzzeichen für nicht einheitlich, also nicht oder nicht nur para-verknüpfte Poly(phenylene) benutzt werden.

2) Unterschiedlich verknüpfte Monomereinheiten, kein reguläres Polymer, teilweise auch vernetzt. Das verwendete Synonym Poly(benzyl) *[17]* ist nicht sehr glücklich gewählt, da es aber in der Literatur weitestgehend benutzt wird, behalten wir es bei.

3) PPM wurde gewählt in Anlehnung an die IUPAC-Bezeichnung.

4) PPE nach DIN. POP nach ASTM *[15]*. Das oftmals angegebene PPO ist ein reg. Warenzeichen der General Electric Co. für Noryl®.

5) PEEK nach DIN.

6) POB nach ASTM.

7) Die Bezeichnungsweise für dieses Poly(arylat) aus Bisphenol A und einem Gemisch aus Isophthalsäure und Terephthalsäure benutzen wir in Anlehung an angloamerikanische Publikationen, siehe z.B. *[18]*.

8) Die Bildung eines Synonyms aus allen vier Comonomeren dieses Poly(arylats) würde zu einem verbalen Ungetüm führen. Wir benutzen deshalb diese etwas längere aber eindeutige Schreibweise. Bei den vielfältigen strukturellen Möglichkeiten, die sich aus der Polykondensation von aromatischen Säuren mit Diolen und weiteren Monomeren ergeben, wird man sinnvollerweise auf die Bezeichnungen entsprechend den IUPAC-Regeln zurückgreifen.

9) PPS nach DIN und ASTM.

10) Bei der Familie der aromatischen Poly(sulfone) und Poly(ethersulfone) haben sich Synonyme und Kurzzeichen eingeführt, die nicht immer konsequent auf die Struktur Bezug nehmen. Um ein Beispiel zu nennen: Dem nach IUPAC als Poly[oxy-di(1,4-phenylensulfonyl-1,4-phenylen)] bezeichneten Polymer (siehe unten mit dem Kurzzeichen PPSU) wird nach DIN und ASTM das Synonym Poly(phenylensulfon) zugewiesen. Dieses Synonym wäre für das Poly(sulfonyl-1,4-phenylen) sicherlich besser geeignet gewesen. Für das PPSU dagegen wäre die Bezeichnung Poly(etherdisulfon) charakteristischer.

Kurzzeichen:

PES nach DIN und ASTM für Poly(ethersulfon)

PSU nach DIN für Poly(sulfon)

PPSU nach DIN und ASTM für Poly(phenylensulfon)

Weitere in der Literatur zu findende Kurzzeichen:

PAS (auch ASTM) für Poly(arylsulfon), dieses Synonym wird zur Bezeichnung von Astrel® und Radel® A-Typen verwendet, siehe *[19,20]*.

PESU für Poly(ethersulfon), siehe PES

PSF für Poly(sulfon), siehe PSU

PSO ebenfalls für Poly(sulfon), siehe PSU

11) Diese Kurzzeichen werden aus den Anfangsbuchstaben der zur Copolykonden-
sation eingesetzten Monomere gebildet. Bei PPTA steht das zweite P für para-
Phenylendiamin, das T für Terephthalsäure und A schließlich für Poly(amid).
Entsprechend kennzeichnet das PMIA das aromatische Poly(amid) aus meta-
Phenylendiamin und Isophthalsäure.

Andere in der Literatur zu findende Kurzzeichen sind:

PA-PPD-T oder auch Poly(amid)-PPD-T für Poly(p-phenylenterephthalamid).

PA-MPD-I bzw. Poly(amid)-MPD-I für Poly(m-phenylenisophthalamid).

12) Das in dieser Gruppe stehende Poly(amidimid) ist neben dem Amid-Bestandteil
(-iminocarbonyl-, -NH-CO-) charakterisiert durch einen heterocyclischen Ring,
der sich formal von Phthalsäure ableitet. Wir berücksichtigen dabei nicht die
tatsächliche Synthese dieses Polymeren, bei der z.B. Trimellithsäureanhydrid mit
einem Diisocyanat umgesetzt wird. Vielmehr betrachten wir die konstitutionelle
Grundeinheit und ordnen sie entsprechend den Nomenklaturregeln, wie in For-
mel (I) dargestellt.

(I) Poly(amidimid)

In dem bei [1] angewandten Schema würde dieses Poly(amidimid) unter Poly-

(dioxoisoindoline) (siehe dort im Kapitel VI, Seite 254) eingereiht werden, mit dem systematischen Namen:

Poly(1,3-dioxoisoindolin-5,2-diyl-1,4-phenylenmethylen-1,4-phenyleniminocarbonyl).

(II) Isoindolin   (III)   1,3-Dioxoisoindolin   (IV)   Poly(phthalimid)

Das heterocyclische Ringsystem wird demnach auf das in den Ringpositionen 1 und 3 zweifach substituierte Isoindolin (II), nämlich das 1,3-Dioxoisoindolin (III) bezogen. Ebenso eindeutig, dabei kürzer, ist die Bezeichnung Phthalimid.

Wir werden im Rahmen dieser Darstellung die letztgenannte Bezeichnung verwenden, sowohl in den Gruppen-, wie auch in den systematischen Bezeichnungen.

13)   PAI und PEI nach DIN und ASTM.

Literatur:

[1]   P. Peyser: "Glass Transition Temperatures of Polymers" in J. Brandrup, E.H. Immergut [Hrsg.]: Polymer Handbook, 3. Aufl., J. Wiley & Sons, New York 1989.

[2]   H.F. Mark, N.M. Bikales, C.G. Overberger, G. Menges [Hrsg.]: Encyclopedia of Polymer Science and Engineering, Sec. Ed., J. Wiley & Sons, New York 1988.

[3]   H. Saechtling: Kunststoff-Taschenbuch, 24. Aufl., Hanser Verlag, München 1989.

[4]   J.M. Margolis [Hrsg.]: Engineering Thermoplastics, Marcel Dekker, New York 1985.

[5]   P.E. Cassidy: Thermally Stable Polymers, Marcel Dekker, New York 1980.

[6]   J.P. Critchley, G.J. Knight, W.W. Wright: Heat-Resistant Polymers, Plenum Press, New York 1983.

[7]   P.M. Hergenrother: "Heat-Resistant Polymers" in [2].

[8]   C.A. Sperati: "Physical Constants of Fluoropolymers" in J. Brandrup, E.H. Immergut siehe [1].

[9]   S.V. Gangal: "Tetrafluoroethylene Polymers" in [2].

[10]   IUPAC, Macromolecular Division, Commission on Macromoleculare Nomenclature: Compendium of Macromoleculare Nomenclature, prep. for public. by W.V. Metanomski, Blackwell Scientific Publications, Oxford 1991.

[11]   D. Hellwinkel: Die systematische Nomenklatur der Organischen Chemie, Springer-Verlag, Berlin 1974.

[12]   J. Brandrup: Nomenclature Rules, in J. Brandrup, E.H. Immergut siehe [1].

[13]   M. Budnowski: "Einführung in die Nomenklatur" in H. Bartl, J. Falbe [Hrsg.]: Makromolekulare Stoffe, Band E20 in Houben-Weyl "Methoden der organischen Chemie", Georg Thieme Verlag, Stuttgart 1987.

[14]   B. Vollmert: Grundriß der Makromolekularen Chemie, E. Vollmert-Verlag, Karlsruhe 1982.

[15]   H.-G. Elias: "Abbreviations for Thermoplastics, Thermosets, Fibers, Elastomers and Additives" in J. Brandrup, E.H. Immergut siehe [1].

[16]   B. Carlowitz [Hrsg.]: Die Kunststoffe, Chemie, Physik, Technologie, Band 1 Kunststoff Handbuch, Hanser Verlag, München 1990.

[17]   C.P. Tsonis: "Polybenzyls" in G. Allen, J.C. Bevington: Coprehensive Polymer Science, Pergamon Press, Oxford 1989.

[18] B.D. Dean, M. Matzner, J.M. Tibbitt: "Polyarylates" in G. Allen, J.C. Bevington siehe [17].

[19] L.M. Robeson, B.L. Dickinson: "Poly(arylsulfone)" in I.I. Rubin [Hrsg.]: Handbook of Plastic Materials and Technology, J.Wiley - Interscience, New York 1990.

[20] H.-G. Elias, F. Vohwinkel: Neue polymere Werkstoffe für die industrielle Anwendung, 2. Folge, Hanser Verlag, München 1983.

[21] J. Wolters, *Kunststoffe* **82**, 271 (1992).

[22] G. Alisch, *Kunststoffe* **80**, 600 (1990).

2 Wärmebeständigkeit

Hochtemperatur-Thermoplaste zeichnen sich gegenüber technischen Thermoplasten, wie z.b. Poly(oxymethylen), Poly(amiden) und Poly(carbonat), insbesondere durch erhöhte Wärmebeständigkeit aus. Im vorangegangen Kapitel hatten wir die Wärmeformbeständigkeit nach ISO 75 A als Kriterium zur Unterscheidung beider Kunststoffgruppen herangezogen. Mit dieser Prüfmethode wird die Temperatur bestimmt, bei der ein Kunststoff unter vorgegebener Last eine festgelegte Durchbiegung erreicht. Auch bei anderen Prüfmethoden, wie bei der Bestimmung der Formbeständigkeit in der Wärme nach Martens oder der Vicat-Erweichungstemperatur, wird das Deformationsverhalten des Kunststoffes entweder unter Biegebeanspruchung oder beim Eindrücken eines Prüfkörpers mit zunehmender Temperatur registriert. Als die jeweilige Wärmeformbeständigkeit wird diejenige Temperatur angegeben, bei der die Deformation ein festgelegtes Maß erreicht. In Abhängigkeit von der Belastungsart, ob Dreipunkt- oder Vierpunkt-Biegebeanspruchung oder Eindringen der Vicat-Nadel, und der festgelegten Deformationsgrenze sowie der Heizgeschwindigkeit ergeben sich bei ein und demselben Kunststoff verschiedene Wärmeformbeständigkeiten.

Für die Kunststoffanwendung ergeben diese Temperaturen in keiner Weise absolute obere Grenzwerte für den Anwendungsbereich. Die Bedeutung der Ergebnisse aus diesen Prüfungen liegt vielmehr in der Qualitätskontrolle und in einer groben, vergleichenden Abschätzung des Erweichungsbereiches verschiedener Kunststoffe.

Voraussetzung für die erfolgreiche Anwendung von Kunststoffen bis zu hohen Temperaturen ist die Kenntnis der Temperatur- und Frequenzlage der verschiedenen Zustände und der zwischen ihnen liegenden Übergangsbereiche.

Im Falle unvernetzter, polymerer Werkstoff, also auch der hier zu behandelnden HT-Thermoplaste, sind es im wesentlichen zwei Übergangsbereiche, die deren Wärmeformbeständigkeit bestimmen und die praktische Anwendbarkeit dieser Kunststoffe begrenzen:

- Bei amorphen Thermoplasten ist dies der Glas-Kautschuk-Übergang mit der Glastemperatur T_g als charakteristischer Temperatur.

- Bei teilkristallinen Thermoplasten ist es der Kristallitschmelzbereich (Schmelzbereich oder Schmelzpunkt) mit der Kristallitschmelztemperatur T_m.

Bei beiden Temperaturen erfolgen reversible Zustandsänderungen, bei T_g vom glasartigen, festen in den gummielastischen Zustand, bei T_m von halbharten, teilkristallinen (oder auch "lederartigen") Zustand in die Schmelze. Beim Übergang vom einen in den anderen Zustand ändern sich eine Reihe physikalischer und mechanischen Eigenschaften teilweise sehr stark, wie z.b. die Dichte, der Ausdehnungskoeffizient, die spezifische Wärme, der Elastizitätsmodul etc.

Eine weitere Temperatur ist in diesem Zusammenhang von Bedeutung, die Zersetzungstemperatur. Bei dieser Temperatur beginnt der Kettenabbau, es kommt zur Abspaltung niedermolekularer Produkte und das Material ändert sich in seiner chemischen Zusammensetzung. Sie charakterisiert die thermische und thermooxidative Beständigkeit der Kunststoffe. Unter thermischer Beständigkeit verstehen wir die Beständigkeit unter Inertgasatmosphäre, also bei Abwesenheit von Sauerstoff, unter thermooxidativer entsprechend die unter Luft.

Bei duromeren Kunststoffen begrenzt die thermooxidative Beständigkeit im allgemeinen den Anwendungsbereich zu hohen Temperaturen. Aufgrund ihrer vernetzten Struktur bilden sie keine Schmelze und können deshalb in der Regel bis zur Zersetzungstemperatur auch unter mechanischer Belastung eingesetzt werden. Bei den Thermoplasten, insbesondere bei den HT-Thermoplasten mit ihren teilweise hohen Schmelzbereichen, ist die Zersetzungstemperatur in Hinblick auf deren Verarbeitbarkeit von Bedeutung.

Im folgenden wollen wir auf diese charakteristischen Temperaturen, die Faktoren, die ihre Lage bestimmen und die Veränderungen der Eigenschaften, die bei diesen Temperaturen zu beobachten sind, eingehen.

2.1 Glastemperatur

Bei Thermoplasten und Elastomeren markiert die Glastemperatur T_g den Übergang vom glasartigen zum gummielastischen Zustand. Im Glaszustand sind diese Materialien steif, hart und glasartig spröde, während sie bei Temperaturen oberhalb ihrer Glastemperatur zäh und flexibel werden. Neben Steifigkeit bzw. Festigkeit ändern sich im Glas-Kautschuk-Übergang mit der Glastemperatur als charakteristischer Größe eine ganze Reihe physikalischer Eigenschaften, wie die Dichte, der Wärmeausdehnungskoeffizient, die spezifische Wärme, der Brechungsindex, der dielektrische Verlustfaktor etc. Die Temperaturabhängigkeit jeder dieser Größen kann deshalb zur Bestimmung der Glastemperatur T_g herangezogen werden.

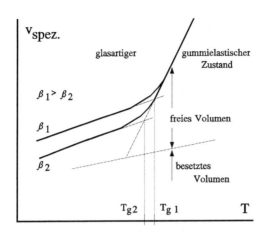

Abb.2.1: *Schematische Darstellung der Temperaturabhängigkeit des spezifischen Volumens amorpher Thermoplaste bei zwei verschiedenen Abkühlgeschwindigkeit β_1 und β_2.*

Klassischerweise wird T_g in dilatometrischen Messungen bestimmt. Die Untersuchung der Temperaturabhängigkeit des spezifischen Volumens v amorpher Polymere ergibt, daß sich die Steigung der Volumen-Temperaturkurve bei der Glastemperatur ändert. Wegen des unscharfen, allmählichen Übergangs im v-T-Diagramm wird T_g als Schnittpunkt der beiden Geraden definiert, die sich durch Extrapolation der Kurvenabschnitte im glasartigen und im gummielastischen Zustand ergeben, wie dies in Abb.2.1 schematisch dargestellt ist.

Verschiedene Abkühlgeschwindigkeiten β ergeben unterschiedliche Werte für das spezifische Volumen im Glaszustand; bei hoher Kühlgeschwindigkeit werden höhere Werte als bei langsamen Abkühlen gemessen. Die Extrapolation der jeweiligen Kurvenabschnitte ergibt demnach verschiedene T_g-Werte: Je höher die Abkühlgeschwindigkeit ist, desto höher liegt die Glastemperatur. Dieses Ergebnis ist für Thermoplaste typisch und deutet daraufhin, daß die Glastemperatur keine echte thermodynamische Umwandlung 2. Ordnung darstellt, vielmehr auf kinetische Effekte zurückzuführen ist [1].

Zur Erklärung der Phänomene bei glasartiger Erstarrung wird die Theorie des freien Volumens [2-22] herangezogen. Diese Theorie ist weitgehend anerkannt und basiert auf der Vorstellung, daß bei vollkommen amorphen Materialien, d.h. Stoffen, die auch bei extrem langsamen Abkühlen nicht kristallisieren, neben dem Eigenvolumen der Moleküle und deren temperaturabhängigem Schwingungsvolumen, die zusammen das besetzte Volumen ergeben, noch ein Anteil an unbesetztem, also freiem Volumen vorhanden ist.

Bei einem amorphen Polymer in der Schmelze und im gummielastischen Zustand resultiert dieses freie Volumen aus dem hohen Grad an molekularer Unordnung, die sich in der Verknäulung der Moleküle ausdrückt. Diese regellose Anordnung wird durch thermische Stöße der Moleküle, bzw. von Molekülsegmenten untereinander erzeugt. Sie ist möglich, da die Kohäsionskräfte zwar ausreichend stark sind eine kondensierte Phase zu bilden, aber nicht stark genug um Bewegungen einzelner Molekülsegmente zu verhindern.

Bei erhöhter Temperatur in der Schmelze und im gummielastischen Zustand ergibt sich im Falle linearer Makromoleküle eine verknäulte Struktur, wobei sich Teile der Molekülketten in ständiger Bewegung befinden und somit die Ketten fortwährend ihre Konformation ändern. Durch diese Segmentbewegungen wird auch das freie Volumen ständig umverteilt. Um ein Bild aus der Kristallphysik zu gebrauchen, kann man sich diese Verhältnisse als Fluktuation bzw. Diffusion von Leerstellen oder Löchern vorstellen.

In Abb.2.2 wird versucht schematisch darzustellen, was unter solchen Segmentbewegungen zu verstehen ist. Dieses idealisierte Bild zeigt im Ausschnitt fünf nebeneinanderliegende Makromoleküle. Das mittlere Molekülsegment bewegt sich hierbei, wie durch den Pfeil angedeutet, in den neben ihm ausgebildeten Freiraum hinein.

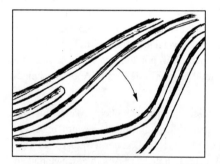 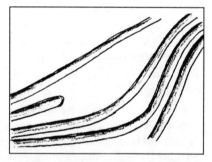

Abb.2.2: Schematische Darstellung der Bewegung eines Molekülsegments in einen neben ihm liegenden Freiraum.

Dieses Bild ist insofern idealisiert, als unter realen Bedingungen die Bewegung eines einzelnen Molekülsegments nur äußerst selten auftreten wird. Vielmehr werden mehrere nebeneinanderliegende Molekülsegmente gleichzeitig umklappen und weiterreichende, kooperative Platzwechsel vornehmen.

Voraussetzung für diese Bewegungsvorgänge von Molekülsegmenten, die mehrere Grundeinheiten umfassen, ist, daß Drehungen um Hauptkettenbindungen möglich sind. Bei gewinkelt aufgebauten Makromolekülen mit Einfachbindungen in der Molekülhauptkette sind solche Drehbewegungen möglich. Abb.2.3 zeigt die Drehung um eine Einfachbindung beispielhaft an Poly(phenylensulfid). Jede im Molekül vorhandene Einfachbindung zwischen Phenylenring und Schwefelatom stellt eine Rotationsachse dar, um die Drehungen möglich sind. Dadurch kann das Makromolekül eine Unzahl verschiedener Konformationen und jede beliebige Gestalt, die zwischen vollkommen gestreckter Zickzack- und dichtest geknäulter Kette denkbar ist, annehmen.

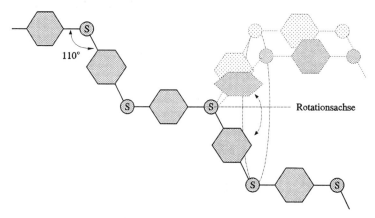

Abb.2.3: Drehung um Einfachbindungen in der Molekülhauptkette, dargestellt an einer Phenylen-Schwefel-Bindung in Poly(phenylensulfid).

Mit abnehmender Temperatur verringern sich die thermisch angeregten Molekülbewegungen, die Packungsdichte der ineinander verschlungenen Molekülketten erhöht sich und das freie Volumen nimmt ab. Bei der Glastemperatur hat das freie Volumen soweit abgenommen, daß die Konformationsänderungen der Molekülketten nur noch in sehr eingeschränktem Maße möglich sind. Die Molekülketten werden in ihrer momentanen Konformation gleichsam eingefroren, das amorphe Polymer erstarrt. Die Abhängigkeit der Glastemperatur von der Abkühlgeschwindigkeit läßt sich damit erklären, daß bei starkem Abkühlen zwar die Größe der Höhlräume oder Leerstellen entsprechend rasch mit der Temperatur abnimmt, ihre Anzahl verringert sich dagegen weniger schnell. Bei schnellem Abkühlen können weniger Leerstellen aus dem Material diffundieren als bei langsamen Abkühlen. Die Diffusion der Leerstellen wird bei schnellem Abkühlen von der Einschränkung der Bewegungsmöglichkeiten gleichsam "überrollt" und das freie

Volumen kann nicht weiter abnehmen. Segmentbeweglichkeit und freies Volumen sind derart miteinander verknüpft, daß Segmentbewegungen und damit Konformations- änderungen nur oberhalb eines Minimalbetrages an freiem Volumen möglich sind und die Diffusion von Leerstellen, also die Ab- oder auch Zunahme von freiem Volumen, wiederum nur unter der Voraussetzung von Segmentbewegungen stattfinden kann.

Im Glaszustand, also bei Temperaturen unterhalb der Glastemperatur, können die Molekülketten nicht mehr ihre Gleichgewichtskonformation und -packungsdichte erreichen, das erstarrte, amorphe Polymer besitzt einen Überschuß an Enthalpie, Entropie und freiem Volumen, bezogen auf den Gleichgewichtszustand, den das nicht erstarrte Polymer als Flüssigkeit bei diesen Temperaturen einnehmen würde. Der Glaszustand stellt keinen thermodynamischen Gleichgewichtszustand dar. Das spezi- fische Volumen nimmt im Glaszustand mit fallender Temperatur weniger stark als im gummielastischen Zustand ab; seine Abnahme resultiert hier allein aus der Abnahme des Schwingungsvolumens, während sie oberhalb der Glastemperatur zusätzlich durch die Abnahme an freiem Volumen bestimmt wird.

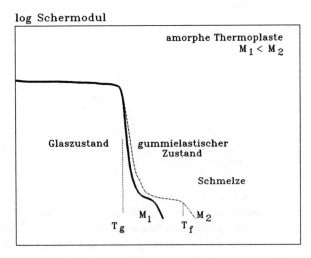

Abb.2.4: *Verlauf der Schermoduli amorpher Thermoplaste mit verschiedenen mittleren Molmassen* $M_1 < M_2$ *über der Temperatur in halblogarithmischer Darstellung.*

Wesentlich stärker als beim spezifischen Volumen sind die Änderungen der mechani- schen Eigenschaften im Glas-Kautschuk-Übergang ausgeprägt. In Abb.2.4 ist der Verlauf des Schermoduls für zwei amorphe Thermoplaste mit unterschiedlicher Molmasse M_1 und M_2 schematisch wiedergegeben.

Amorphe Thermoplaste zeigen im Glaszustand, also bis zur Glastemperatur T_g, nur einen geringen Abfall des Moduls mit steigender Temperatur. Im Glas-Kautschuk-Übergang fällt der Modul innerhalb eines engen Temperaturbereiches von 10-30 K um drei bis vier Dekaden ab. Die technische Anwendbarkeit reicht nur bis zum Beginn des Überganges. Die Wärmeformbeständigkeitstemperatur nach ISO 75A liegt etwa 10 K unter der Glastemperatur.

In dynamisch-mechanischen Experimenten zur Bestimmung des Schermoduls wird die Kunststoffprobe mit einer sich periodisch ändernden Deformation beaufschlagt und die Spannung gemessen. Materialien mit hohem Modul lassen sich auch mit hohen Spannungen nur geringfügig deformieren; bei solchen mit niedrigem Modul führen schon kleine Spannungen zu großen Deformationen. Thermoplaste besitzen im Glaszustand mit Werten über 1 GPa einen hohen Schermodul, die erreichbaren Deformationen sind klein und elastisch. In diesem Zustand sind die Makromoleküle eingefroren und unbeweglich. Beim Aufbringen einer äußeren Deformation werden die eingebrachten Spannungen lediglich durch Verzerrung der Bindungswinkel und Vergrößerung der Bindungsabstände abgebaut.

Wird bei Temperaturerhöhung die Glastemperatur erreicht, so entwickelt sich aufgrund des anwachsenden freien Volumens die molekulare Beweglichkeit. Dadurch sind die Moleküle bei der Einwirkung äußerer Kräfte in der Lage durch Drehbewegungen und weitreichende Umlagerungen diesen Spannungen nachzugeben. Bereits niedrige Spannungen genügen um große Deformationen zu erzeugen.

Im allgemeinen wird die Temperaturabhängigkeit des Schermoduls bei verschiedenen Frequenzen im Bereich von 0,1 bis 10 Hz (DIN 53 445) gemessen. Im Glaszustand ist der Modul nahezu unabhängig von der Schwingungsfrequenz. Im Glas-Kautschuk-Übergang allerdings nimmt die Frequenzabhängigkeit stark zu, im Frequenzbereich von eineinhalb Dekaden sinkt der Modul in der Mitte des Übergangs um etwa eine Dekade ab. In Abb.2.5. sind die Ergebnisse eines Torsionsschwingungsversuchs an Poly(etherimid), PEI, im Temperaturgebiet von 30 bis 230°C über der Kreisfrequenz ω ($\omega = 2\pi\nu$, siehe *[24]*) wiedergegeben. In dieser Darstellung deutet die strichlierte Linie die Frequenz 1 Hz an, bei der wir die interpolierten Werte des Schermoduls entnehmen und im nachfolgenden in den Darstellungen der Schermodul-Temperatur-Kurven wiedergeben. Aus den Ergebnissen solcher Torsionsschwingungsmessungen lassen sich unter Anwendung des Zeit-Temperatur-Verschiebungsprinzps auch Schnitte bei höheren oder niedrigeren Frequenzen erstellen, aus denen die Frequenzabhängigkeit des Schermoduls im Glas-Kautschuk-Übergang deutlich wird.

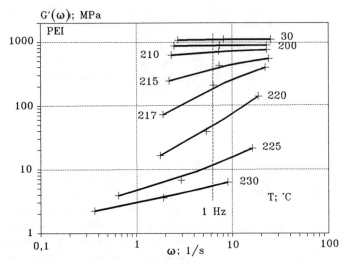

Abb.2.5: *Frequenzabhängigkeit des Schermoduls mit der Temperatur als Parameter von Poly(etherimid) im Glas-Kautschuk-Übergang [25].*

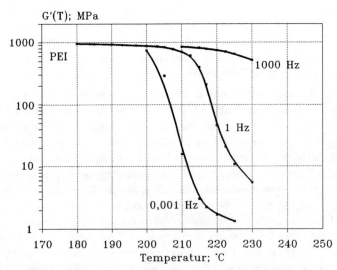

Abb.2.6: *Temperaturabhängigkeit des Schermoduls von Poly(etherimid) bei drei verschiedenen Belastungsfrequenzen [24].*

In Abb.2.6 ist die Temperaturabhängigkeit des Schermoduls von Poly(etherimid) bei drei verschiedenen Frequenzen dargestellt. Bei der Frequenz von 0,001 Hz ist der Abfall des Schermoduls im Glas-Kautschuk-Übergang um 10 K zu tieferen Temperaturen als bei 1 Hz verschoben. Hohe Belastungsfrequenzen dagegen verschieben den Abfall zu höheren Temperaturen. Der Schermodul bleibt in diesem Fall bei der Frequenz von 1000 Hz bis 230°C oberhalb 500 MPa.

In diesem experimentellen Befund kommt die Zeitabhängigkeit der molekularen Bewegungsvorgänge zum Ausdruck. Unter einer aufgezwungenen Deformation baut das Material die eingebrachten Spannungen durch Umlagern von Molekülen bzw. Molekülsegmenten ab. Das Material relaxiert. Diese Umlagerungen laufen aber nicht momentan ab. Je nach Höhe der Hinderung in den einzelnen Molekülen und zwischen benachbarten Molekülen erfolgen sie in kürzerer oder längerer Zeit. Die Moleküle nehmen ihre neue Lage, d.h. ihre geänderte Konformation, innerhalb einer charakteristischen Zeit, der Relaxationszeit, ein.

Bei periodischer Wechselbeanspruchung, wie im obengenannten Torsionsschwingversuch, unterliegen die Moleküle durch die erzwungene Deformation zeitlich aufeinanderfolgenden, entgegengesetzt gerichteten Spannungen. Je nach Schwingungsfrequenz erfolgt die Deformationsumkehr mehr oder weniger schnell. Bei niedriger Belastungsfrequenz, also langer Zeitspanne zwischen den Deformationsänderungen, bleibt den Molekülen genügend Zeit ihre Konformation zu ändern und sich umzulagern. Das Material relaxiert einen Teil der eingebrachten Spannung ab, es erscheint weich.

Im Falle hoher Schwingungsfrequenz bleibt keine Zeit für Umlagerungen. Das Material kann die eingebrachten Spannungen nicht durch molekulare Umlagerungen abbauen, sondern reagiert lediglich mit Verzerrung der Bindungswinkel und -längen, wodurch es steif und fest erscheint.

Liegt nun bei einer Temperatur in der Nähe des Glas-Kautschuk-Überganges die Belastungsfrequenz in der Größenordnung der charakteristischen Relaxationszeit, so werden im Thermoplast durch molekulare Umlagerungen die eingebrachten Spannungen abgebaut, er erweicht. Liegt bei derselben Temperatur die Belastungsfrequenz höher, ist die Belastungszeit also kürzer als die entsprechende Relaxationszeit, so bleibt keine Zeit für Umlagerungen, der Thermoplast ist steif.

Wie in Abb. 2.4 gezeigt, beeinflußt auch die Molmasse den Verlauf des Schermoduls. Bei technischen Polymeren mit ihren hohen Molmassen zeigt sich in aller Regel kein Einfluß der Molmasse auf die Glastemperatur. Bei Produkten mit Molmassen, die unter 10-20.000 g/mol liegen, und Oligomeren dagegen ergibt sich ein deutlicher Zusammenhang: Mit anwachsender Molmasse steigt die Glastemperatur.

Zunehmende Molmasse macht sich bei hochmolekularen amorphen Thermoplasten in einer Verbreiterung des gummielastischen Gebietes bemerkbar. Der Grund dafür liegt in der mit ansteigender Molmasse zunehmenden Anzahl von Verschlaufungen pro Makromolekül. Dadurch wird mehr Energie notwendig um die Moleküle soweit gegeneinander zu verschieben, daß Fließen eintritt. Der Übergang zum Fließen tritt demnach bei höherer Temperatur auf, das gummielastische Gebiet dehnt sich zu höheren Temperaturen aus.

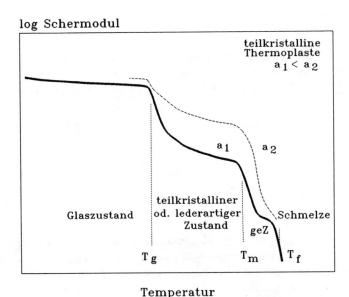

Abb.2.7: *Verlauf der Schermoduli teilkristalliner Thermoplaste mit unterschiedlichen Kristallinitätsgraden $a_1 < a_2$ über der Temperatur in halblogarithmischer Darstellung.*

Bei teilkristallinen Thermoplasten fällt der Modul bis zur Glastemperatur T_g ebenfalls nur geringfügig ab. Sie unterscheiden sich von amorphen Thermoplasten dadurch, daß ein Teil der Moleküle in Kristalliten angeordnet ist. Kristalline und amorphe Bereiche liegen unter Ausbildung verschiedener morphologischer Strukturen nebeneinander vor. Das Vorhandensein amorpher Anteile führt zu denselben Veränderungen der physikalischen und mechanischen Eigenschaften, wie sie für rein amorphen Thermoplaste bei der Glastemperatur charakteristisch sind. Allerdings ist das Ausmaß dieser Veränderungen vom kristallinen Anteil, ausgedrückt durch den Kristallinitätsgrad, abhängig. Je höher dieser ist, umso schwächer treten die mit der glasigen Erstarrung bei der Glastemperatur verknüpften Veränderungen in Erscheinung.

Der Übergang bei der Glastemperatur ist bei teilkristallinen weniger stark ausgeprägt als bei amorphen Thermoplasten. Der Modul fällt hierbei, je nach Kristallisationsgrad, um bis zu einer Dekade ab. In Hinblick auf die mechanischen Eigenschaften wirken die Kristallite wie verstärkende Partikel. Die Höhe des Moduls im lederartigen Zustand wird also durch den Kristallinitätsgrad bestimmt, je höher dieser ist, um so geringer wird der Abfall des Moduls bei der Glastemperatur ausgeprägt sein. Das im Vergleich zu amorphen relativ hohe Niveau des Moduls teilkristalliner Thermoplasten im lederartigen Zustand ist der Grund dafür, daß diese z.T. über die Glastemperatur hinaus bis zu höheren Temperatur eingesetzt werden können. Die Wärmeformbeständigkeitstemperaturen einer Anzahl teilkristalliner Thermoplaste liegen auch ohne Zusatz von Verstärkungsstoffen oberhalb ihrer Glastemperatur.

Bei der Schmelztemperatur T_m sinkt der Modul dann steil ab. Ob sich dem teilkristallinen Zustand noch ein gummielastisches Gebiet (in Abb.2.7 mit "geZ" bezeichnet) anschließt hängt von der Molmasse ab. Bei sehr hochmolekularen, teilkristallinen Thermoplasten findet man ein Plateau vor dem Übergang in die Schmelze.

Aus der bisherigen Darstellung geht hervor, daß bei der Glastemperatur, von tiefen Temperaturen kommend, die Beweglichkeit von Kettensegmenten, angeregt durch Wärmestöße und aufgrund des ausreichend vorhandenen freien Volumens, sprunghaft anwächst.

Ein Aspekt dieser Segmentbeweglichkeit wurde dabei noch nicht angesprochen, der aber von grundlegender Bedeutung ist, nämlich die chemische Struktur der Polymerketten. Sie und die aus ihr resultierenden Abstoßungs- bzw. Anziehungskräfte zwischen den einzelnen Ketten im Molekülverband bestimmen letztendlich die Höhe der Glastemperatur.

In der Literatur *[9,15, 26-29]* sind eine Reihe von Konzepten beschrieben, die diesen Zusammenhang betreffen und auf die Möglichkeit zielen, die Glastemperatur allein aus der chemischen Struktur mit molekularen Parametern zu berechnen. Daß diese Aufgabe jedoch bis heute nicht befriedigend gelöst ist, liegt wohl an dem noch ungenügenden Verständnis der Beziehung zwischen molekularem Aufbau und makroskopischem Verhalten polymerer Systeme.

Wir wollen im folgenden auf diesen Zusammenhang zwischen chemischer Struktur und Glastemperatur eingehen. Die chemische Struktur ergibt sich aus der Art und Reihenfolge der Kettenatome, der Art der Bindungen zwischen den Atomen, den Bindungslängen und Bindungswinkeln sowie der Größe und Anordnung von Atomgruppen, die als Seitenketten mit der Hauptkette verbunden sind. Zur Konformationsänderung und

Umlagerung von Molekülsegmenten müssen Drehbewegungen kleinerer Atomgruppen um Hauptkettenbindungen möglich sein. Wieviele dieser Drehbewegungen bzw. wie schnell sie erfolgen, hängt von der Höhe der Energiebarriere zwischen den verschiedenen Konformationen ab, die bei der Rotation um einzelne Kettenbindungen überwunden werden muß. Die Höhe der Energiebarriere wiederum ist abhängig von den Abstoßungs- bzw. Anziehungskräften der Substituenten benachbarter Kettenatome (intramolekulare Wechselwirkung) und von den zwischenmolekularen Kräften nebeneinander liegender Molekülketten (intermolekulare Wechselwirkung).

Je höher diese Energiebarriere ist, umso weniger Konformationsänderungen werden pro Zeiteinheit möglich sein bzw. umso höher muß die thermische Anregung werden, damit überhaupt Änderungen erfolgen können. Das bedeutet, innerhalb einer Reihe unterschiedlich aufgebauter Polymere, werden diejenigen hohe Glastemperaturen zeigen, bei denen die Energiebarriere zwischen zwei verschiedenen Konformationen hoch ist.

In Tab.2.1 sind Beispiele für Polymere und ihre Glastemperaturen aufgeführt, die in der Hauptkette nur Kohlenstoffatome enthalten, mit Wasserstoff als Substituenten bzw. mit Seitengruppen, die ebenfalls nur aus Kohlenwasserstoffresten bestehen. Innerhalb dieser Reihe zeigen Poly(ethylen) bzw. das aus Diazomethan hergestellt Poly(methylen) die niedrigste Glastemperatur. Die Energiebarriere zwischen verschiedenen Konformationen ist minimal, Drehbewegungen entlang der gewinkelt aufgebauten Polymerkette sind wenig behindert. Abweichungen von dieser Struktur durch Seitengruppen oder in der Hauptkette eingebaute starre Phenylenringe führen zu höheren Glastemperaturen.

In Spalte 3 und 4 dieser Tabelle sind Polymere, die eine Doppelbindung pro Grundeinheit enthalten, aufgeführt. Eine Drehung um die Doppelbindung ist im Gegensatz zur Einfachbindung nicht möglich. Aufgrund dieser Tatsache sollte man erwarten, daß durch den Einbau einer Doppelbindung Drehbewegungen in starkem Maße behindert werden. Der Vergleich von cis-Poly(1-pentenylen) und cis-Poly(butadien) mit Poly(ethylen) bzw. Poly(methylen) zeigt, daß durch die Doppelbindung die Glastemperatur nur geringfügig angehoben wird,

Ein deutlicher Unterschied ergibt sich bei den jeweiligen cis- und trans-Isomeren. Cis-Isomere besitzen tiefe Glastemperaturen, die offensichtlich mit abnehmender Anzahl an CH_2-Gruppen ansteigt. Alle trans-Isomere besitzen dagegen die gleiche Glastemperatur, unabhängig davon wieviele CH_2-Gruppen pro Grundeinheit enthalten sind. Auch ob eine Methylseitengruppe vorhanden ist, wie bei Poly(isopren), oder nicht, wie bei Poly(butadien), ist ohne Einfluß auf die Glastemperatur.

Tab.2.1: Glastemperaturen aliphatischer Kohlenwasserstoff-Polymerer mit C-C-Einfach- und Doppelbindungen [30]

Einfachbindungen in der Hauptkette	Tg;°C	Einfach- und Doppelbindungen in der Hauptkette		Tg;°C
Poly(ethylen)	-123*)	Poly(1-pentenylen)	cis	-114
			trans	-58
Poly(methylen)	-118	Poly(butadien)	cis	-102
			trans	-58
Poly(isobutylen)	-73	Poly(heptylbutadien)		-83
Poly(hexen-1)	-50	Poly(propylbutadien)		-77
Poly(buten-1)	-24	Poly(ethylbutadien)		-76
Poly(propylen) atakt.	-13	Poly(isopren)	cis	-73
			trans	-58
Poly(vinylethylen)	-4			
Poly(p-xylylen)	13			
Poly(styrol)	100			
Poly(p-phenylen)	285			

*) Für die Glastemperatur von Poly(ethylen) sind in der Literatur noch andere Werte (-85 bzw. -42°C) zu finden. Die Untersuchung der Temperaturabhängigkeit der Wärmekapazität ergibt allerdings nur bei der Temperatur -123°C die mit der Glastemperatur korrespondierende Unstetigkeit im Verlauf der spezifischen Wärmekapazität *[31]*.

Beim Vergleich von Polymeren mit unterschiedlich großen Seitengruppen, wie in der Reihe Poly(hexen-1), Poly(buten-1) und ataktischem Poly(propylen), ist zu erkennen, daß die Glastemperaturen mit zunehmender Seitengruppenlänge sinken. Auch hier wäre zu erwarten gewesen, daß eine lange Seitenkette Drehbewegungen mehr behindert als eine kurze. Wahrscheinlich kommt hier ein weiterer Effekt zum Tragen. Diese aliphatischen Seitengruppen wirken gleichsam als Abstandshalter zwischen den Molekülen und vergrößern damit den für Drehbewegungen verfügbaren Volumenanteil. Darüberhinaus sind sie flexibel, sodaß sie Drehbewegungen um Hauptkettenbindungen nicht in dem Maße behindern, wie starre Seitengruppen. Zu dieser letztgenannten Art gehört der Phenylrest, der als Seitengruppe in Poly(styrol) gebunden ist. Und Poly(styrol) zeigt eine, in dieser Beziehung erwartete, hohe Glastemperatur.

In dieser Reihe der reinen Kohlenwasserstoff-Polymere stellt das Poly(p-phenylen) mit einer Glastemperatur von 285°C das Maximum dar. Bei diesem Polymer besteht die Hauptkette aus über Einfachbindungen verknüpften aromatischen Ringen, wodurch sich im Idealfall, bei ausschließlicher para-Verknüpfung, vollkommen gestreckte Moleküle ergeben sollten. Drehbewegungen um die Einfachbindungen in der Hauptkette würden hierbei keine Änderung der Kettenkonformation bewirken. Reales Poly(p-phenylen) enthält aber neben para- auch meta-Verknüpfungen. Dadurch sind die Molekülketten nicht mehr vollkommen geradlinig sondern gewinkelt und somit Drehbewegungen möglich, die unterschiedliche Konformationen entstehen lassen. Diese Drehbewegungen sind allerdings stark behindert, da große starre Molekülsegmente beteiligt sind.

Tab.2.2: *Glastemperaturen von Kohlenstoff-Homopolymeren mit Heteroatomen als Substituenten [30].*

Polymer	Tg;°C	Polymer	Tg;°C
Poly(vinylidenfluorid)	-40	Poly(propylacrylat)	-37
Poly(vinylidenchlorid)	-18	Poly(ethylacrylat)	-24
Poly(vinylacetat)	32	Poly(methylacrylat)	10
Poly(vinylfluorid)	41	Poly(acrylsäure)	106
Poly(vinylchlorid)	81	Poly(propylmethacrylat)	35
Poly(vinylalkohol)	85	Poly(ethylmethacrylat)	65
Poly(acrylnitril)	97	Poly(methylmethacrylat)	105
Poly(tetrafluorethylen)	117	Poly(methacrylsäure)	(228) extra-pol.

Bei Polymeren mit Heteroatomen, die als Substituenten an der Kohlenstoff-Hauptkette gebunden sind, wie Sauerstoff, Chlor oder Fluor (siehe Tab.2.2), kommen zu rein sterischer Hinderung, diese Atome sind größer als Wasserstoff, noch Dipolwechselwirkungen. Der starke Einfluß polarer Gruppen wird beim Vergleich der Glastemperaturen von Poly(ethylen) und Poly(vinylalkohol) deutlich. Der Unterschied beträgt mehr als 200 Kelvin. Poly(vinylacetat) dagegen besitzt eine niedrigere Glastemperatur als Poly(vinylalkohol). Hier schirmt offenbar die Methylgruppe des Acetatrestes die polare Carboxylgruppe ab. Bei den Halogenpolymeren zeigen die chlorhaltigen höhere Glastemperaturen als die entsprechenden Fluorpolymere. Der Grund dafür ist wohl in dem größeren Chloratom, also in stärkerer sterischer Hinderung, zu suchen. In der Reihe der Poly(acrylate) und Poly(methacrylate) zeigen die freien Säuren die höchsten Glastemperaturen, mit zunehmender Länge der Esterreste nimmt die Glastemperatur ab.

Polymere mit Heteroatomen in der Hauptkette zeigen gegenüber entsprechend gebauten Kohlenstoff-Homopolymeren höhere Glastemperaturen, wie etwa der Vergleich von Poly(oxymethylen) und Poly(ethylen) in Tab. 2.3 deutlich macht. Sauerstoff ist gleich der Methylengruppe ein gewinkeltes Kettenglied, bei dem Drehungen ebenso zu Konformationsänderungen führen. Der Bindungswinkel ist mit 121° allerdings größer als der der Methylengruppe mit 105°. Wie Sauerstoff sind auch Schwefel und Iminogruppe (—NH—) gewinkelt und ergeben als Hauptkettenglieder flexible Makromoleküle.

Tab.2.3: Glastemperaturen aliphatischer Heterokettenpolymere [30].

Polymer	Tg; °C	Polymer	Tg;°C
Poly(oxymethylen)	-82	Poly(amid)-46	43
Poly(thioethylen)	-50	Poly(amid)-6	40-52
Poly(oxyethylen)	-40	Poly(amid)-66	50
Poly(iminoethylen)	-23,5	Poly(amid)-612	46

Bei den Poly(amiden) mit Imino- und Carbonylgruppe als Kettenglieder kommt es unter diesen zur Ausbildung von Wasserstoffbrückenbindungen zwischen benachbarten Molekülen. Dadurch werden Drehbewegungen behindert und es resultieren verglichen mit den einfachen Heteropolymeren höhere Glastemperaturen. Bei ihnen macht sich der Einfluß unterschiedlich langer Kettenstücke zwischen den jeweils aufeinanderfolgenden Imino- und Carbonylgruppen kaum in der Höhe der Glastemperatur bemerkbar. Auch bei anderen in der Literatur beschriebenen Poly(amiden) liegen die Glastemperaturen mit wenigen Ausnahmen im Bereich zwischen 40-60°C.

Mit Phenylenringen als Hauptkettenglieder entstehen Polymere, deren Glastemperatur deutlich über denen vergleichbarer aliphatischen Polymere liegen. Diese aromatischen Ringe sind starre Kettenglieder und im Falle ausschließlich para-verknüpfter Ringe ergeben sich lineare Moleküle, bei denen Drehungen um die Kettenbindungen zu keinen Konformationsänderungen führen. Mit diesen Kettengliedern lassen sich Polymere mit sehr hohen Glastemperaturen aufbauen, die aber auch entsprechend hohe

Schmelztemperaturen besitzen. So besitzt das Poly(p-phenylen) eine Glastemperatur von 285°C, sein Schmelzpunkt liegt aber oberhalb 540°C. An Luft ist es nicht mehr unzersetzt schmelzbar und als thermoplastisches Material nicht zu verwenden.

Durch den Einbau von Heteroatomen oder von kurzen aliphatischen Kettenstücken zwischen die Phenylenringe entstehen wieder gewinkelt aufgebaute und damit flexible Moleküle. Diese Polymere (siehe Tab. 2.4) weisen noch hohe Glastemperaturen auf, aber schon hinreichend niedrige Schmelz- bzw. Verarbeitungstemperaturen, um als Thermoplaste verwendet werden zu können.

Tab.2.4: *Glastemperaturen aromatischer Heteroketten-Polymere.*

Polymer		T_g; °C
Poly(ethylenterephthalat)	PET(P)	70
Poly(thio-1,4-phenylen)	PPS	83-85
Poly(oxy-1,4-phenylen)	POP	82-88
Poly(p-hydroxybenzoat)	POB	120
Poly(carbonat)	BPA-PC	141
Poly(etheretherketon)	PEEK	145
Poly(etherketon)	PEK	152
Poly(sulfon)	PSU	185
Poly(phenylenether)	PPE	205
Poly(bisphenolterephthalat)		210
Poly(ethersulfon)	PES	225
Poly(p-phenylenterephthalamid)	PPTA	285
Poly(sulfonyl-1,4-phenylen)		~300

Die Glastemperaturen von Poly(thio-1,4-phenylen) und Poly(oxy-1,4-phenylen) liegen etwa um 120 Kelvin höher als die der entsprechenden aliphatischen Schwefel- und Sauerstoffpolymeren, dem Poly(thioethylen) und dem Poly(oxyethylen). Andererseits sind Thioschwefel und Ethersauerstoff relativ flexible Bausteine im Vergleich zur Sulfonylgruppe, die ebenfalls ein gewinkeltes Bindeglied bildet. Die Glastemperatur von

Poly(sulfonyl-1,4-phenylen) mit ungefähr 300°C ist sehr hoch. Bei der Sulfonylgruppe kommt hinzu, daß sie ein hohes Dipolmoment besitzt, weshalb starke zwischenmolekulare Wechselwirkungen die Drehbewegungen behindern werden. Auch sterische Effekte durch die beiden sperrigen Sauerstoffatome führen zu Einschränkungen der molekularen Beweglichkeit. Wie das Poly(p-phenylen) schmilzt dieses Polymer erst oberhalb 520°C, an Luft zersetzt es sich.

Auch das Poly(p-phenylenterephthalamid), mit starken Wasserstoff-Brückenbindungen zwischen benachbarten Molekülen, schmilzt nicht mehr unzersetzt und läßt sich nur über Lösungen verarbeiten.

Charakteristisches Merkmal der meisten Thermoplaste mit Glastemperaturen zwischen 140 und 230°C ist, daß sie neben Phenylenringen auch Ethersauerstoff als Bindeglied in ihren Molekülketten enthalten. Durch seinen Einbau entstehen flexible Makromoleküle, deren glasige Erstarrung zwar unterhalb 230°C erfolgt, die aber noch unzersetzt über ihre Schmelze verarbeitbar sind und die deshalb als Konstruktionsmaterialien in der Technik angewandt werden.

Offensichtlich ist hier eine Grenze erreicht, oberhalb der eine Anwendung aromatischer Polymere als thermoplastische Kunststoffe ausgeschlossen ist. Höhere Glastemperaturen als etwa 250-270°C lassen sich mit linearen, unvernetzten Polymeren, die noch thermoplastisch verarbeitbar sind, nicht erreichen.

In diesem Zusammenhang soll auch die Verstärkung mit Fasern angesprochen werden, durch die die Wärmeformbeständigkeit der Thermoplaste erhöht wird, die aber ohne Einfluß auf die Glastemperatur bleibt. Die Glastemperatur wird durch Verstärkungsstoffe nicht verschoben, sie wird, wie oben dargestellt, durch den molekularen Aufbau und die Wechselwirkungen der Moleküle untereinander bestimmt.

Bei teilkristallinen Thermoplasten, wie z.B. Poly(phenylensulfid) und den Poly(arylenetherketonen), läßt sich durch Faserverstärkung die Formbeständigkeitstemperatur (HDT ISO 75A; 1,8 MPa) um über 150 Kelvin anheben. Durch Faserverstärkung wird die Steifigkeit des Materials erhöht und zwar im gesamten Temperaturgebiet bis zur Schmelztemperatur. Da bei teilkristallinen Thermoplasten der Abfall bei der Glastemperatur nur maximal eine Dekade beträgt, bleibt auch oberhalb der Glastemperatur der Schermodul in einem Bereich von mehreren 100 MPa. Dies ermöglicht die Anwendung verstärkter, teilkristalliner Thermoplaste als tragende Konstruktionsteile auch oberhalb ihrer Glastemperatur.

Bei amorphen Thermoplasten ist der Effekt dagegen gering. Die Formbeständigkeitstemperatur wird durch Faserverstärkung im allgemeinen nur um etwa 10-20 Kelvin angehoben. Zwar bewirkt auch hierbei der Faserzusatz eine Erhöhung der Steifigkeit, aber der Abfall z.B. des Schermoduls bei der Glastemperatur um den Faktor 1000 bis

10000 läßt den Verstärkungseffekt verschwinden. Verstärkte amorphe Thermoplaste sind oberhalb ihrer Glastemperatur nicht mehr einsetzbar.

In Tab. 2.5 sind die Formbeständigkeitstemperaturen nach ISO 75A (1,8 MPa) von einigen unverstärkten und mit Glasfaser verstärkten Hochtemperatur-Thermoplasten aufgeführt. In den Kapiteln zu Poly(arylenetherketonen), Poly(phenylensulfid) und Poly(arylenethersulfone) wird auf die Verstärkung mit Fasern und das Füllen mit anderen, nichtfaserförmigen Stoffen eingegangen.

Tab.2.5: Formbeständigkeitstemperaturen ungefüllter und mit 30% Glasfaser verstärkter HT-Thermoplaste. Weiterhin angegeben sind die zugehörigen Glas- (T_g) und Kristallitschmelztemperaturen (T_m).

Polymer		T_g; °C	HDT; °C ungefüllt	HDT; °C 30% GF	T_m; °C
Poly(phenylensulfid) PPS		85	110	>260 (40% GF)	285
Poly(etheretherketon) PEEK		141	156	315	335
Poly(etheretherketonketon) PEEKK		150	165	>320	365
Poly(etherketonethereketonketon) PEKEKK		160	170	350	384
Poly(sulfon) PSU	amorph	188	176	185	
Poly(ethersulfon) PES	amorph	230	195	215	
Poly(etherimid) PEI	amorph	217	200	210	

2.2 Kristallitschmelzbereich

In Tab. 2.5 sind die Kristallitschmelztemperaturen T_m einiger teilkristalliner HT-Thermoplaste aufgeführt. Ein Vergleich mit den Formbeständigkeitstemperaturen der mit Glasfasern verstärkten Typen zeigt, daß der Anwendungstemperaturbereich, allerdings nur bei Kurzzeitbelastung, etwa 20-30 Kelvin an T_m heranreicht. Die Kristallitschmelztemperatur stellt somit die obere Grenztemperatur des Anwendungsbereiches verstärkter, teilkristalliner Thermoplaste dar. Bei dieser Temperatur oder darüber können diese Kunststoffe nicht als Konstruktionsmaterialien eingesetzt werden.

Für den Ausdruck Kristallitschmelztemperatur wird oftmals nur Schmelztemperatur geschrieben. Dadurch kommt zum Ausdruck, daß bei dieser Temperatur das gesamte teilkristalline Material in den schmelzflüssigen Zustand übergeht. Strenggenommen aber lösen sich die Moleküle aus den Kristalliten und gehen vom kristallinen in den amorphen Zustand über. Oberhalb der Schmelztemperatur liegt nur noch eine, die amorphe Phase vor. Diese besitzt im allgemeinen noch eine so hohe Viskosität, daß momentanes Fließen nicht eintritt. Erst mit steigender Temperatur nimmt die Viskosität weiter ab und das Material wird hinreichend dünnflüssig, um auch verarbeitet werden zu können. Diesen über der Kristallitschmelztemperatur liegenden Bereich charakterisiert die Fließtemperatur, oder besser Verarbeitungstemperatur. Die Kristallitschmelztemperatur bezeichnet demnach den Übergang vom aus Kristalliten und amorphen Bereichen bestehenden, zweiphasigen in den einphasigen, amorphen Zustand.

Teilkristalline Polymere zeigen keinen scharfen Schmelzpunkt, vielmehr findet dieser Übergang vom teilkristallinen zum amorphen Zustand in einem Temperaturintervall statt, dessen Breite bei den einzelnen Polymeren im wesentlichen vom Kristallinitätsgrad und der Morphologie abhängt.

Schmelztemperatur, Kristallinitätsgrad und Morphologie wiederum werden von einer Reihe unterschiedlicher Faktoren bestimmt. Zu diesen Faktoren gehören der molekuare Aufbau, die Anordnung der Grundeinheiten (Taktizität bei Homopolymeren, statistischen oder Blockcopolymeren), die Molmasse und ihre Verteilungsbreite, Art und Größe von Seitengruppen, Verzweigungsgrad, Vernetzungsgrad sowie äußere Einflußgrößen, d.h. Druck und Temperatur bei der Formgebung, Abkühlgeschwindigkeit, Art der Kristallisation (ob aus der Schmelze oder aus Lösungen) und schließlich das Vorhandensein von Zusatzstoffen (Weichmacher, Füllstoffe, Verunreinigungen).

Beim Kristallisieren, sowohl aus der Schmelze als auch aus Lösung, entstehen im allgemeinen Sphärolithe, die aus strahlenförmig vom zentralen Kristallisationskeim nach außen wachsenden, kristallinen Lamellen bestehen. Die Lamellen wiederum werden aus gefalteten Polymermolekülen gebildet. Zwischen den Lamellen befinden sich amorphe Bereiche. Die Dicke der Lamellen beträgt etwa 10 bis 20 nm (bei Poly(ethylen)), die Durchmesser der Sphärolithe reichen von einigen μm bis zu Millimetern. Lamellendicke und Sphärolithdurchmesser hängen von der Kristallisationstemperatur, der Abkühlgeschwindigkeit und der Keimkonzentration ab. Isotherme Kristallisation wenig unterhalb der Schmelztemperatur, bzw. eine niedrige Kristallisationsgeschwindigkeit oder eine geringe Keimkonzentration führen zu größerer Lamellendicke und ausgedehnten Sphärolithen. Spärolithe sind im Polarisationsmikroskop an dem von Interferenz-Effekten stammenden, typischen Malteserkreuz zu erkennen.

Im Rahmen dieser Darstellung wollen wir uns einschränkend lediglich mit dem Zusammenhang zwischen chemischer Struktur und Kristallitschmelztemperatur befassen und verweisen im übrigen auf die Literatur *[36-40]*.

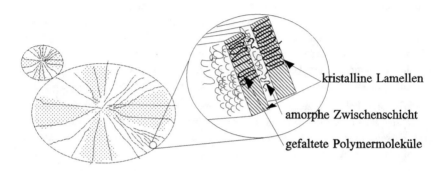

kristalline Lamellen

amorphe Zwischenschicht

gefaltete Polymermoleküle

Abb.2.8: *Vereinfachte Darstellung von Sphärolith und kristallinen Lamellen.*

Das Schmelzen kristalliner Polymere stellt eine thermodynamische Umwandlung erster Ordnung dar. Die Schmelztemperatur T_m ist dabei die Temperatur, bei der unter konstantem Druck das feste Polymer mit der Schmelze im Gleichgewicht steht:

$$\Delta G_m = 0 = \Delta H_m - T_m \Delta S_m$$

$$T_m = \Delta H_m / \Delta S_m$$

Hohe Schmelztemperaturen sind entsprechend dieser Beziehung bei hohen Werten für die Schmelzenthalpie ΔH_m und/oder bei niedrigen Werten für die Schmelzentropie ΔS_m zu erwarten.

Um die anfänglich gestellte Frage nach dem Zusammenhang zwischen molekularer Struktur und Schmelztemperatur T_m zu beantworten, betrachten wir die Schmelzentropie. Sie stellt die Differenz aus der Entropie des Polymeren im festen Zustand (Kristallit) und der des Polymeren in der Schmelze bei der Schmelztemperatur dar. Das bedeutet, die Schmelzentropie wird bei solchen Systemen niedrige Werte annehmen, in denen sich der Ordnungszustand der Schmelze nicht stark vom Ordnungszustand im Kristallit unterschiedet. Das wird bei Polymeren der Fall sein, die aus starren Molekülen aufgebaut sind, bzw. bei denen auch in der Schmelze starke intra- und intermolekulare Kräfte wirksam sind.

Je mehr die Möglichkeiten zur Konformationsänderung auch in der Schmelze eingeschränkt sind, umso höher wird die Schmelztemperatur liegen. Somit sind auch hier dieselben Faktoren wie bei der Glastemperatur bestimmend für die Höhe der Schmelztemperatur. Starre Kettenglieder, steife, sperrige Seitengruppen und starke intermolekulare Wechselwirkungskräfte, wie z.b. Wasserstoffbrückenbindungen, erniedrigen die Flexibilität der Moleküle und erhöhen die Schmelztemperatur. Nach dieser Darstellung sollte eine Beziehung zwischen diesen beiden charakteristischen Temperaturen zu erkennen sein. Tatsächlich variiert das Verhältnis von Glastemperatur T_g der amorphen Phase und der Schmelztemperatur T_m der Kristallite für eine ganze Reihe teilkristalliner Thermoplaste zwischen 0,5 und 0,8.

Tab.2.6: *Schmelzenthalpien ΔH_m und -entropien ΔS_m für einige Polymere, sowie deren Glas- und Schmelztemperaturen [26].*

Polymer	ΔH_m; kJ/mol	ΔS_m; J/molK	T_g; °C	T_m; °C	T_g/T_m (K)
Poly(propylen)	9-11	19-24	-13	183	0,57
Poly(styrol)	8-10	16-20	100	240	0,73
Poly(vinylchlorid)	11	20	81	285	0,63
Poly(vinylalkohol)	7	13	85	258	0,67
Poly(ethylenterephthalat)	23-24	42-45	70	270	0,63
Poly(amid)-6	22-24	44-47	40	223	0,63
Poly(amid)-66	44-46	83-86	50	265	0,6
Poly(carbonat)	37	68	141	267	0,77
Poly(phenylensulfid)			85	285	0,64
Poly(oxy-1,4-phenylen)			88	298	0,63
Flüssigkrist. Poly(arylat)			110	260	0,72
Poly(etheretherketon)	46		141	335	0,68

2.3 Zersetzungstemperatur

Die Zersetzungstemperatur gibt die obere Grenze an, bis zu der kein bzw. ein nur in geringem Umfang durch chemische Reaktionen verursachter, molekularer Abbau eintritt. Sie wird in der thermogravimetrischen Analyse TGA bestimmt, indem die Abnahme der Masse einer Probe mit steigender Temperatur gemessen wird. Üblich ist die Angabe der Temperatur, bei der ein Masseverlust von 5-10 %, bezogen auf die Ausgangsmasse, zu messen ist.

Tab.2.7: *Dissoziationsenergien einiger in Polymeren vorkommenden Bindungstypen [32].*

Bindungstyp	kJ/mol	Bindungstyp	kJ/mol
$-CH_2 \!\!+\!\! CH_2-$	337	$-CH_2 \!\!+\!\! O-$	345
⟨⟩$+CH_2$⟨⟩	323	⟨⟩$+O-$	423
⟨⟩$-CH_2\!\!+\!\!CH_2$⟨⟩	199	⟨⟩$+O-C$⟨⟩ ‖O	377
⟨⟩$+$⟨⟩	432	⟨⟩$+C$⟨⟩ ‖O	364
$>CH\!\!+\!\!H$	394	$>CH\!\!+\!\!NH_2$	322
⟨⟩$+H$	427	⟨⟩$+NH_2$	419
$\geq C\!\!+\!\!F$	453	⟨⟩$-C\!\!+\!\!NH$⟨⟩ ‖O	224
$\geq C\!\!+\!\!Cl$	352		

Bei thermischem und thermooxidativem Abbau werden in einem ersten Schritt Atombindungen gespalten, danach folgen eine Reihe unterschiedlicher, zum Teil autokatalytischer Reaktionen, die mehr oder weniger rasch zur vollkommenen Zersetzung führen. Bestimmend für die Höhe der Zersetzungstemperatur sind demnach die Bindungsverhältnisse, also die Art der gebundenen Atome und der Bindungstyp (Einfach- oder

Mehrfachbindung). Die Stabilität einer chemischen Bindung ergibt sich aus ihrer Dissoziationsenergie; sie stellt die zur Trennung einer bestimmten Bindung in einem Molekül aufzuwendende Energie dar.

Molekularen Abbau, ob durch Wärme, durch Licht, durch energiereiche Strahlung oder durch mechanische Scherung hervorgerufen, beginnt mit einer homolytischen Bindungsspaltung als einleitenden Reaktionsschritt. Dabei entstehen Radikale, die unter Substitution mit weiteren Molekülen reagieren, indem sie z.b. von gesättigten Kohlenstoffatomen Wasserstoff abtrennen (Übertragungsreaktion), wodurch neue Radikale entstehen, die in gleicher Weise in Form einer Kettenreaktion weiterreagieren können. Daneben laufen weitere Reaktionen ab, wie Kombinationsreaktionen mit anderen Radikalen, auch unter Bildung von Verzweigungen, und Disproportionierung unter Bildung von Doppelbindungen.

Startreaktion:

$$\sim CH_2 \!-\!|\!-\! CH_2 \sim \longrightarrow \sim H_2C\cdot + \cdot CH_2 \sim$$

homolytische Bindungsspaltung

Übertragungsreaktion:

$$\sim CH_2 \!-\! \overset{H}{\underset{|}{CH}} \sim + \cdot CH_2 \sim \longrightarrow \sim CH_2 \!-\! \dot{CH} \sim + H\!-\!CH_2 \sim$$

⌐► Kettenreaktion

Kombinationsreaktion:

$$\sim CH_2 \!-\! \dot{CH} \sim + \cdot CH_2 \sim \longrightarrow \sim CH_2 \!-\! \overset{CH_2 \sim}{\underset{|}{CH}} \sim$$

Verzweigung

Disproportionierung:

$$\sim \overset{H}{\underset{|}{CH}} \!-\! H_2C\cdot + \cdot CH_2 \sim \longrightarrow \sim CH \!=\! CH_2 + H\!-\!CH_2 \sim$$

Neben der Startreaktion führt die Fragmentierung zu weiterem Kettenabbau, wobei kleine, nichtradikalische Kettenteile abgetrennt werden. Sind die abgetrennten Moleküle identisch mit dem Monomer, so liegt Depolymerisation vor. Klassische Beispiele für Polymere, die sich unter Depolymerisation zersetzen, sind Poly(α-methylstyrol) und Poly(methylmethacrylat).

Startreaktion:

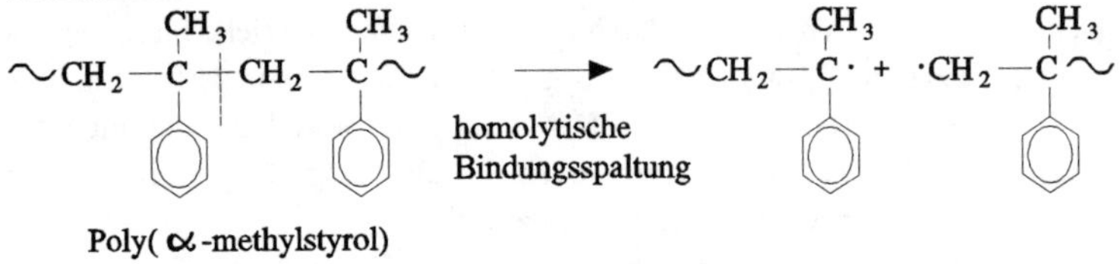

Poly(α -methylstyrol)

Depolymerisation:

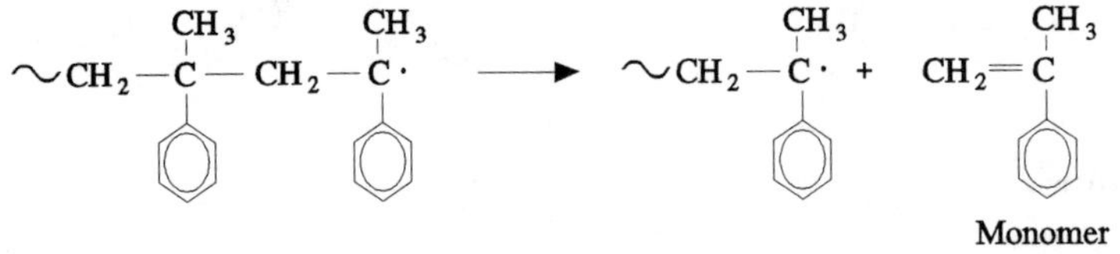

Monomer

Depolymerisation wird im wesentlichen nur bei Vinylpolymeren beobachtet, während die Fragmentierung unter Abspaltung kleiner Moleküle bei Polykondensaten vorherrscht.

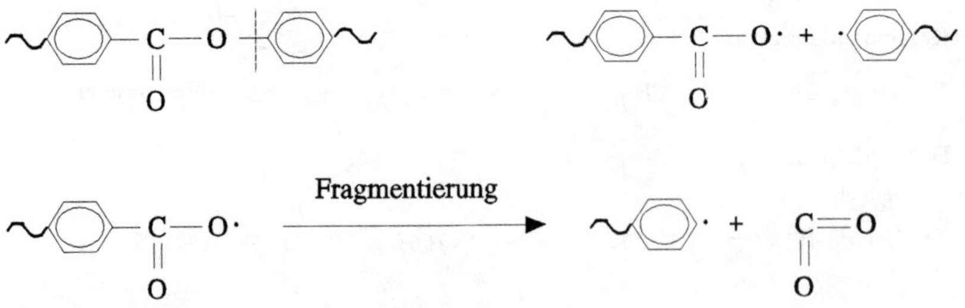

Bei hohen Temperaturen und Anwesenheit von Sauerstoff erfolgt thermooxidativer Abbau. Auch hier ist der erste Reaktionsschritt die homolytische Spaltung einer Kettenbindung. Die dabei gebildeten Radikale reagieren nun sehr schnell mit molekularem Sauerstoff (Diradikal) unter Bildung von Peroxy-Radikalen. In einer Übertragungsreaktion entstehen daraufhin Hydroperoxide, die wiederum in polymeres Oxy- und

Hydroxyradikal zerfallen. Durch die Bildung des Oxy-Radikals ergibt sich gegenüber dem rein thermischen Abbau eine weitere Möglichkeit des Kettenbruchs, wobei ein Aldehyd und ein radikalisches Kettenbruchstück entstehen.

$$\sim CH_2 - \overset{\cdot}{C}H \sim \quad + \quad O_2 \quad \longrightarrow \quad \sim CH_2 - \overset{\overset{\textstyle O-O\cdot}{|}}{C}H \sim$$

Peroxy-Radikal

$$\sim CH_2 - \overset{\overset{\textstyle H}{|}}{C}H \sim \quad + \quad \sim CH_2 - \overset{\overset{\textstyle O-O\cdot}{|}}{C}H \sim \quad \longrightarrow$$

$$\sim CH_2 - \overset{\cdot}{C}H \sim$$
$$+$$
$$\sim CH_2 - \overset{\overset{\textstyle O-O-H}{|}}{C}H \sim$$

Hydroperoxid

$$\sim \overset{\cdot}{C}H_2 \; + \; \overset{\overset{\textstyle O}{||}}{\underset{\underset{\textstyle H}{/}}{C}} \sim \quad \overset{\text{Kettenbruch}}{\longleftarrow} \quad \sim CH_2 - \overset{\overset{\textstyle O\cdot}{|}}{C}H \sim \; + \; \cdot O - H \quad \longleftarrow$$

Aldehyd   Oxy-Radikal

$$\sim CH_2 - \overset{\overset{\textstyle O-O-H}{|}}{C}H \sim \quad + \quad Me^{2+} \quad \longrightarrow \quad \sim CH_2 - \overset{\overset{\textstyle O\cdot}{|}}{C}H \sim \quad + \quad OH^- \; + \; Me^{3+}$$

Hydroperoxid   Oxy-Radikal

Der Zerfall von Hydroperoxiden wird durch Metallionen katalysiert, die je nach Redoxpotential entweder oxidierend oder reduzierend wirken. Spuren solcher Metallionen aus Verunreinigungen oder Katalysatorresten sind mit ein Grund, warum die thermooxidative, aber auch die thermische Beständigkeit von Polymeren niedriger ist als man aufgrund der Dissoziationsenergien und im Vergleich mit entsprechend strukturierten, niedermolekularen Verbindungen erwarten sollte.

Ein weiterer Grund für die verminderte Stabilität ist darin zu sehen, daß Polymere in ihrem Aufbau nicht überall ihrer idealisierten Konstitutionsformel entsprechen. Abweichungen von dieser regelmäßigen Struktur, wie etwa unterschiedliche Verknüpfung der Monomere (z.B. Kopf-Kopf-Verknüpfungen bei Vinylpolymeren), Verzweigungen oder labile Endgruppen, führen zu "Schwachstellen" im Makromolekül, die schon bei niedrigerer Temperatur aufbrechen als regelmäßig aufgebaute Bereiche.

Wie bereits angesprochen, wird der thermische und thermooxidative Abbau mit Hilfe der Thermogravimetrie TGA bestimmt, indem der Masseverlust einer Probe in Abhängigkeit von der Temperatur bei möglichst kleiner Heizgeschwindigkeit (3-10 K/min) gemessen wird. Beispielhaft für solche Untersuchungen sind in Abb. 2.9 die Ergebnisse an Poly(etheretherketon), PEEK, unter Stickstoffatmosphäre und Luft wiedergegeben.

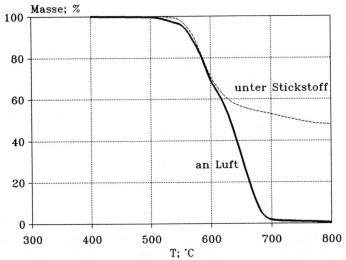

Abb.2.9: *Ergebnisse thermogravimetrischer Messungen an Poly(etheretherketon) unter Stickstoff und Luft. Heizgeschwindigkeit 10 K/min [33].*

Nach diesen Ergebnissen sollte man erwarten, daß die thermische Belastung dieses Materials bis 500°C auch an Luft zu keiner Schädigung des Materials führt. Andererseits verfärbt sich PEEK nach längerem Erhitzen auf 400°C und die Löslichkeit nimmt ab. Nach dem Abkühlen besitzt das Material einen geringeren Kristallinitätsgrad als vor der Wärmebehandlung. Diese Befunde deuten daraufhin, daß schon bei 400°C Reaktionen ablaufen, die zur Vernetzung von PEEK führen. Da bei diesen Reaktionen keine flüchtigen Stoffe freigesetzt werden, sind diese molekularen Veränderungen in der TGA nicht zu beobachten.

Eingehende Untersuchungen an PEEK *[34,35]* zeigen, daß bereits bei 400°C Kettenbruch sowohl von Sauerstoff- als auch Carbonyl-Phenylenbindungen stattfindet. Die dabei entstehenden Radikale reagieren entweder in Übertragungsreaktionen oder durch Kombination mit weiteren Molekülen bzw. Radikalen. Ist eines der an einer Kombinationsreaktion beteiligten Radikale ein Makromolekül, das ein Phenylenradikal nicht am Ende, sondern irgendwo in der Kette trägt, so ensteht eine Verzweigung.

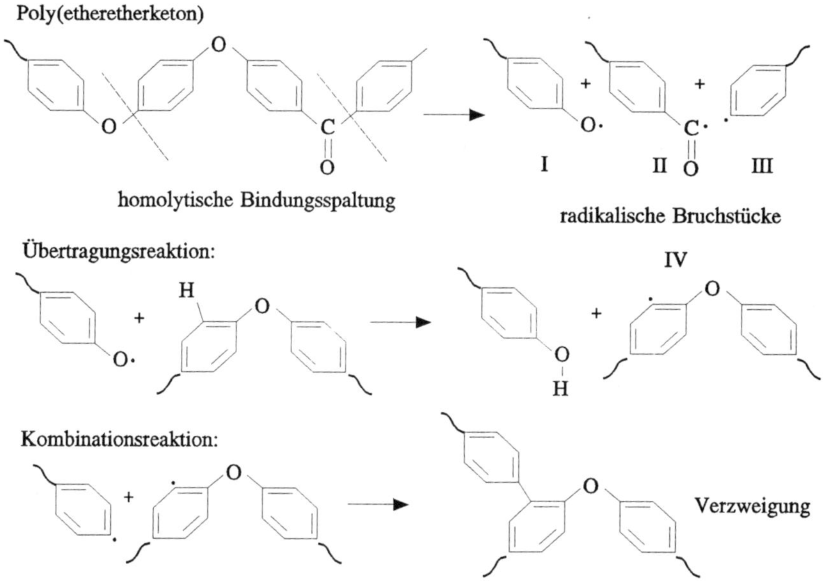

Poly(etheretherketon)

homolytische Bindungsspaltung

I II III

radikalische Bruchstücke

Übertragungsreaktion:

IV

Kombinationsreaktion:

Verzweigung

Bei weiterem Aufheizen beobachtet man in der TGA ab etwa 490°C die Abspaltung flüchtiger Produkte, verschiedener Oligomere zusammen mit Phenol und Benzofuran. Erst ab dieser Temperatur reagieren die schon bei 400°C und darüber gebildeten Spaltprodukte und die nicht angegriffenen Moleküle unter Fragmentierung.

Eine für die Praxis wichtige Folge dieser Vernetzungsreaktion bei PEEK ist, daß die Verarbeitungstemperaturen mit 400-420°C bereits in dem Temperaturbereich liegen, in dem diese Reaktionen ablaufen. Da Vernetzungen die Schmelzviskosität erhöhen ist dieses Material möglichst schnell und ohne Überhitzung zu verarbeiten. In wieweit sich dieses Verhalten auf die Verarbeitbarkeit von wiederaufbereitetem Material auswirkt, bleibt noch zu untersuchen.

In Tab. 2.8 sind die Verarbeitungs- und Zersetzungstemperaturen einiger Thermoplaste zusammengefaßt. Als Zersetzungstemperaturen werden die Temperaturen aus thermogravimetrischen Messungen angegeben, bei denen 10 % Masseverlust gemessen wurde. Die angegebenen Temperaturen sind nicht ohne weiteres miteinander zu vergleichen, da die Heizgeschwindigkeiten, mit denen die einzelnen Messungen ausgeführt wurden, nicht immer dieselben sind. Wir verweisen auf die in den betreffenden Kapitel gemachten Angaben, bzw. die dort angegebene Originalliteratur.

Tab.2.8: *Verarbeitung- T_{verarb} und Zersetzungstemperaturen T_z für einige HT-Thermoplaste.*

Kunststoff		T_{verarb};°C	T_z; °C Luft	T_z; °C Stickst.
Poly(etheretherketon)	PEEK	370-420	470	520
Poly(ethersulfon)	PES	340-390	530	530
Poly(etherimid)	PEI	330-420		540
Poly(amidimid)	PAI	320-370		490
Poly(sulfon)	PSU	340-370	420	420
Poly(arylat)	PBIT	350-390	350	400
Poly(phenylensulfid)	PPS	300-350	410	410
Poly(phenylenether)	PPE	250-300	125	350

Literatur:

[1]   H.G. Elias: Makromoleküle, 4. Auflage, Hüthig & Wepf, Basel 1980.

[2]   H. Eyring, J.O. Hirschfelder, *J. Phys. Chem.* **41**, 249 (1937).
      N. Hirai, H. Eyring, *J. Polym. Sci.* **37**, 51 (1959).

[3]   A.K. Doolittle, *J. Appl. Phys.* **22**, 1471 (1951) und **23**, 236 (1952).

[4]   A. Bondi, *Ann. N.Y. Acad. Sci.* **53**, 870 (1951).

[5]   M.L. Williams, R.F. Landel, J.D. Ferry, *J. Amer. Chem. Soc.* **77**, 3701 (1955).

[6]   J.D. Ferry: Viscoelastic Properties of Polymers, 3. Aufl., J. Wiley & Sons, New York 1980.

[7]   P.E. Rouse, *J. Chem. Phys.* **21**, 1272 (1953).

[8]   B.H. Zimm, *J. Chem. Phys.* **24**, 269 (1956).

[9]   J.H. Gibbs, E.A. DiMarzio, *J. Chem. Phys.* **28**, 373 und 807 (1958).

[10] F. Bueche, *J. Chem. Phys.* **34**, 597 (1961).

[11] R. Simha, R.F. Boyer, *J. Chem. Phys.* **37**, 1003 (1962).

[12] D. Turnbull, M.H. Cohen, *J. Chem. Phys.* **34**, 120 (1961).

[13] B. Wunderlich, S.M. Bodily, M.K. Kaplan, *J. Appl. Phys.* **35**, 95 (1964).

[14] A.J. Kovacs, *Fortschr. Hochpolym.-Forsch.* **3**, 394 (1966).

[15] P.J. Flory: Statistical Mechanics of Chain Molecules, J. Wiley & Sons, New York 1969.

[16] K.L. Ngai in T.S. Ramakrishnan [Hrsg.]: Proceedings of the Discussion Meeting on Non-Debye Relaxation in Condensed Matter, World Press, Singapore 1983.

[17] D.J. Plazek, K.L. Ngai, *Macromolecules* **24**, 1222 (1991).

[18] L. Mandelkern: An Introduction to Macromolecules, 2. Aufl. Springer Verlag, New York 1983.

[19] M. Doi, S.F. Edwards: The Theory of Polymer Dynamics, Oxford University Press, Oxford 1986.

[20] J. Perez, J.Y. Cavaille, C. Jordan, *Makromol. Chem., Macromol. Symp.* **20/21**, 417 (1988).

[21] T.S. Chow, *Macromolecules* **22**, 701 (1989).

[22] A. Schönhals, F. Kremer, E. Schlosser, *Phys. Rev. Lett.* **67**, 999 (1991).

[23]   I. Gutzow, A. Dobreva, Polymer 33, 451 (1992).

[24]   F. Zahradnik in SKZ [Hrsg.], J. Rabe [Ltg]: Hochtemperaturbeständige polymere
       Werkstoffe, Würzburg 1988.

[25]   S. Rott, Diplomarbeit, Erlangen 1988.

[26]   D.W. van Krevelen, P.J. Hoftyzer: Properties of Polymers, Elsevier Sci. Publ.,
       Amsterdam 1976.

[27]   U.T. Kreibich, H. Batzer, Angew. Makromol. Chem. 83, 57 (1979).

[28]   G.C. Berry, Macromolecules 13, 550 (1980).

[29]   X. Lu, B. Jiang, Polymer 32, 471 (1991).

[30]   P. Peyser:"Glas Transition Temperatures of Polymers" in J. Brandrup, E.H.
       Immergut [Hrsg.]: Polymer Handbook, 3. Aufl., J. Wiley & Sons, New York 1989.

[31]   C.L. Beatty, F.E. Karasz, J. Macromol. Sci., Part C 17, 37 (1979).

[32]   H.H. Kausch: Polymer Fracture, 2. Aufl., Springer Verlag, Berlin 1987.

[33]   J. Roovers, J.D. Cooney, P.M. Toporowski, Macromolecules 23, 1611 (1990).

[34]   J.N. Hay, D.J. Kemmish, Polymer 28, 2047 (1987).

[35]   A. Jonas, R. Legras, Polymer 32, 2691 (1991).

[36]   L. Mandelkern: Crystallisation of Polymers, McGraw-Hill, New York 1964.

[37]   L. Mandelkern:"Crystallisation and Melting of Polymers" in G. Allen [Hrsg.]:
       Comprehensive Polymer Science, Vol. 2, Pergamon Press 1989.

[38]   B. Wunderlich: Macromolecular Physics, 3 Bände, Academic Press, New York
       1973, 1976, 1980.

[39]   J.G. Fatou, Makromol. Chem. Suppl. 7, 131 (1984).

[40]   K. Tashiro, H. Tadokoro:"Crystalline Polymers" in H.F. Mark, N.M. Bikales, C.G.
       Overberger, G. Menges [Hrsg.]: Encyclopedia of Polymer Science and Enginee-
       ring, 2. Aufl., J. Wiley & Sons, New York 1988.

Weitere Literatur:

[41]   R.N. Haward [Hrsg.]: The Physics of Glassy Polymers, Applied Science Publ.,
       London 1973.

[42]   R.F. Boyer [Hrsg.]: Transitions and Relaxations in Amorphous and Semicrystal-
       line Organic Polymers and Copolymers, J. Wiley & Sons, New York 1977.

[43] J.H. Magill:"Morphogenesis of Solid Polymer Microstructures" in J.M. Schultz [Hrsg.]: Treatise on Materials Science and Technology, Band 10 Teil A, Academic Press, New York 1977.

[44] L.C.E. Struik: Physical Aging in Amorphous Polymers and Other Materials, Elsevier, Amsterdam 1978.

[45] D.C. Bassett: Principles of Polymer Morphology, Cambridge University Press, Cambridge 1981.

[46] J.W.S. Hearle: Polymers and their Properties, Band 1, Ellis Horwood Publ., Chichester 1982.

[47] J.J. Aklonis, W.J. MacKnight: Introduction to Polymer Viscoelasticity, 2. Aufl., J. Wiley & Sons, New York 1983.

[48] I.M. Ward: Mechanical Properties of Solid Polymers, 2. Aufl., J. Wiley & Sons, New York 1983.

[49] H.H. Kausch, H.G. Zachmann [Hrsg.]: Polymers in the Solid State, *Advances in Polymer Science* **66/67** (1984).

[50] G.W. Scherer: Relaxation in Glass and Composites, J. Wiley & Sons, New York 1986.

[51] R.L. Miller, J.K. Rieke [Hrsg.]: Order in the Amorphous State of Polymers, Plenum Press, New York 1987.

[52] I. Voigt-Martin, J. Wendorff:"Amorphous Polymers" in H.F. Mark, N.M. Bikales, C.G. Overberger, G. Menges [Hrsg.]: Encyclopedia of Polymer Science and Engineering, 2. Aufl., J. Wiley & Sons, New York 1988.

[53] R.J. Roe:"Glass Transition" in H.F. Mark, N.M. Bikales, C.G. Overberger, G. Menges [Hrsg.]: Encyclopedia of Polymer Science and Engineering, 2. Aufl., J. Wiley & Sons, New York 1988.

[54] S. Matsuoka [Hrsg.]: Relaxation Phenomena in Polymers, Hanser Verlag, München 1992.

[55] Y.K. Godovsky: Thermophysical Properties of Polymers, Springer Verlag, Berlin 1992.

[56] W. Schnabel: Polymer Degradation, Hanser Verlag, München 1981.

[56] G. Kämpf: Charakterisierung von Kunststoffen mit physikalischen Methoden, Hanser Verlag, München 1982.

[57] R.P. Brown: Handbook of Plastics Test Methods, 2. Aufl., Longman Scientific & Technical, Harlow 1986.

[58] D. Campbell, J.R. White: Polymer Characterization, Physical Techniques, Chapman and Hall, London 1989.

3 Poly(arylene)

Zu dieser Unterklasse der reinen Kohlenstoff- bzw. (C)-Kettenpolymere aus der Klasse der Homokettenpolymere gehören die Poly(phenylene), die Poly(benzyle) und Poly-(xylylene). Der am einfachsten gebaute Vertreter dieser Unterklasse ist das Poly(1,4-phenylen) bzw. Poly(p-phenylen) [Kurzzeichen: PPP]. Bei diesem wird die Hauptkette aus einfach miteinander in 1,4-Stellung verknüpften Phenylenringen gebildet. Dieses Strukturprinzip ergibt starre, stäbchenförmige Moleküle.

Poly (1,4-phenylen)
Poly(p-phenylen) [PPP]

Allerdings läßt sich Poly(p-phenylen) mit ausschließlich 1,4-verknüpften Phenylenringen nicht herstellen. Immer finden sich neben para- (1,4-) auch ortho- (1,2-) und meta-(1,3-)-verknüpfte Ringe. Darüberhinaus führt Mehrfachsubstitution während der Polymersyn-these zu verzweigten Produkten. Unsubstituiertes PPP ist ein kristallines, sprödes Material, das unlöslich und unschmelzbar und deshalb nur schwer zu handhaben ist. Es besitzt auf Grund des rein aromatischen Aufbaus die höchste thermische Beständigkeit.

Die Poly(benzyle) [Kurzzeichen: PPM] sind strukturell gekennzeichnet durch den Einbau einer aliphatischen Gruppe zwischen zwei aufeinanderfolgenden Phenylenringen.

Poly(1,4-phenylenmethylen)
Poly(benzyl) [PPM]

Im einfachsten Fall ist dies eine Methylengruppe, das Polymer ist dann systematisch als Poly(1,4-phenylenmethylen) zu bezeichnen. Seine Moleküle sind nicht mehr starr und stäbchenförmig. Durch das aliphatische Kohlenstoffatom mit seinen tetraedrisch angeordneten Einfachbindungen liegen die Phenylenringe einander gewinkelt gegenüber. Die freie Drehbarkeit um die Einfachbindungen erhöht die Flexibilität der Makromoleküle und führt zu geknäulter Makrokonformation. Vorwiegend lineare Poly(benzyle) sind kristallin, während verzweigte Produkte amorph und löslich sind. Die unsubstituierten Produkte sind Oligomere bis niedrigmolekulare Polymere und besitzen gegenüber den Poly(phenylenen) eine niedrigere thermooxidative Beständigkeit.

Poly(xylylene) bzw. Poly(p-xylylene) [Kurzzeichen: PPX] schließlich sind charakterisiert durch eine zwischen den Phenylenringen gebundene Ethylengruppe.

$$\left[\langle \bigcirc \rangle - CH_2 - CH_2 \right]_n$$

Poly(1,4-phenylenethylen)
Poly(p-xylylen)   [PPX]

Lineares Poly(1,4-phenylenethylen) ist kristallin, bis zu hohen Temperaturen unlöslich und von nur geringer thermooxidativer Beständigkeit.

Alle drei Poly(arylene) sind allerdings nicht thermoplastisch verarbeitbar, vielmehr werden sie nach duromeren Verarbeitungsverfahren, wie Laminieren, Gießen, Preßsintern etc., zu Halbzeugen oder Fertigteilen umgeformt bzw. durch speziell entwickelte Verfahren, wie bei der technischen Poly(xylylen)-Synthese, zu Beschichtungen und Folien verarbeitet. Sie gehören somit nicht zur Gruppe der Hochtemperatur-Thermoplaste. Wir behandeln sie dennoch an dieser Stelle, da sie aufgrund ihres chemischen Aufbaus zu den Phenylengruppen enthaltenden Polymeren gehören. Sie stellen logischerweise den Anfangspunkt in dieser Reihe dar. An ihnen läßt sich der Zusammenhang zwischen Struktur und Eigenschaften, vom rein aromatischen zum aromatisch-aliphatischen Aufbau deutlich erkennen.

Wie aus Tab. 3.1 ersichtlich, besitzt das rein aromatische Poly(phenylen) mit 285°C die höchste Glastemperatur in der Reihe der Poly(arylene). Die deutlich niedrigere Glastemperatur bei Poly(benzyl) ist unter dem Aspekt zu sehen, daß dieses Material nur niedrige Molmassen (1.300 - 6200 g/mol [38]) aufweist. Ob bei diesem Produkt bereits das Gebiet erreicht ist, in dem die Glastemperatur unabhängig von der Molmasse wird, ist fraglich. An Poly(α-methylbenzyl) konnte gezeigt werden, daß dieser molmassenabhängige Bereich der Glastemperatur bei den Proben mit Mn > 6000 g/mol überschritten ist. Ein der Methylen- bzw. Ethylengruppe vergleichbar flexibilisierendes Kettenglied ist der Ethersauerstoff. Das dem Poly(benzyl) ähnliche Poly(oxy-1,4-phenylen) besitzt eine Glastemperatur zwischen 82 und 88°C [siehe Kap.4]. Die Poly(xylylene) besitzen dagegen mit bis 500.000 g/mol [47] sehr hohe Molmassen. Die gemessene Glastemperatur von 13°C [59] ist für dieses Polymer repräsentativ.

Tab. 3.1: Charakteristische Temperaturen von Poly(arylenen)

Polymer	Tg ;°C	Tm;°C	TGA in Luft
Poly (1,4-phenylen) [PPP]	265 - 285	> 540	10 % Gew.-Verlust bei 540 °C
Poly(benzyl) [PPM]	61 - 69		5 % Gew.-Verlust bei 470 °C
Poly(α -methylbenzyl)	95 - 100	170 - 200	5 % Gew.-Verlust bei 430 - 460 °C
Poly(p-xylylen) [PPX]	13 *siehe [59]* 60 -80 *techn. Prod.*	405 in N$_2$ Zersetz.	bei 220-300 °C beginnender Abbau
Poly(2-chlor-p-xylylen)	80 - 100	280	

Literatur zu **Tab.3.1:** Poly(phenylene) siehe *[24,25]*, Poly(benzyle) siehe *[38,40]*, Poly-(xylylene) siehe *[48,59]*.

3.1 Poly(phenylene)

Um unsubstituierte und substituierte Poly(phenylene) zu synthetisieren, können eine ganze Reihe unterschiedlicher Reaktionen angewandt werden [1-4].

Die am eingehensten untersuchten Synthesewege sind die oxidative kationische Polymerisation von Benzol, die Polymerisation von 1,3-Cyclohexadien mit nachfolgender Dehydrierung zu Poly(phenylen) sowie die Diels-Alder-Cycloaddition von Bispyronen, bzw. Biscyclopentadienonen mit Diethinylbenzol. Die älteste Methode zur Herstellung von Poly(phenylenen) ist die Wurtz-Fittig-Reaktion, mit der Riese 1872 [5] Poly(p- bzw. m-phenylene) aus Brombenzolen und Natrium mit Molmassen bis 3000 g/mol synthetisierte. Produkte mit höheren Molmassen lassen sich mit der Ullmann-Synthese (Kondensation aromatischer Dihalogenide mit Kupfer) [6-9] und der Kopplung von Grignard-Verbindungen [10,11] erhalten. Auch die Verwendung von Lithiumarylen ist beschrieben, allerdings führt diese Synthesemethode nur zu niedrigmolekularen Produkten [12].

3.1.1 Oxidative kationische Polymerisation

Benzol, Toluol, Chlorbenzol, Biphenyl und weitere Aromaten lassen sich mit Lewissäuren ($AlCl_3$, $FeCl_3$, $MoCl_5$, etc.), Cokatalysatoren (H_2O, H_2S, HCOOH) und einem Oxidationsmittel ($CuCl_2$, MnO) zu Poly(phenylen) umsetzen [13]. Eisen-III-chlorid und Molybdän-V-chlorid wirken gleichzeitig als Lewissäure und als Oxidationsmittel. Eines der wirksamsten Katalysatorsysteme besteht aus äquimolaren Mengen von Eisen-III-chlorid und Wasser. Bei Verwendung von $AlCl_3/H_2O/CuCl_2$ als Katalysatorsystem ergibt sich eine nahezu quantitative Ausbeute, wenn Aluminiumchlorid im mehr als doppelten Überschuß zu Kupfer-II-chlorid gegeben wird.

$$\langle \rangle + 2\ CuCl_2 \quad \xrightarrow[35 - 50°C]{AlCl_3\ /\ H_2O} \quad \left[\langle \rangle \right] + 2\ CuCl + HCl$$

$$(3.1)$$

Die Molmassen der bei dieser Polymerisationsmethode gebildeten Poly(phenylene) werden stark vom verwendeten Lösungsmittel und der Reaktionstemperatur bestimmt.

Im allgemeinen bilden sich Ketten mit 6 bis 35 Ringen. Die Struktur dieser Poly(phenylene) ist uneinheitlich. Durch Alkylierungsreaktionen an kettenständigen Phenylenringen (Zweitsubstitution) werden Verzweigungen und kondensierte Aromaten gebildet. Ein weiterer Nachteil ist der Einbau von Chlor an den Kettenenden.

Von zunehmendem Interesse sind elektrisch leitfähige Poly(phenylene). Eine direkte Methode zu ihrer Darstellung ist die Verwendung von Arsen-V-fluorid als Katalysator bei der Polymerisation von Biphenyl und p-Terphenyl [14]. Aus Benzol läßt sich ebenfalls leitfähiges Poly(phenylen) durch Einsatz von mit Cu^{2+}- und Ru^{3+}-Ionen beladenen Montmorillonit-Tonen herstellen [15,16].

Auf elektrochemischem Wege sind leitfähige, flexible Filme darstellbar. Sie werden bei der anodischen Oxidation von Benzol in Nitrobenzol mit $CuCl_2$/$LiAsF_6$ als Elektrolyte gebildet [17]. In ihrer Struktur gleichen sie den auf chemischen Wege durch oxidative Kopplung hergestellten Poly(phenylenen). Bei einer anderen Variante wird Benzol in Anwesenheit von Bortrifluorid-Etherat ($BF_3 \cdot O(C_2H_5)_2$) anodisch oxidiert [18]. Auch die Umsetzung in einem Zweiphasensystem aus Fluorwasserstoff und Benzol zu Poly(phenylen)-Filmen ist beschrieben [19,20].

3.1.2 Dehydrierung von Poly(2-cyclohexen-1,4-ylen)

1,3-Cyclohexadien kann durch Polyinsertion mit Ziegler-Katalysatoren, wie Triisobutylaluminium/Titantetrachlorid [10,21], durch anionische Polymerisation mit n-Butyllithium [22] und durch kationische Polymerisation mit Bortrifluorid polymerisiert werden. Die letztgenannte Variante liefert ein Polymer mit 1,4- und 1,2-verknüpften Cyclohexenylen-Ringen:

$$Al(C_4H_9)_3 \,/\, TiCl_4$$
$$bzw. \; C_4H_9\text{-}Li$$

(3.2)

1,4-verknüpftes

Poly(cyclohexenylen)

BF_3

1,4- und 1,2-verknüpftes

Diese Poly(cyclohexenylene) besitzen Molmassen zwischen 10.000 und 17.000 g/mol und sind löslich, z.B. in 1,1,2-Trichlorethan. Durch Dehydrierung mit Chloranil oder durch Halogenierung mit nachfolgender Pyrolyse bei 300-380°C erhält man in hohen Ausbeuten die entsprechenden Poly(phenylene):

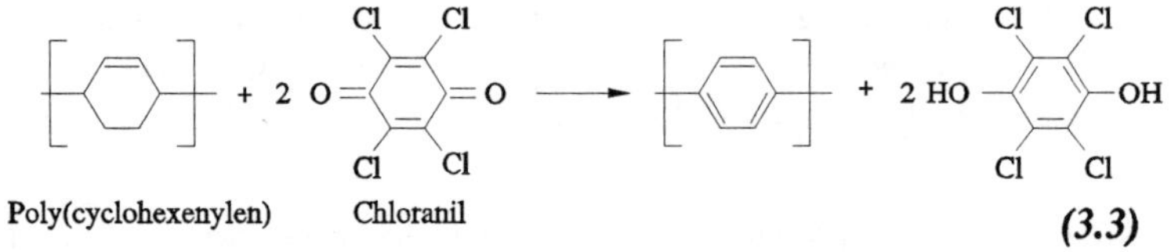

Poly(cyclohexenylen)   Chloranil

(*3.3*)

Diester des 3,5-Cyclohexadien-1,2-diols (z.B. das Dipivalat in Gl. *3.4*) lassen sich unter radikalischen Bedingungen mit Benzoylperoxid (BPO) polymerisieren und die resultierenden substituierten Poly(cyclohexenylene) durch Pyrolyse in Poly(phenylene) überführen [23]:

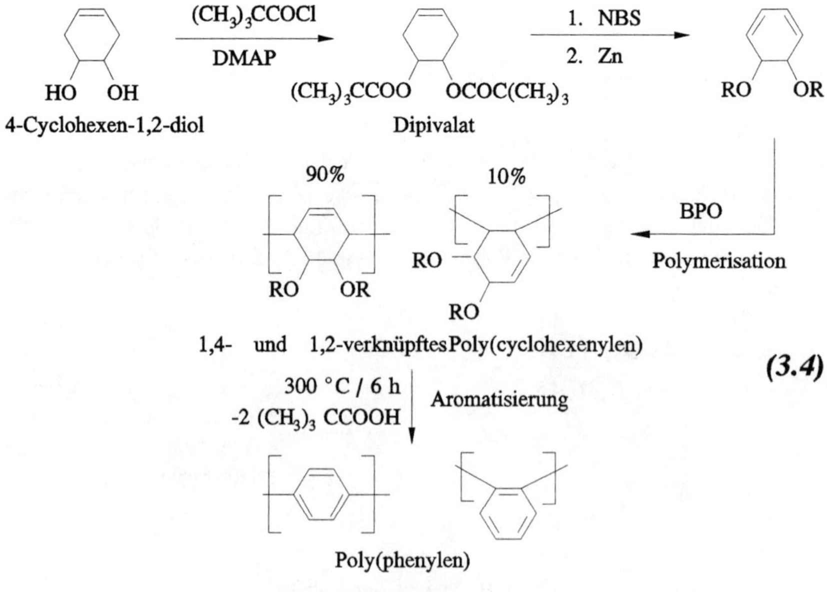

HO   OH
4-Cyclohexen-1,2-diol

$(CH_3)_3CCOCl$
DMAP

$(CH_3)_3CCOO$ $OCOC(CH_3)_3$
Dipivalat

1. NBS
2. Zn

RO   OR

90%

10%

BPO
Polymerisation

RO   OR

RO

RO

1,4- und 1,2-verknüpftes Poly(cyclohexenylen)

(*3.4*)

300 °C / 6 h
-2 $(CH_3)_3$ CCOOH

Aromatisierung

Poly(phenylen)

DMAP = 4-Dimethylamino-pyridin; NBS = N-Bromsuccinimid.

Dabei ergeben die cis-Diester höhere Molmassen (bis 68.000 g/mol bei der Umsetzung des Trimethylessigsäureesters) als die entsprechenden Transisomeren. Ausschließlich cis-Dihydroxy-cyclohexadien liefert die mikrobielle Oxydation von Benzol mit Pseudomonas putida *[24]*. Veresterung und Polymerisation mit Azobisisobutyronitril (AIBN) ergibt hochmolekulares substituiertes Poly(cyclohexenylen), das im festen Zustand bei 300°C oder in Lösung (N-Methylpyrrolidon) bei 150-200°C zu Poly(phenylen) aromatisiert werden kann.

$$ + \; 2H^+ \; + \; O_2 \; + \; 2e^- \xrightarrow[\text{NADH}]{\text{Pseudomonas putida}} $$

cis-1,2-Dihydrobrenzkatechin

$$ \xrightarrow{(CH_3CO)_2O} $$

Diacetat

(3.5)

Poly(phenylen) $\xleftarrow[\substack{- 2\ CH_3COOH \\ \text{Aromatisierung}}]{300\ °C\ /\ 2\ h}$ substituiertes Poly(cyclohexenylen) $\xleftarrow[\text{Polymerisation}]{\text{AIBN}}$

NADH = Nicotinadenindinucleotid, protoniert.

3.1.3 Diels-Alder-Cycloaddition

Die klassische Diels-Alder-Cycloaddition, bei der ein konjugiertes Dien mit einem doppel- oder dreifachbindigen Dienophil unter Bildung eines sechsgliedrigen Ringes reagiert, kann ebenfalls zur Darstellung von Poly(phenylenen) eingesetzt werden. Die Umsetzung von p-Phenylenbis(2-pyron) mit p-Diethinylbenzol liefert hochkristallines, unlösliches Poly(phenylen) mit bis zu 90% para- und 10% metaverknüpften Phenylenringen *[25-28]*, siehe Gl. *3.6*.

Amorphe und gut lösliche, phenylsubstituierte Poly(phenylene) mit Molmassen von 30.-100.000 g/mol lassen sich aus Biscyclopentadienonen und p-Diethinylbenzol herstellen *[29,30]*, siehe Gl. *3.7*.

Durch Cyclotrimerisierung von Diacetylen mit Ziegler-Katalysatoren (Triisobutylaluminium/Titantetrachlorid) entstehen niedrigmolekulare Poly(phenylene) mit Acetylenendgruppen *[31]*, siehe Gl. *3.8*.

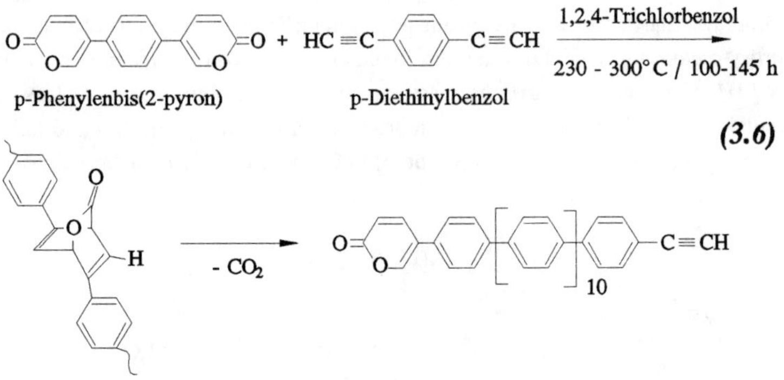

$$(3.6)$$

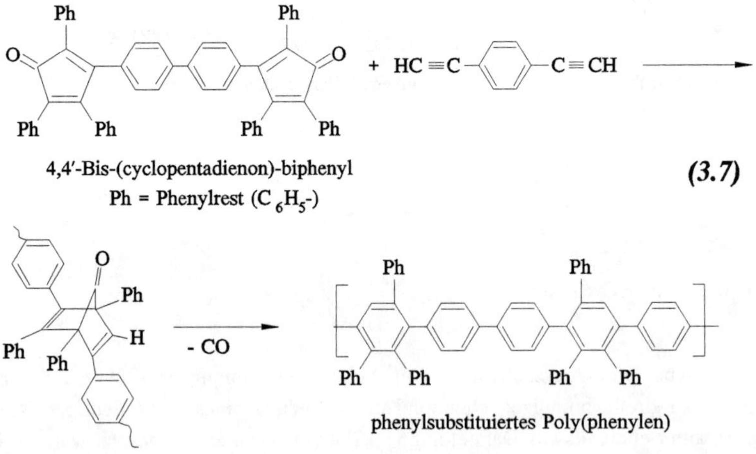

4,4′-Bis-(cyclopentadienon)-biphenyl
Ph = Phenylrest (C$_6$H$_5$-)

$$(3.7)$$

phenylsubstituiertes Poly(phenylen)

$$(3.8)$$

HC≡C–C≡CH →

Diacetylen

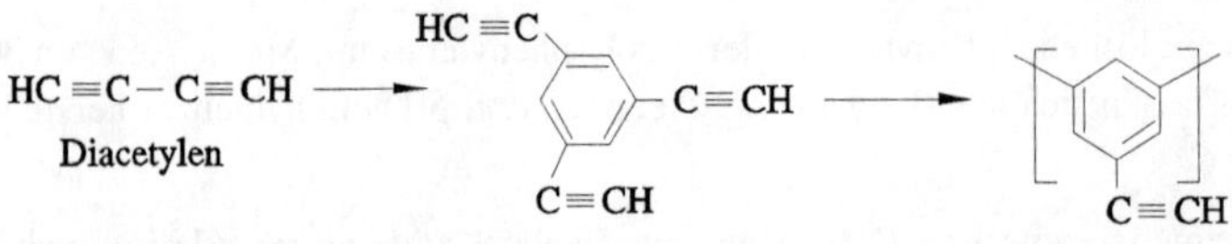

Neben Diacetylen können auch Phenylacetylen und Diethinylbenzol eingesetzt und zur Synthese oligomerer, löslicher Poly(phenylene) mit Acetylendgruppen benutzt werden. Diese Oligomere sind über die Acetylengruppen bei Temperaturen bis 230°C vernetzbar, ohne daß flüchtige Nebenprodukte entstehen. Diese Eigenschaft ist bei der Anwendung dieser Produkte als Laminierharze von Vorteil. Diese letztgenannte Synthesemethode wurde von der Firma Hercules Inc. zur Herstellung des sog. H-Resins® technisch genutzt *[32]*.

$$(3.9)$$

3.1.4 Eigenschaften von Poly(phenylenen)

Die Eigenschaften der einzelnen Poly(phenylene) sind so unterschiedlich, wie die zu ihrer Herstellung angewandten Synthesemethoden. Alle Poly(phenylene) weisen je nach Synthesemethode mehr oder weniger starke Abweichungen von der idealen para-Struktur auf und enthalten meist noch funktionelle Endgruppen, wie zum Beispiel Chlor bei der oxidativen, kationischen Polymerisation.

Durch oxidative kationische Polymerisation und durch Dehydrierung von Poly(2-cyclohexen-1,4-ylen) hergestellte Poly(phenylene) sind teilkristallin und unlöslich, während die durch Diels-Alder-Cycloaddition hergestellten phenyl-substituierten Produkte amorph und löslich sind.

Die thermische, bzw. thermooxidative Beständigkeit *[33]* der acetylenterminierten, oligomeren Produkte ist am geringsten; in Luft erleiden sie bei etwa 450°C 10% Gewichtsverlust (TGA), der mit steigender Temperatur rasch zunimmt und bei etwa 530°C 80% erreicht. Größere thermooxidative Stabilität zeigen die Produkte aus der oxidativen kationischen Polymerisation von Benzol (10% Gewichtsverlust bei 540°C in Luft) sowie die durch Dehydrierung von Poly(cyclohexenylen) hergestellten Polymere (10% bei 560°C in Luft). Wesentlich geringerer Abbau wird unter Stickstoff beobachtet, aber auch hier ist das Trimerisierungsprodukt mit Acetylenendgruppen am wenigsten stabil (10% bis 550°C).

Phenylsubstituierte Poly(phenylene) zeigen bis etwa 500°C sowohl in Luft als auch unter Stickstoff keinen Gewichtsverlust. Sie bauen aber in Luft bis etwa 600°C nahezu vollkommen ab.

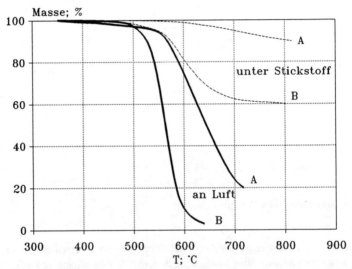

Abb.3.1: *Thermogravimetrische Messung an einem unsubstituierten PPP(Kurve A), hergestellt aus Poly(cyclohexenylen), und einem phenylsubstituierten PPP (Kurve B); Daten nach [57,58].*

Für amorphes Poly(phenylen), das durch Aromatisierung des Dimethylcarbonat-Derivates von Poly(5,6-dihydroxy-cyclohexenylen) bei 150°C hergestellt wurde, geben Ballard et al.[24] als Glasübergangstemperatur 283-285°C an. Die Untersuchung des Kristallisationsverhaltens dieses Produktes ergibt bei 285°C einen steilen Anstieg vom bis dahin amorphen zum teilkristallinen Material mit einem Kristallinitätsgrad von 75-80%. Wird die Aromatisierung bei höheren Temperaturen als 185°C ausgeführt, so bilden sich Poly(phenylene) mit Kristallinitätsgraden nur bis etwa 60 %.

Lineare, unsubstituierte Poly(phenylene) schmelzen nicht. In der homologen Reihe der Poly(1,4-phenylene) erweichen lediglich Oligomere mit weniger als 8 verknüpften Phenylenringen unterhalb 600°C. Durch Einbau von Meta- und Orthoverknüpfungen bzw. durch Substitution an den Phenylringen läßt sich der Schmelzpunkt herabsetzen. Das oligomere, acetylenterminierte H-Resin® schmilzt zwischen 70 und 150°C.

In Tab. 3.2 *[33-35]* sind einige mechanische Eigenschaften verschiedener Poly(phenylene) zusammengefaßt. Bei H-Resin® handelt es sich um ein durch Trimerisierung von Diacetylen hergestelltes, oligomeres Poly(phenylen) mit Acetylenendgruppen, das bei 150 und 230°C gehärtet wurde. Das gesinterte Poly(phenylen) wurde durch oxidative kationische Polymerisation hergestellt und das so erhaltene Pulver durch Pressen mit nachfolgendem Freisintern unter Argon zu Probekörper verarbeitet. Das dritte Poly-(phenylen) wurde ebenfalls durch oxidative kationische Polymerisation hergestellt und zu einem Laminat verarbeitet, das 45-55 Volumenprozent einer Hochmodul-Carbonfaser enthält.

Poly(phenylene) sind im reinen Zustand gute Isolatoren mit spez. Durchgangswiderständen von 10^{17} Ωcm, Dielektrizitätskonstanten zwischen 3,0 und 3,3 bei 60 Hz bzw. 1 MHz im Temperaturbereich von 23 bis 100°C und dielektrischen Verlustfaktoren zwischen 0,0008 und 0,0025 *[34]*.

Von besonderem Interesse sind Poly(phenyle) aufgrund ihres Aufbaus aus konjugierten Doppelbindungen und der Möglichkeit sie mit Oxydations- bzw. Reduktionsmitteln zu "dotieren". Durch den Zusatz solcher Dotierungsmittel steigt die elektrische Leitfähigkeit von 10^{-15} *[24]* bis maximal 500 S/cm *[36]* an. In Tabelle 3.3 sind die Leitfähigkeiten verschieden dotierter Poly(phenylene) denen von Poly(acetylen) und Poly(pyrrol) gegenübergestellt *[36]*.

3.1.5 Anwendungen

Poly(phenylene) eigenen sich aufgrund ihrer hohen thermischen und chemischen Beständigkeit als Schutzüberzüge in aggressiven Medien und als Matrixmaterial für Laminate. Bei dieser Anwendung ist besonders günstig, daß bei der Härtung keine Nebenprodukte abgespalten werden, die zu Poren führen könnten. Die Verwendung dotierten Poly(phenylens) als elektrisch leitfähiges Material zum Bau von Batterien wird untersucht *[32]*.

Tab. 3.2: Mechanische Eigenschaften dreier Poly(phenylene) [33-35]

		H-Resin®	gesintertes PPP	C-Faser-Laminat
Dichte	g/cm³	1,145	1,1-1,2	1,4-1,5
Biegefestigkeit	23°C MPa 25°C 240°C 360°C	48-69 41-55	43 25-30	621-800 380
Biegemodul	23°C GPa 25°C 360°C	4,8 3,5	3,9	83-159
Zugfestigkeit MPa 23°C			35	
Bruchdehnung % 23°C			1,4	

Tab.3.3: Elektrische Leitfähigkeiten von Poly(phenylenen) mit verschiedenen Dotierungsmitteln [36]

Polymer	Dotierungsmittel	Leitfähigkeit, S/cm
Poly(phenylen)	J_3^- AsF_6^- BF_4^- K^+	$< 10^{-5}$ 500 70 20
Poly(acetylen)	J_3^- AsF_6^- BF_4^- K^+	550 1100 100 50
Poly(pyrrol)	J_3^- AsF_6^- BF_4^- K^+	600 100 100 $< 10^{-5}$

3.2 Poly(benzyle) [2,4,37]

Diese Gruppe von Polymeren mit Phenylenringen in der Hauptkette ist charakterisiert durch den Einbau einer Methylengruppe zwischen zwei aufeinander folgende aromatische Einheiten. Dieser Einbau eines aliphatischen Kohlenstoffatoms in die Hauptkette führt im idealisierten, gestreckten Zustand zu zickzackförmigen Makromolekülen mit gewinkelt gegenständigen Phenylenringen.

Eine Folge dieser Struktur ist, daß sich durch die Drehbarkeit um die Einfachbindungen zwischen Aromaten und aliphatischen Kohlenstoffatomen eine gegenüber Poly(phenylenen) erhöhte Kettenflexibilität ergibt. Dies läßt erwarten, daß die Glastemperatur niedriger liegen wird als bei Poly(p-phenylen). Mit dem Wert von nur einigen 60 Graden (siehe Tab.3.1) ist sie allerdings ungewöhnlich tief. Der Grund dafür sind die niedrigen Molmassen dieser Produkte. Wegen ihrer schlechten Löslichkeit fallen sie schon frühzeitig aus dem Reaktionsmedium aus, was ein weiteres Wachstum der Ketten und damit höhere Molmassen unmöglich macht.

Weiterhin ist diese aliphatische Gruppe empfindlich gegenüber Oxydation, die zu Kettenabbau führt. Die thermooxidative Beständigkeit der Poly(benzyle) ist deshalb deutlich geringer als die der Poly(phenylene), siehe Abb.3.2.

Unter Friedel-Crafts-Bedingungen mit Aluminiumchlorid, Eisen-III-chlorid, Titan-IV-chlorid, Antimon-V-fluorid und Diethylaluminiumchlorid als Katalysatoren und bei tiefen Temperaturen (-125 bis 23°C) in Lösungsmitteln, wie Ethylchlorid, Schwefeldioxid oder Nitromethan, läßt sich Benzylchlorid zu amorphen Poly(benzyl) mit Glastemperaturen zwischen 61 und 69°C umsetzen [38] (siehe Gl. 3.10).

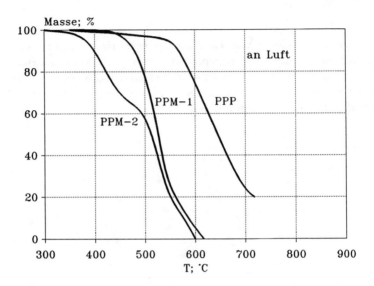

Abb.3.2: *TGA-Messung an zwei unterschiedlich verzweigten Poly(benzylen); PPM-1 ist wenig, PPM-2 stärker verzweigt [38]. Zum Vergleich ist die Kurve eines unsubstituierten PPP eingezeichnet [58].*

$$\text{C}_6\text{H}_5-CH_2-Cl \xrightarrow[- 130°C; \ 20 \ min]{AlCl_3/C_2H_5Cl} \left[\!\!-\text{C}_6\text{H}_4-CH_2-\!\!\right]_{\sim 70} + \ HCl \qquad (3.10)$$

67 % para- , 25 % ortho- und 7% meta-
Verknüpfungen

TiCl$_4$ und SbF$_5$ ergeben bis zu 30% meta-Verknüpfungen.

Diese Produkte sind stark verzweigt und teilweise vernetzt. Die löslichen Anteile enthalten Makromoleküle mit 20-50 Monomereinheiten. Aber auch mit anderen Katalysatorsystemen, wie Erdalkalioxiden oder Metallcarbonylen bzw. Metallcarbonylhalogeniden, gelingt die Darstellung linearer, also nur 1,4-verknüpfter, hochmolekularer Poly(benzyle) aus Benzylchlorid nicht.

Andere unsubstituierte Benzylhalogenide ergeben ebenfalls nur niedrigmolekulare, amorphe Poly(benzyle), die löslich sind und niedrige Schmelzpunkte aufweisen.

Werden aber anstelle des unsubstituierten Benzylchlorids methylsubstituierte Derivate eingesetzt, so resultieren kristalline, vorwiegend 1,4-verknüpfte Poly(benzyle). Ein solches streng lineares, methylsubstituiertes Oligomer bildet sich bei der Kondensation von 2,3,5,6-Tetramethylbenzylchlorid in Gegenwart von Eisen-III-oxid bei 100°C:

$$H-\underset{\underset{CH_3\quad CH_3}{}}{\overset{\overset{CH_3\quad CH_3}{}}{\bigcirc}}-CH_2-Cl \xrightarrow[100\,°C]{Fe_2O_3} \left[\underset{\underset{CH_3\quad CH_3}{}}{\overset{\overset{CH_3\quad CH_3}{}}{\bigcirc}}-CH_2\right] + HCl \quad (3.11)$$

Die Anzahl der verknüpften Monomereinheiten beträgt maximal 5 *[39]*. Höhere Molmassen, bis etwa 50 Monomereinheiten, lassen sich bei der Umsetzung von 2,5-Dimethylbenzylchlorid mit Diethylaluminiumchlorid und Titantetrachlorid erzielen.

$$\underset{\underset{CH_3}{}}{\overset{\overset{CH_3}{}}{\bigcirc}}-CH_2-Cl \xrightarrow[-78\,°C\,;\,Trichlorethylen]{Al(C_2H_5)_2Cl/TiCl_4} \left[\underset{\underset{CH_3}{}}{\overset{\overset{CH_3}{}}{\bigcirc}}-CH_2\right] + HCl \quad (3.12)$$

Auch diese Polymere sind kristallin und die Unmöglichkeit der Darstellung von Polymeren mit höheren Molmassen liegt in der schlechten Löslichkeit der entstehenden Produkte. Sie fallen während der Synthese schon frühzeitig aus dem Reaktionsmedium (n-Hexan, Ethylchlorid oder Trichlorethylen) aus. Die Schmelzpunkte so hergestellter Poly(benzyle) liegen zwischen 180 und 300°C *[40]*.

Der Einfluß von Verzweigungen auf das Kristallisationsverhalten zeigt sich bei der Kondensation von α-Methylbenzylchlorid mit Titantetrachlorid oder Aluminiumchlorid als Katalysatoren. Wird die Reaktion bei -125°C ausgeführt, so entstehen kristalline

Produkte mit wenigen Verzweigungen. Bei der Reaktionstemperatur -78°C dagegen werden mehr Verzweigungen, vorwiegend durch ortho-Substitution, gebildet und die resultierenden Produkte sind amorph.

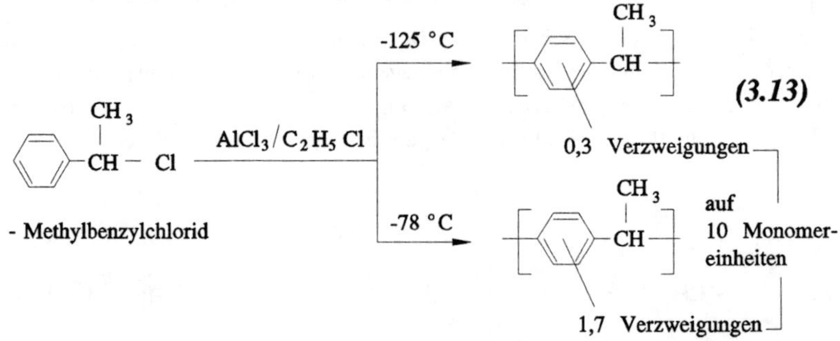

$$(3.13)$$

Die bei -125°C kondensierten Produkte zeigen Schmelzpunkte im Bereich von 170-190°C. Die Glastemperaturen steigen mit steigender Molmasse von Tg=55°C für Mn=1500 g/mol bis Tg=101°C für 4400 g/mol an. Bei noch höheren Molmassen, bis maximal 9980 g/mol, ergeben sich Tg-Werte zwischen 95 und 100°C.

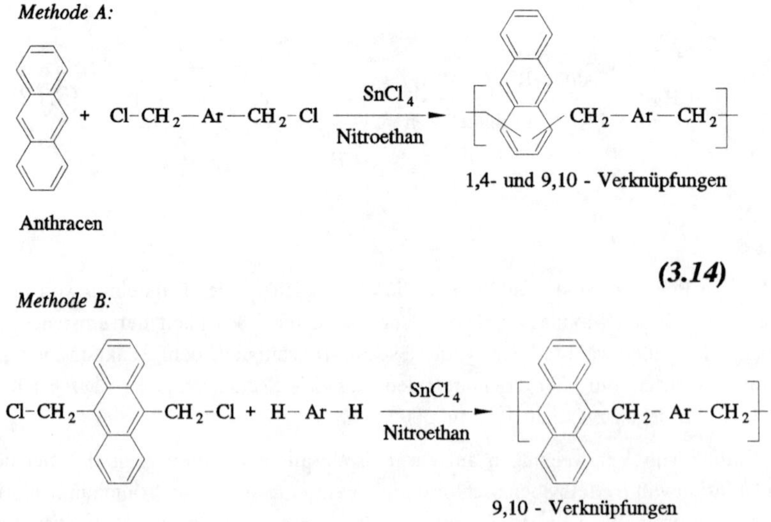

Methode A:

1,4- und 9,10 - Verknüpfungen

Anthracen

$$(3.14)$$

Methode B:

9,10 - Verknüpfungen

Höhere Schmelzpunkte (um 400°C) und verbesserte Löslichkeit lassen sich durch Einbau von Anthraceneinheiten in die Hauptkette erreichen. Solche alternierenden Copolymere lassen sich auf zweierlei Arten unter Friedel-Crafts-Bedingungen mit Zinn-IV-chlorid herstellen (siehe Gl.*3.14*), einmal ausgehend von Anthracen und bischlormethylierten Aromaten (Methode A) und zum anderen aus 9,10-Bis(chlormethyl)-anthracen und Aromaten, wie 1,2,4,5-Tetramethylbenzol, (Methode B) *[41]*. Bei Methode A bilden sich Poly(benzyle) mit 1,4- oder auch 1,4- und 9,10-verknüpften Anthraceneinheiten, während bei Methode B nur 9,10-Verknüpfungen entstehen. Die Molekulargewichte dieser in Benzol löslichen Produkte reichen bis 6000 g/mol.

3.3 Poly(xylylene) *[2,4,33,47,48]*

Der den Poly(phenylenen) und Poly(benzylen) nächstfolgende Vertreter aus der Gruppe der Poly(arylene) ist das Poly(xylylen) oder Poly(p-xylylen) [Kurzzeichen: PPX], das jeweils zwischen zwei Phenylenringen eine Ethylengruppe als Hauptkettenglied gebunden enthält. Aufgrund dieser Struktur ergibt sich in der ideal gestreckten Konformation, wie bei Poly(benzyl), ein zickzackförmiger Molekülaufbau, allerdings liegen hierbei die Phenylenringe stufenartig versetzt parallel zueinander *[60]*:

Das Vorhandensein der Ethylengruppe als Glied der Hauptkette bewirkt zweierlei. Einmal ergibt sich daraus gegenüber den anderen Poly(arylenen) eine größere Kettenflexibilität, was sich in der niedrigen Glastemperatur von 13°C *[59]* ausdrückt, und zum anderen eine nur geringe thermooxidative Beständigkeit.

In der Literatur finden sich auch andere Werte für die Glastemperatur. Bei [48] wird für das unsubstituierte Poly(p-xylylen) ein Wert von 60-80°C angegeben. Dieser Wert ist verglichen mit dem für Poly(benzyl) hoch. Es ist wohl anzunehmen, daß dieses technische Produkt teilweise vernetzt ist.

In Luft zersetzt sich Poly(xylylen) bereits bei Temperaturen um 300°C. Bei 580°C beträgt der Gewichtsverlust 85%. Die Dauergebrauchstemperatur der kommerziellen Poly(xylylene) in Luft beträgt 100°C.

Poly(xylylene) sind teilkristallin (Kristallisationsgrade technischer Produkte etwa 57 %) und bilden zwei Kristallmodifikationen, eine monokline α- und eine trigonale β-Modifikation. Die Umwandlungstemperatur von der α- zur β-Modifikation liegt zwischen 220 und 260°C. Ihr Kristallisationsverhalten ist insofern bemerkenswert, als Polymerisation und Kristallisation bei Reaktionstemperaturen unterhalb -78°C gleichzeitig, bei Reaktionstemperaturen zwischen -17 und 30°C aber zuerst Polymerisation mit Kettenfaltung und nachfolgend die Kristallisation der gefalteten Kettensegmente (Größe etwa 8 nm) ablaufen [42-46].

Durch Pyrolyse von p-Xylol bei Temperaturen zwischen 800 und 1000°C und einem Unterdruck von 1-4 hPa läßt sich in geringen Ausbeuten (max. 25%) ein vernetztes Poly(xylylen) herstellen [49]. Bei dieser Pyrolyse entstehen durch Wasserstoffabspaltung p-Xylyl-Radikale, die zu p-Xylol und p-Xylylen disproportionieren und das Polymer durch Polymerisation des p-Xylylens gebildet wird:

$$2\,H_3C-\!\!\!\left\langle\bigcirc\right\rangle\!\!\!-CH_3 \longrightarrow 2\,H_3C-\!\!\!\left\langle\bigcirc\right\rangle\!\!\!-\overset{\bullet}{C}H_2 + H_2$$

p-Xylol

Disproportionierung

$$H_3C-\!\!\!\left\langle\bigcirc\right\rangle\!\!\!-CH_3 + H_2C\!\!=\!\!\left\langle\bigcirc\right\rangle\!\!=\!\!CH_2 \qquad\qquad \textbf{\textit{(3.15)}}$$

p-Xylylen

Polymerisation

$$\left[\!\!\left\langle\bigcirc\right\rangle\!\!-CH_2-CH_2\right]$$

Poly(p-xylylen)

Bei einer Variante dieses Verfahrens wird das pyrolitisch gebildete p-Xylylen bei -78°C in Lösungsmittel eingeleitet. Diese Lösung ist bei dieser tiefen Temperatur stabil, bei Erwärmen scheidet sich Poly(xylylen) ab [50]. Dies kann ausgenutzt werden um Gegenstände mit einem Überzug zu versehen, indem man diese angewärmten Gegenstände in die kalte Lösung eintaucht.

Eine weitere Synthesemethode zur Herstellung vernetzter Poly(xylylene) stellt die Wurtz-Fittig-Reaktion dar, bei der z.b. p-Xylylenchlorid in Lösung mit Alkalimetallen *[51,52]* oder metallorganischen Verbindungen, wie Naphthalinnatrium *[53]* und Methyllithium *[54]*, zu Poly(xylylen) umgesetzt wird:

$$Cl-H_2C \overbrace{\langle \bigcirc \rangle} CH_2-Cl + 2\ Na \longrightarrow \left[\overbrace{\langle \bigcirc \rangle} CH_2 - CH_2 \right] + 2\ NaCl$$

p - Xylylenchlorid   *(3.16)*

Im Gegensatz dazu entsteht bei der Zersetzung quartärer Ammoniumsalze des p-Xylols ein gutlösliches Poly(xylylen) *[55]*:

$$\left[H_3C \overbrace{\langle \bigcirc \rangle} CH_2 - \overset{CH_3}{\underset{CH_3}{N}} - CH_3 \right]^+ Cl^- \xrightarrow[\substack{- H_2O \\ - NaCl \\ - N(CH_3)_3}]{+ NaOH} \left[\overbrace{\langle \bigcirc \rangle} CH_2 - CH_2 \right]$$

(3.17)

Zur technischen Herstellung [Union Carbide Corp.] von Poly(xylylen) für Beschichtungen (Parylen®N) wird ebenfalls die Pyrolyse angewandt, allerdings in einem zweistufigen Prozeß *[56]*. In der ersten Stufe wird aus p-Xylol bei 900°C pyrolytisch das cyclische Dimer, das Di-p-xylol, hergestellt und dieses anschließend durch Umkristallisation gereinigt. In der zweiten Stufe verdampft man das Dimere bei 200°C (Druck: 1 hPa) und führt den Dampf in einen Pyrolysator, in dem das Dimere bei 680°C und 0,7 hPa in das chinoide p-Xylylen zerfällt. In der nachgeschalteten, auf 25°C gekühlten Abscheidekammer kondensiert das Monomer auf der Oberfläche des zu beschichtenden Substrats und polymerisiert.

Tab. 3.4: *Eigenschaften von Poly(xylylenen)* *[56]*

		Parylen N® Poly(p-xylylen)	Parylen C® Monochlor-Derivat	Parylen D® Dichlor-Derivat
Dichte	g/cm³	1,11	1,29	1,42
Wasseraufnahme	%	<0,1	<0,1	<0,1
Zug-E-modul	GPa	2,4	3,2	2,8
Zugfestigkeit	MPa	45	70	75
Bruchdehnung	%	30	200	10
Streckspannung	MPa	42	55	60
Streckdehnung	%	2,5	2,9	3
Schmelzpunkt	°C	420 (N_2-Atm.)	290	380
Glastemperatur °C	[59] [48]	13 60-80	80-100	
Lin. Ausdehnungskoeffizient 10^{-5}, K^{-1}		6,9	3,5	
Wärmeleitfähigkeit	W/(m K)	0,12	0,082	
Dielekt.-konstante	60Hz- 1MHz	2,65 2,65	3,15 2,95	2,84 2,80
Verlustfaktor	60Hz- 1MHz	0,0002 0,0006	0,020 0,013	0,004 0,002
Oberflächenwiderstand	Ω	10^{13}	10^{14}	$5 \cdot 10^{16}$

Das gleiche Verfahren wird zur Herstellung des Poly(2-chlor-p-xylylen), Handelsname: Parylene®C, und des Poly(2,5-dichlor-p-xylylens), Parylene®D, angewandt.
So hergestellte Beschichtungen zeichnen sich durch hohe Dimensionsstabilität, ausgezeichnete Lösungsmittelbeständigkeit und geringe Wasserdampfdurchlässigkeit sowie Gaspermeabilität aus. Sie zeigen in einem weiten Temperaturbereich gute dielektrische Eigenschaften.

Tab.3.5: Barriere-Eigenschaften kommerzieller Poly(xylylene) [56]

	Parylen N®	Parylen C®	Parylen D®
Wasserdampfdurchlässigkeit bei 37°C 10^{-9}g/(msPa)	0,0012	0,0004	0,0002
Gasdurchlässigkeit bei 25°C 10^{-19}mol/(msPa)			
N_2	15,4	2,0	9,0
O_2	78,4	14,4	64,0
CO_2	429,0	15,4	26,0
H_2S	1590,0	26,0	2,9
SO_2	3790,0	22,0	9.53
Cl_2	148,0	0,7	1,1

Vorzugsweise werden sie in der Elektrotechnik und der Elektronikindustrie benutzt um elektronische Bauteile vor Korrosion und Feuchtigkeit zu schützen. In der Halbleiter-technologie finden sie Verwendung als Passivierungsschicht. Sie werden in Folienform als Dielektrikum in Kondensatoren und als Membranen sowie als Oberflächenvergütung optischer Linsen eingesetzt. Allein die niedrigen Gebrauchstemperaturen bzw. ihre geringe thermooxidative Beständigkeit begrenzen die Anwendbarkeit des unsubstituier-ten und der beiden chlorierten Poly(xylylene).

72 (Polyarylene)

Literatur:

[1] M.B. Jones, P. Kovacic: "Oxidative Polymerization" in G. Allen, J.C. Bevington [Hrsg.]: Comprehensive Polymer Science, Bd. 5, Pergamon Press, Oxford 1989.

[2] K.-U. Bühler: Spezialplaste, Akademie-Verlag, Berlin 1978.

[3] G.K. Noren, J.K. Stille, *J. Polym. Sci., Macromol. Rev.* **5**, 385 (1971).

[4] P.E. Cassidy: Thermally Stable Polymers, Marcel Dekker, New York 1980.

[5] F. Riese, *Annal. Chem.* **164**, 161 (1872).

[6] R. Pummerer, *Chem. Ber.* **64**, 2477 (1931).

[7] S. Claessen, R. Gehm, W. Kern, *Makromol. Chem.* **7**, 46 (1951).

[8] W. Kern, R. Gehm, M. Seibel, *Makromol. Chem.* **15**, 170 (1955).

[9] H.O. Wirth, R. Müller, W. Kern, *Makromol. Chem.* **77**, 90 (1964).

[10] J.G. Speight, P. Kovacic, F.W. Koch, *J. Macromol. Sci., Rev. Macromol. Chem.* **5**, 295 (1971).

[11] W.J. Pummer, J.M. Antonucci, *Polym. Preprints* **7**, 1071 (1966).

[12] W. Heitz, R. Ullrich, *Makromol. Chem.* **98**, 29 (1966).

[13] P. Kovacic, M.B. Jones, *Chem. Rev.* **87**, 357 (1987).

[14] L.W. Shacklette, H. Eckhardt, R.R. Chance, G.G. Miller, D.M. Ivory, R.H. Baughman, *J. Chem. Phys.* **73**, 4098 (1980).

[15] F. Stoessel, J.L. Guth, R. Weg, *Clay Miner.* **12**, 255 (1977).

[16] Y. Soma, M. Soma, I. Harada, *Chem. Phys. Lett.* **99**, 153 (1983).

[17] M. Satoh, K. Kaneto, K. Yoshino, *J. Chem. Soc., Chem. Commun.* **1985**, 1629.

[18] T. Ohsawa, T. Inoue, S. Takeda, K. Kaneto, K. Yoshino, *Polym. Commun.* **27**, 246 (1986).

[19] I. Rubinstein, *J. Polym. Sci., Polym. Chem. Ed.* **21**, 3035 (1983).

[20] I. Rubinstein, *J. Electrochem. Soc.* **130**, 1506 (1983).

[21] D.A. Frey, M. Hasegawa, C.S. Marvel, *J. Polym. Sci., Part A*, **1**, 2057 (1963).

[22] P.E. Cassidy, C.S. Marvel, S. Ray, *J. Polym. Sci., Part A*, **3**, 1553 (1965).

[23] D.R. McKean, J.K. Stille, *Macromolecules* **20**, 1787 (1987).

[24] D.G.H. Ballard, A. Courtis, I.M. Shirley, S.C. Taylor, *Macromolecules* **21**, 294 (1988).

[25] J.N. Braham, T. Hodgins, Y.K. Gilliams, J.K. Stille, *Macromolecules* **11**, 343 (1978).

[26] H.F. van Kerckhoven, Y.K. Gilliams, J.K. Stille, *Macromolecules* **5**, 541 (1972).

[27] H. Mukamol, F.W. Harris, J.K. Stille, *J. Polym. Sci., Part A*, **5**, 2721 (1967).

[28] W. Reid, D. Freitag, *Naturwissenschaften* **53**, 306 (1966).

[29] J.K. Stille, F.W. Harris, H. Mukamol, R.O. Rakutis, C.L. Schilling, G.K. Noren, J.A. Reed, *Adv. Chem. Ser.* **91**, 625 (1969).

[30] H. Mukamol, F.W. Harris, R.O. Rakutis, J.K. Stille, *Polym. Preprints* **8**, 496 (1967).

[31] V.V. Korshak, V.A. Sergeev, Y.A. Chernomordik, *Vysokomol. Soedin, Ser. B* **19**, 493 (1977). (*Chem. Abstr.* **87**, 136677 (1977).)

[32] H.-G. Elias, F. Vohwinkel: Neue polymere Werkstoffe für die industrielle Anwendung, 2. Folge, Carl Hanser Verlag, München 1983.

[33] J.P. Critchley, G.J. Knight, W.W. Wright: Heat-Resistant Polymers, Plenum Press, New York 1983.

[34] L.C. Cessna, H. Jabloner, *J. Elast. Plast.* **6**, 103 (1974).

[35] D.M. Gale, *J. Appl. Polym. Sci.* **22**, 1971 (1978).

[36] J.E. Frommer, R.R. Chance: "Electrically conductive Polymers" in H.F. Mark, N.M. Bikales, C.G. Overberger, G. Menges [Hrsg.]: Encyclopedia of Polymer Science and Engineering, Sec. Ed., J. Wiley & Sons, New York 1988.

[37] C.P. Tsonis: "Polybenzyls" in G. Allen, J.C. Bevington [Hrsg.]: Comprehensive Polymer Science, Bd. 5, Pergamon Press, Oxford 1989.

[38] J. Kuo, R.W. Lenz, *J. Polym. Sci., Polym. Chem. Ed.* **14**, 2749 (1976).

[39] H.C. Haas, D.L. Livingston, M. Saunders, *J. Polym. Sci.* **15**, 503 (1955).

[40] J. Kuo, R.W. Lenz, *J. Polym. Sci., Polym. Chem. Ed.* **15**, 119 (1977).

[41] G. Montaudo, P. Finocchiaro, S. Caccamese, *J. Polym. Sci., Part A-1*, **9**, 3627 (1971).

[42] S. Kubo, B. Wunderlich, *Makromol. Chem.* **162**, 1 (1972).

[43] G. Treiber, K. Boehlke, A. Weitz, B. Wunderlich, *J. Polym. Sci., Polym. Phys. Ed.* **11**, 1111 (1973).

[44]   R. Iwamato, B. Wunderlich, *J. Polym. Sci., Polym. Phys. Ed.* **11**, 2403 (1973).

[45]   W.D. Niegisch, *J. Polym. Sci., Part B*, **4**, 531 (1966).

[46]   W.D. Niegisch, *J. Appl. Phys.* **38**, 4110 (1967).

[47]   W.F. Gorham, *Adv. Chem. Ser.* **91**, 643 (1966).
       derselbe, *J. Polym. Sci., Part A-1*, **4**, 3027 (1966).

[48]   M. Szwarc, *Polym. Eng. Sci.* **16**, 473 (1976).

[49]   M. Szwarc, *Disc. Faraday Soc.* **2**, 48 (1947).

[50]   L.A. Errede, B.F. Landrum, *J. Am. Chem. Soc.* **79**, 4952 (1957).

[51]   C.J. Brown, A.C. Farthing, *Nature* **164**, 915 (1949).

[52]   J.H. Golden, *J. Chem. Soc.* **1961**, 1604.

[53]   S. Okabe, *J. Chem. Soc. (Japan), Ind. Chem. Sect.* **70**, 1243 (1967).

[54]   J. Moritani, *J. Chem. Soc. (Japan), Ind. Chem. Sect.* **68**, 296 (1965).

[55]   L. Taylor, *J. Polym. Sci., Part B*, **1**, 117 (1963).

[56]   W.F. Beach. C. Lee, D.R. Bassett, T.M. Austin, R. Olson: "Xylylene Polymers" in
       H.F. Mark, N.M. Bikales, C.G. Overberger, G. Menges [Hrsg.]: Encyclopedia of
       Polymer Science and Engineering, Sec. Ed., J. Wiley & Sons, New York 1988.

[57]   J.K. Stille, *Makromol. Chem.* **154**, 49 (1972).

[58]   C. Arnold, *J. Polym. Sci., Macromol. Rev.* **14**, 265 (1979).

[59]   D.E. Kirkpatrick, B. Wunderlich, *Makromol. Chem.* **186**, 2595 (1985).

[60]   K.J. Miller, H.B. Hollinger, J. Grebowicz, B. Wunderlich, *Macromolecules* **23**,
       3855 (1990).

4 Poly(arylenether)

Als Poly(arylenether) bezeichnen wir Polymere, bei denen die aromatischen Ringe über Sauerstoffatome verbunden sind *[1,2]*. Nach dem Einteilungsschema im 1. Kapitel gehört die Gruppe der Poly(arylenether) mit den Gruppen der Poly(arylenetherketone) und der Poly(arylate) zur Unterklasse der Sauerstoff-Kohlenstoff-(O,C)-Kettenpolymere und somit zur Klasse der Heterokettenpolymere. Andere Bezeichnungen für diese Polymergruppe sind Poly(phenylenoxide), Poly(phenylenether) oder auch aromatische Poly-(ether). Poly(phenylenoxid) benutzen wir als Synonym für das unsubstituierte und Poly(phenylenether) für das Dimethylderivat des Poly(oxy-1,4-phenylen).

Der am einfachsten aufgebaute Vertreter dieser Gruppe ist das Poly(oxy-1,4-phenylen), Synonym: Poly(phenylenoxid), Kurzzeichen: POP (das Kurzzeichen PPO sollte nicht verwendet werden, da es ein eingetragenes Warenzeichen der General Electric Co. ist).

Poly(oxy-1,4-phenylen)
Poly(phenylenoxid) [POP]

Dieses Polymer hat keine technische Bedeutung erlangt. Die Firma Uniroyal (bzw. US Steel) hat bis vor einigen Jahren ein reines POP produziert und unter dem Handelsnamen Arylon®T vermarktet.

Von großer technischer Bedeutung dagegen ist das Poly(oxy-2,6-dimethyl-1,4-phenylen), Synonym: Poly(phenylenether), Kurzzeichen: PPE.

Es wird in großem Maßstab produziert und hauptsächlich in Mischungen mit Poly(styrol) und Poly(amiden) (PA-6; PA-66) sowie als Pfropfcopolymer mit Poly(styrol) eingesetzt. Im reinen Zustand besitzt es keine Bedeutung, lediglich in Rußland und Polen wurde es in geringen Mengen, vorwiegend für militärische Zwecke, hergestellt.

$$
\begin{array}{c}
H_3C \\
\left[\!\!-O-\!\!\left\langle\!\!\bigcirc\!\!\right\rangle\!\!-\!\!\right] \\
H_3C
\end{array}
$$

Poly(oxy-2,6-dimethyl-1,4-phenylen)
Poly(phenylenether) [PPE]

Seit 1966 wird es als PPE/PS-Blend von der General Electric Corp. produziert und unter dem Handelsnamen Noryl PPO® vermarktet. 1982 führte die Borg-Warner Chemicals ein modifiziertes PPE (vermutlich ein Copolymer verschieden substituierter Phenole) unter dem Namen Prevex® auf dem Markt ein. Unter dem Handelsnamen Luranyl® liefert die BASF Blends auf der Basis von Poly(phenylenether) und schlagfestem Polystyrol (SB) *[16]*. Dieselbe Firma stellt auch Blends aus PPE und Poly(amid), Handelsname: Ultranyl®, her. Beide Arten von Poly(phenylenether)-Blends werden von Hüls produziert und unter dem Namen Vestoran® und Vestoblend® vermarktet.

Tab. 4.1: *Charakteristische Temperaturen von Poly(arylenethern) und Mischungen.*

Polymer	HDT (1,8 MPa;°C	T_g;°C	T_m;°C	$T_{zers.}$;°C
Poly(oxy-1,4-phenylen) POP	150	82-88	298	N_2: 360
Poly(oxy-2,6-dimethyl-1,4-phenylen) PPE	174	205	267	N_2: 350 Luft: 125
Mischung aus PPE und PS	80-150	90-200		Luft: 125
Mischung aus PPE und PA-66	Vicat B: 190	0-60 (PA) 205 (PPE)	265 (PA)	
Poly(oxy-2,6-diphenyl-1,4-phenylen)		220	474	

4.1 Synthese von Poly(arylenether) *[3-5]*

4.1.1 Poly(oxy-1,4-phenylen)

Dieses Poly(phenylenoxid) läßt sich entsprechend der Ullmann-Kondensation aus Natrium-4-bromphenolat in 1,4-Dimethoxybenzol bei 200°C herstellen. Als Katalysator wird Kupfer(I)-chlorid mit Pyridin eingesetzt *[6]*.

$$n \text{ NaO} - \!\!\bigcirc\!\! - \text{Br} \xrightarrow[\text{200°C / Dimethoxybenzol}]{\text{CuCl / Pyridin}} \left[\text{O} - \!\!\bigcirc\!\! - \right] + n \text{ NaBr} \qquad (4.1)$$

Poly(oxy-1,4-phenylen) fällt bei dieser Synthese als elfenbeinfarbiges Pulver an. Das Polymer ist kristallin (Kristallinitätsgrad etwa 70%) und kann durch Aufschmelzen bei 320°C und Abschrecken zu amorphen, leicht bräunlich gefärbten, transparenten Filmen umgeformt werden (Kristallisationstemperatur: 112°C, Schmelztemperatur 260-300°C) *[21,22]*. Bei Untersuchungen mittels Differential-Thermoanalyse zeigt das amorphe Material bei 82-90°C einen Anstieg im Verlauf der spezifischen Wärme, wie er für amorphe Polymere bei der Glastemperatur typisch ist. Oberhalb 100°C nimmt die spezifische Wärme stark ab. Grund dafür ist die bei dieser Temperatur einsetzende Kristallisation *[6,22]*. Durch Aufheizen der Proben auf 230 -260°C und verschieden schnelles Abkühlen lassen sich Kristallinitätsgrade zwischen 30 und 70% erreichen (kristallographische Daten bei *[6]*). Die Wärmeformbeständigkeit dieses Materials wurde mit 150°C angegeben. Es ist in siedendem Nitrobenzol löslich.

Unter Stickstoff ist Poly(oxy-1,4-phenylen) bis etwa 360-390°C (2% Gewichtsverlust) beständig (siehe Abb.4.1). Etwas stabiler ist das mit phenolischen Endgruppen verkappte Polymer. Es wird aus dem noch Brom-Endgruppen enthaltenden Poly(phenylenoxid) durch Reaktion mit Phenol hergestellt. Die Beständigkeit gegenüber Sauerstoff reicht bis etwa 300°C; beide, sowohl das unverkappte, wie auch das verkappte Polymer vernetzen oberhalb dieser Temperatur. Das unverkappte Poly(oxy-1,4-phenylen) ist bei 320°C nach 5 Minuten vollständig vernetzt.

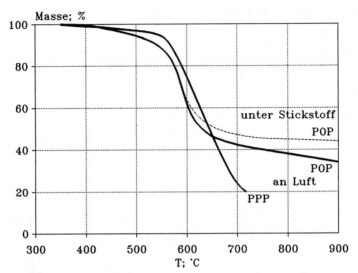

Abb.4.1: *TGA-Messung an Poly(oxy-1,4-phenylen), POP, an Luft und Stickstoff. Zum Vergleich ist die Kurve für Poly(p-phenylen), PPP, an Luft eingezeichnet [34].*

4.1.2 Substituierte Poly(arylenether)

Eine allgemeine Synthesemethode und der einzige, technisch beschrittene Weg zur Herstellung hochmolekularer, linearer Poly(arylenether) ist die oxidative Kopplung substituierter Phenole mit molekularem Sauerstoff *[7]* (Gl. *4.2*).

Als Katalysatorsysteme werden Schwermetallsalze mit Aminen eingesetzt. Eine typische Kombination besteht aus Kupfer(I)-chlorid und Pyridin. Andere Kombinationen enthalten Mangan- oder Kobaltsalze und als Aminkomponente, Di-n-butylamin oder Poly-(vinylpyridin) *[8]*. Als Lösungsmittel werden Benzol oder Toluol verwendet.

Wichtig bei der Verwendung von Kupferkatalysatoren ist deren sorgfälltige Abtrennung aus dem Polymer, da die Stabilität der Poly(phenylenether) durch Kupfersalze herabgesetzt wird. Auch die nach Reaktionsende noch vorhandenen Phenoxy-Radikale müssen zu stabileren Phenolendgruppen reduziert werden, geeignete Reduktionsmittel sind Hydrochinon, Natriumhydrogensulfid oder Ascorbinsäure (Gl. *4.3*).

$$2 \quad \text{—}\langle\!\!\!\bigcirc\!\!\!\rangle\text{—} O\cdot \ + \ HO\text{—}\langle\!\!\!\bigcirc\!\!\!\rangle\text{—}OH \ \longrightarrow \ 2 \quad \text{—}\langle\!\!\!\bigcirc\!\!\!\rangle\text{—}OH \ + \ O\!\!=\!\!\langle\!\!\!\bigcirc\!\!\!\rangle\!\!=\!\!O$$

| Phenoxy-Radikal | Hydrochinon | Phenolendgruppe | *(4.3)* |

Wie in Gleichung *(4.2)* dargestellt, entstehen bei der oxidativen Kopplung disubstituierter Phenole einmal Polymere und zum anderen als Nebenprodukt tetrasubstituierte Diphenochinone *[9]*. Dabei werden hohe Ausbeuten an Polymer erhalten, wenn die Substituenten in 2,6-Stellung nicht zu sperrig sind und die C-O-Kopplungsreaktion über die phenolische Hydroxygruppe nicht behindern. Bei Phenyl- und Methylsubstituenten ist dies der Fall, die Ausbeuten an Polymer liegen über 80% (siehe Tab.4.1). Voluminöse Substituenten wie Isopropyl-, t-Butyl- oder Methoxygruppen führen dazu, daß über eine C-C-Verknüpfung die entsprechenden Diphenochinone als Hauptprodukt gebildet werden.

Phenole mit nur einem Substituenten in ortho-Stellung lassen sich unter den Bedingungen der oxidativen Kopplung polymerisieren, allerdings entstehen stark verzweigte bis vernetzte Polymere. Dreifachsubstituierte Phenole lassen sich ebenfalls umsetzen, wie etwa das 2,3,6-Trimethylphenol. Es entstehen jedoch nur niedermolekulare, kristalline und unlösliche Arylenether. Bei Verwendung des Trimethylphenols als Comonomer mit 2,6-Dimethylphenol entstehen lösliche Polymere, wenn das Trimethylphenol nur in kleinen Mengen zugesetzt wird. Auch im Falle tetrasubstituierter Phenole bilden sich nur niedrigmolekulare Produkte.

Tab. 4.2: *Einfluß der Substituenten auf die Bildung von Poly(arylenether) bzw. Diphenochinone [1].*

Monomer	Polymer %	Diphenochinon %
2,6-Diphenylphenol	96	3
2-Methyl-6-phenylphenol	93	5
2,6-Dimethylphenol	85	3
2-Chlor-6-methylphenol	83	-
2-Ethyl-6-methylphenol	82	-
2,6-Diethylphenol	81	-
2-Isopropyl-6-methylphenol	62	-
2-Methyl-6-methoxyphenol	60	-
2-t-Butyl-6-methylphenol	-	45
2,6-Diisopropylphenol	-	53
2,6-Dimethoxyphenol	-	74
2,6-Di-t-butylphenol	-	97

Die zweite allgemein anwendbare Methode zur Darstellung von Poly(arylenethern) ist die oxidative Kopplung von 4-Halogenphenolen. Aus 4-Brom-2,6-dimethylphenol läßt sich hochmolekulares PPE mit wässriger Kalilauge und katalytischen Mengen von Kaliumhexacyanoferrat bei Temperaturen um 25°C in Benzol als Lösungsmittel herstellen [10,11] (Gl. 4.4).

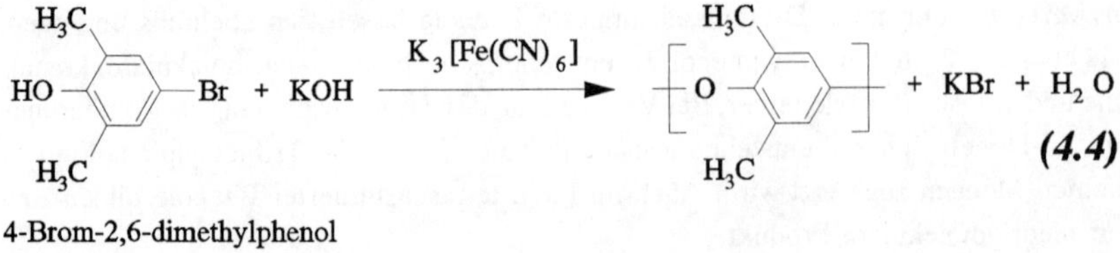

(4.4)

4-Brom-2,6-dimethylphenol

Bei diesem Reaktionstyp sind Substituenten in ortho-Stellung notwendig, andernfalls erfolgt keine Polymerbildung. Drei- und vierfach substituierte 4-Bromphenole, wie 2,3,6-Tri- und 2,3,5,6-Tetramethyl-4-bromphenol, lassen sich ebenfalls polymerisieren *[12]*.

4.2 Eigenschaften von Poly(oxy-2,6-dimethyl-1,4-phenylen)

Der bei der technischen Synthese durch oxidative Kopplung von 2,6-Dimethylphenol anfallende Poly(phenylenether) ist ein opakes, beiges Pulver, das in Toluol, Benzol und chlorierten Kohlenwasserstoffen löslich ist. In aliphatischen Kohlenwasserstoffen, Alkoholen, Aceton und Tetrahydrofuran ist es unlöslich. Diese Stoffe verursachen bei Teilen mit eingefrorenen Spannungen aber Spannungsrißbildung. Bei erhöhter Temperatur löst es sich in Methylenchlorid, bildet aber bei Raumtemperatur mit diesem Lösungsmittel einen unlöslichen Komplex *[26]*. Diese Eigenschaft kann man ausnutzen um PPE aus Mischungen mit Poly(styrol) oder anderen Polymeren abzutrennen. Beim Ausfällen aus dem Reaktionsansatz mit Methanol besitzt es einen Kristallinitätsgrad bis 15%. Über Untersuchungen an PPE-Einkristallen wird in *[30]* berichtet, thermodynamische Daten sind in *[31]* zu finden. Beim Abkühlen aus der Schmelze jedoch ist es amorph. Seine Glastemperatur wird mit 205-210°C *[28]*, die Schmelztemperatur mit 267°C *[29]* und seine Wärmeformbeständigkeit (1,81 MPa) mit 174°C angegeben. Dieses technische Produkt besitzt mittlere Molmassen zwischen 18.000 (M_n) und 40.000 g/mol (M_w) *[1]*.

Seine thermische und thermooxidative Beständigkeit ist vergleichsweise gering. In Luft beginnt der thermooxidative Abbau oberhalb 125°C und führt bei 250°C rasch zur Zersetzung und Bildung vernetzter Rückstände. In Inertgasatmosphäre wird bis 250°C kein Abbau beobachtet. Oberhalb 300°C setzt Vernetzung ein und ab 360-400°C tritt Abbau unter Freisetzung von Xylenolen (2,6-, 2,3- und 2,5-Dimethylphenol), o-Kresol, Phenol, Methan, Wasser, Kohlenmonoxid und -dioxid ein *[13,14]*. Oberhalb 500°C wird nur noch Wasserstoff freigesetzt und es entstehen kondensierte Polyaromaten. Das Material verkohlt und zeigt oberhalb 700°C nur geringe Masseverluste. Bei 1000°C beträgt die verbleibende Restmasse noch etwa 35%.

Die physikalischen und mechanischen Eigenschaften sind in Tab.4.3 zusammengefaßt. Hier sind neben den Eigenschaften eines reinen PPE, die einer Mischung mit Poly(styrol) *[1]* und die einer Mischung mit PA-66 *[15]* aufgeführt.

Tab.4.3: Eigenschaften von reinem Poly(oxy-2,6-dimethyl-1,4-phenylen) PPE, einer Polymermischung aus PPE und Poly(styrol), und einer aus PPE und PA-66 [1,15], alle unverstärkt.

Eigenschaft	Einheit		PPE	PPE/PS	PPE/PA-66
Dichte	g/cm^3		1,06	1,06-1,10	1,1-1,13
Wasseraufnahme 23°C, 24h, %			-	0,07	0,5-3,5
Wärmeformbeständigkeit, 1,82MPa, °C			179 Verf.B	95-115	95-143
Wärmeleitfähigkeit	W/(mK)		0,192	0,16-0,22	
Wärmeausdehnungskoeff.	10^{-6}/K		52	54-72	70
Reißfestigkeit	MPa	23°C	80	48-76	60
		93°C	55		
Reißdehnung	%	23°C	20-40	30-50	100
		93°C	30-70		
Zug-E-Modul	GPa	23°C	2,69	2,48	
		93°C	2,48		
Biegefestigkeit	MPa	-17°C	134		
		23°C	114	56-104	76
		93°C	87		
Biege-E-Modul	GPa	-17°C	2,65		
		23°C	2,59	2,2-2,5	2,14
		93°C	2,48		
Schlagzähigkeit Izod	J/m				
ungekerbt			>2000		
gekerbt		-40°C	53	130-170	135
		23°C	64	270-530	215-240
		93°C	91		

Poly(phenylenether) ist ein harter, zäher Thermoplast, der auch unterhalb seiner Glastemperatur bis etwa -200°C duktil bleibt [27]. PPE zeichnet sich besonders aus durch gute Dimensionsstabilität, geringen Schrumpf, niedrige Wasseraufnahme und einen niedrigen Wärmeausdehnungskoeffizienten. Die mechanischen Eigenschaften zeigen eine vergleichsweise geringe Temperaturabhängigkeit.

Tab. 4.4: Elektrische Eigenschaften

		PPE	PPE/PS
Dielektrizitätszahl 50% rel.F.			
23°C	60Hz	2,58	2,8-3,0
	1MHz	2,58	
66°C	60Hz	2,56	
	1MHz	2,55	
Dielektrischer Verlustfaktor 50% rel.F.			
23°C	60Hz	$3,5\ 10^{-4}$	$4\text{-}4,6\ 10^{-4}$
	1MHz	$9,0\ 10^{-4}$	10^{-3}
66°C	60Hz	$3,3\ 10^{-4}$	
	1MHz	$4,0\ 10^{-4}$	
spez. Durchgangswiderstand Ω/cm		$> 10^{15}$	$> 10^{15}$
Durchschlagfestigkeit kV/mm		20	16-25

Reiner Poly(phenylenether) läßt sich thermoplastisch nur sehr schwer verarbeiten. Um hinreichend niedrige Schmelzviskositäten zu erreichen, muß dieses Material auf 300-320°C aufgeheizt werden. Diese Temperaturen führen aber auch unter Luftabschluß bereits zu Vernetzungsreaktionen bzw. Zersetzung. Zum Vergleich sind in Abb.4.2. die Schmelzviskositäten von reinem PPE [1], einer Mischung aus PPE und Poly(styrol) [24] und einem Standart-Poly(styrol) (PS-N7000) [25] in Abhängigkeit von der Schergeschwindigkeit dargestellt.

4.4 Eigenschaften von Mischungen mit Poly(phenylenether)

Da PPE und Poly(styrol) bzw. hochschlagzähes Poly(styrol) [HIPS] thermodynamisch verträglich sind, können sie in jedem Verhältnis gemischt werden. Dies ist eines der Polymersysteme mit vollkommener Mischbarkeit *[32,33]*. Je nach Mischungsverhältnis

Viskosität; Pas

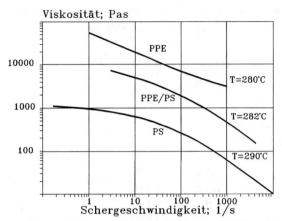

Abb.4.2: *Schmelzviskositäten von PPE, einer Mischung aus PPE und Poly(styrol) sowie einem Standart-PS in Abhängigkeit von der Schergeschwindigkeit.*

zeigen diese Blends Glastemperaturen zwischen 100 und 219°C *[23]* (siehe Abb.4.3.) und damit verknüpft entsprechende Formbeständigkeitstemperaturen zwischen 90 und 150°C.

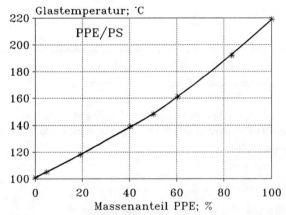

Abb.4.3.: *Glastemperaturen von PPE/PS-Mischungen in Abhängigkeit vom Massenanteil an Poly(phenylenether) PPE. Daten nach Tab.1 in Lit.[23].*

Diese Mischungen besitzen niedrigere Schmelzviskositäten als reines PPE und verbesserte Schlagzähigkeit. Die chemische Beständigkeit und vor allem die hydrolytische

Stabilität, selbst gegenüber kochendem Wasser, sind gut. Starke Laugen, Säuren, Detergentien, Salzlösungen und heißes Wasser greifen sie nicht an. Sie werden von aromatischen und chlorierten Kohlenwasserstoffen (Trichlorethylen, Methylenchlorid, Chloroform) gelöst und sind spannungsrißanfällig gegenüber Ölen, Alkoholen und cycloaliphatischen Kohlenwasserstoffen. Neben Blends werden ebenfalls PPE-Poly(styrol)-Pfropfcopolymere hergestellt *[17,18]*. Diese Propfcopolymere zeigen allerdings keine Verbesserung in ihren mechanischen Eigenschaften gegenüber den Mischungen.

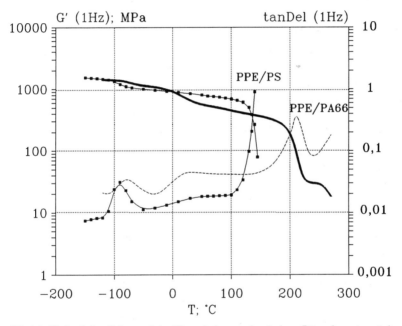

Abb.4.4: Verlauf des Schermoduls G' und der mechanischen Dämpfung tan δ in Abhängigkeit von der Temperatur für zwei Polymerblends, einmal aus PPE/PS [20] und zum anderen aus PPE/PA [19].

Im Gegensatz zu dem System aus PPE und PS sind Poly(phenylenether) und Poly-(amide), PA-6 und PA-66, unverträglich. Sie lassen sich zu Blends verarbeiten, bei denen das amorphe PPE in der teilkristallinen PA-Matrix dispergiert ist *[19]*. Zur Stabilisierung der Dispersion und zur Verbesserung der Haftung zwischen beiden Phasen werden spezielle Block- oder Pfropfcopolymere aus PPE und dem entsprechenden Poly(amid) zugegeben.

Der Unterschied zwischen beiden Blendtypen zeigt sich deutlich im dynamisch mechanischen Verhalten. In Abb.4.4 ist der Verlauf von Schermodul und mechanischer Dämpfung in Abhängigkeit von der Temperatur für ein PPE/PS- und ein PPE/PA-66 Blend wiedergegeben. Die Mischung aus den verträglichen Komponenten PPE und PS zeigt den für amorphe Thermoplaste typischen Verlauf von hohem Modul bis zum Glasübergang und einem deutlich ausgeprägten Dämpfungsmaximum bei der Glastemperatur. Die vollkommene Mischbarkeit drückt sich auch dadurch aus, daß nur eine Glastemperatur gefunden wird, die je nach Mischungszusammensetzung mehr oder weniger hoch zwischen den Glastemperaturen der Komponenten liegen wird. In unserem Fall finden wir die Glastemperatur der Mischung bei 140°C [20], die Glastemperatur Tg = 90°C für PS tritt nicht in Erscheinung.

Ganz anders sind die Verhältnisse bei der Mischung aus den nichtkompatiblen Komponeneten PPE und Poly(amid)-66. Hier sind im Verlauf des Moduls deutlich zwei Stufen zu erkennen, einmal eine kleine etwa zwischen 0 und 20°C und eine zweite bei etwa 200°C. Auch im Verlauf der Dämpfung zeigen sich bei diesen Temperaturen die entsprechenden Maxima, die auf die Glastemperaturen der beiden Komponenten zurückzuführen sind: T_g etwa 0°C für PA-66 bei 50% rel.F. und T_g = 205°C für PPE.

PPE/PA-Blends zeigen gegenüber denen aus PPE/PS verbesserte chemische Beständigkeit, sie werden nicht von Kraftstoffen und Schmiermitteln angegriffen. Sie sind auch weniger spannungsrißanfällig. Die Wärmeformbeständigkeit ist ebenfalls verbessert, so lassen sich Formteile (z.B. großflächige Karosserieteile) in einem speziellen Verfahren (Elektrophorese-Lackierung) bei 190°C lackieren.

Die thermooxidative Beständigkeit von PPE/PS-Mischungen entspricht etwa der des reinen Poly(phenylenethers). Für die Anwendung werden diese Mischungen im allgemeinen mit Antioxidantien bzw. Stabilisatorsystemen ausgerüstet. Ohne Zusatze entzünden sich PPE/PS-Mischungen und brennen mit stark rußender, leuchender Flamme. Flammwidrige Typen sind selbstverlöschend und tropfen nicht ab.

Ein Grund für die Entwicklung der Mischungen von PPE mit Poly(styrol) war die schwierige Verarbeitbarkeit von reinem PPE. Um ausreichend niedrige Schmelzviskositäten für den Spritzguß zu erreichen, müssen bei diesem reinen Material Temperaturen 300 bis 320°C angewandt werden, die wiederum auch unter Luftabschluß die thermische Zersetzung bewirken. Durch Zumischen von Poly(styrol) (Mischungsverhältnis etwa 1:1) wird das Fließverhalten deutlich verbessert. Dieser Vorteil wiegt die Erniedrigung der Wärmeformbeständigkeit um 40°C durch die PS-Beimischung aber bei weitem auf.

PPE/PS-Mischungen lassen sich durch Spritzgießen und Extrudieren problemlos verarbeiten. Obwohl die Feuchtigkeitsaufnahme unter Normalklima mit <0,1% angegeben wird, empfielt sich eine Vortrocknung des Granulates (2 Std. bei 80°C). Empfohlene

Massetemperaturen sind 260 bis 300°C, bei glasfaserverstärkten Materialien bis 310°C. Die Werkzeugtemperaturen können zwischen 60 und 100°C gewählt werden. Niedrige Temperaturen ergeben dabei matte, 100°C und höhere Temperaturen glänzende Formteiloberflächen. Die Verarbeitungsschwindung liegt mit 0,5 - 0,7 % in dem für amorphe Thermoplaste typischen Bereich.

Im TSG (= Thermoplast-Schaumspritzguß) -Verfahren lassen sich Strukturschaum-Formteile mit geschlossener Außenhaut herstellen.

Zur Extrusion sind Massetemperaturen zwischen 240 und 270°C geeignet. Halbzeuge lassen sich mit normalen Werkzeugen spanend bearbeiten, durch Heißelement- (260 bis 290°C) oder Reibschweißen verbinden und mit Lösungsmitteln (Dichlorethan, Toluol, Chloroform) oder üblichen Klebstoffen verkleben.

Besonders die hohe Dimensionsstabilität sowie die Beständigkeit gegenüber Laugen und heißem Wasser haben PPE/PS-Mischungen Anwendungsgebiete in der Elektotechnik, im Apparatebau, bei Küchen- und Haushaltsgeräten, Büromaschinen, Rundfunk- und Fernsehgeräten und im Kamera- und Projektorenbau erschlossen. Im Fahrzeugbau werden Armaturentafeln, Gehäuseteile für Lüftung und Heizung sowie Säulenverkleidungen gefertigt. Bei diesen Anwendungen nutzt man auch die hohe Schlagzähigkeit dieses Materials aus. Für Außenanwendungen am PKW, wie Kühlergrill etc., werden PPE/PA-Mischungen eingesetzt.

In der Installationstechnik werden Pumpenräder, Heißwasserarmaturen und Wärmetauscher für Durchlauferhitzer aus PPE/PS-Mischungen verwendet.

Als Hersteller verschiedener Poly(phenylenether)-Mischungen sind zu nennen:

General Electric Co.:	Noryl® (PPE/PS) und Noryl® GTX (PPE/PA)
BASF AG:	Luranyl® (PPE/Styrol-Butadien) und Ultranyl (PPE/PA)
Hüls AG:	Vestoran® (PPE/PS) und Vestoblend® (PPE/PA)
Borg-Warner:	Prevex® (PPE/PS), wahrscheinlich enthält die Poly(phenylenether)-Komponente auch das 2,3,6-Trimethylphenol als Comonomer.
Asahi-Dow Ltd.:	Xyron® (PPE/PS-Pfropfcop.)

Literatur:

[1] D. Aycock, V. Abolins, D.M. White:"Poly(phenylene ether)" in H.F. Mark, N.M. Bikales, C.G. Overberger, G. Menges [Hrsg.]: Encyclopedia of Polymer Science and Engineering, Second edition, John Wiley & Sons, New York 1988.

[2] K.-U. Bühler: Spezialplaste, Akademie-Verlag, Berlin 1978.

[3] H. Brandt:"Aromatische Poly(ether)" in H. Bartl, J. Falbe [Hrsg.]: Houben-Weyl "Methoden der organischen Chemie", Band E20: Makromolekulare Stoffe, Georg Thieme Verlag, Stuttgart 1987.

[4] D.M. White:"Poly(phenylene oxide)s" in G. Allen, J.C. Bevington [Hrsg.]: Comprehensive Polymer Science, Band 5, Pergamon Press, Oxford 1989.

[5] P.E. Cassidy: Thermally Stable Polymers, Marcel Dekker Inc., New York 1980.

[6] H.M. van Dort, C.A.M. Hoefs, P.E. Magre, A.J. Schoepf, K. Yntema, *Eur. Polym. J.* **4**, 275 (1968).

[7] A.S. Hay, H.S. Blanchard, G.F. Endres, J.W. Eustance, *J. Am. Chem. Soc.* **81**, 6335 (1959).

[8] D.M. White, H.J. Klopfer, *J. Polym. Sci., Part A-1*, **10**, 1565 (1972).

[9] A.S. Hay, *J. Polym. Sci.* **58**, 581 (1962).

[10] G.D. Staffin, C.C. Price, *J. Am. Chem. Soc.* **82**, 3632 (1960).

[11] C.C. Price, N.S. Chu, *J. Polym. Sci.*, **61**, 135 (1962).

[12] D.M. White, *Polym. Preprints* **15**, 210 (1974).

[13] A. Factor, *J. Polym. Sci., Part A-1*, **7**, 363 (1969).

[14] E. Fitzer, J. Kalka, *Ber. Dtsch. Keram. Ges.* **48**, 157 (1971).

[15] J. Bussink, *Kunststoffe* **74**, 573 (1984).

[16] Firmenprospekt "Luranyl" der BASF (1990).

[17] H.-G. Elias, F. Vohwinkel: Neue polymere Werkstoffe für die industrielle Anwendung, 2.Folge, C. Hanser Verlag, München 1983.

[18] H. Domininghaus: Die Kunststoffe und ihre Eigenschaften, 2. Auflage, VDI-Verlag, Düsseldorf 1986.

[19] A.S. Hay:"Discovery and Commercialization of Noryl® Resins" in R.B. Seymour, G.S. Kirshenbaum [Hrsg.]: High Performance Polymers: Their Origin and Development, Elsevier Sci. Publ. Co., New York 1986. Ebenda J.M. Heuschen:

"Xenoy® and Noryl®GTX Engineering Thermoplastics Blends".

[20] W. Zerrmayr, Diplomarbeit (Betreuer: F. Zahradnik), Erlangen 1992.

[21] A. Eisenberg, B. Cayrol, *J. Polym. Sci., Part C* **35**, 129 (1971).

[22] W. Wrasidlo, *J. Polym. Sci., Part A-2* **10**, 1719 (1972).

[23] W.M. Prest, R.S. Porter, *J. Polym. Sci., Part A-2* **10**, 1639 (1972).

[24] E. Jaskot, *SPE J.* **24**, 33 (1968).

[25] W. Pfandl, *Dissertation,* Erlangen (1984).

[26] A. Factor, G.E. Heinsohn, L.H. Vogt, *J. Polym.Sci., Polym. Lett. Ed.* **7**, 205 (1969).

[27] J. Heijboer, *J. Polym. Sci., Part C* **16**, 3755 (1968).

[28] F.E. Karasz, J.M. O'Reilly, *J. Polym. Sci., Polym. Lett. Ed.* **3**, 561 (1965).

[29] F.E. Karasz, H.E. Bair, J.M. O'Reilly, *J. Polym. Sci., Part A-2* **6**, 1141 (1968).

[30] W.A. Butte, C.C. Price, R.E. Hughes, *J. Polym. Sci.* **61**, 528 (1962).

[31] U. Gaur, B. Wunderlich, *J. Phys. Chem., Ref. Data* **10**, 1001 (1981).

[32] S.T. Wellinghoff, E. Baer, *J. Appl. Polym. Sci.* **22**, 2025 (1978).

[33] J.R. Fried, F.E. Karasz, W.J. MacKnight, *Macromolecules* **11**, 150 (1978).

[34] C. Arnold, *J. Polym. Sci., Macromol. Rev.* **14**, 265 (1979).

5 Poly(arylenetherketone)

Charakteristische Strukturelemente dieser Gruppe der Poly(arylenetherketone) sind der Ether-Sauerstoff und die Carbonyl- bzw. Keton-Gruppe (-CO-). Die einzelnen Mitglieder dieser Gruppe unterscheiden sich durch verschieden häufiges Vorkommen der beiden Strukturelemente zwischen den das Rückgrat der Polymerkette bildenden aromatischen Ringen.

Nach dem Einteilungsschema in Kapitel 1 gehören diese Polymere zur Klasse der Heterokettenpolymere. Gemeinsam mit der Gruppe der Poly(arylenether) und der Poly(arylate) ist die Gruppe der Poly(arylenetherketone) der Unterklasse der Sauerstoff-Kohlenstoff-(O,C)-Kettenpolymere zugeordnet.

Struktur I

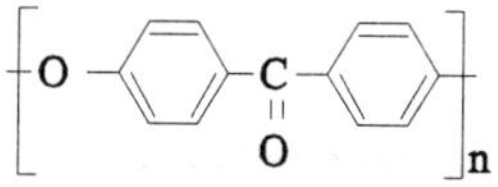

Poly(etherketon), PEK
Poly(oxy-1,4-phenylencarbonyl-
1,4-phenylen)

Struktur II

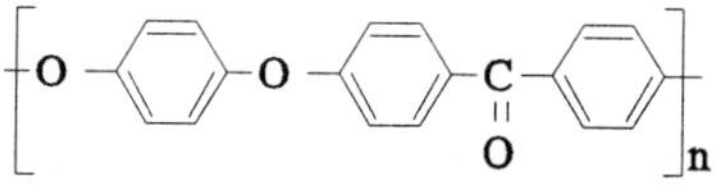

Poly(etheretherketon), PEEK
Poly[di-(oxy-1,4-phenylen)-carbonyl-
1,4-phenylen]

Struktur III

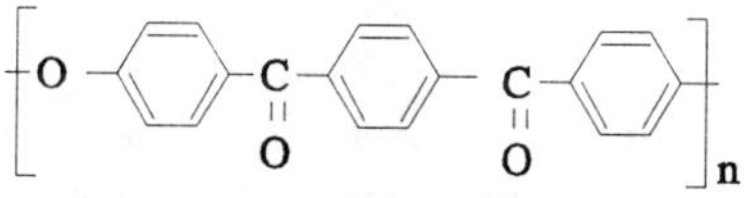

Poly(etherketonketon), PEKK
Poly[oxy-di-(1,4-phenylencarbonyl)-
1,4-phenylen]

Struktur IV

Poly(etherketonetherketonketon),   PEKEKK
Poly[oxy-1,4-phenylencarbonyl-1,4-phenylenoxy-
di-(1,4-phenylencarbonyl)-1,4-phenylen]

Struktur V

Poly(etheretherketonketon),   PEEKK
Poly[oxy-1,4-phenylenoxy-di-(1,4-phenylencarbonyl)-1,4-phenylen]

Die am einfachste zusammengesetzte Grundeinheit besitzt das Poly(etherketon) [Kurz-zeichen: PEK] mit der Struktur I. Es war das erste technisch eingesetzte Poly(arylen-etherketon). Die Firma Raychem hat es ab dem Jahre 1972 produziert und unter dem Handelsnamen Stilan® vertrieben [1,2]. Seit 1982 stellt die Firma ICI das Poly(ether-etherketon) [Kurzzeichen: PEEK] mit der Struktur II her, das unter dem Handelsnamen Victrex® PEEK eingeführt wurde [1,2,3]. Weiterhin produziert Amoco ein Poly(ether-keton) der Struktur I und DuPont ein Poly(etherketonketon) [Kurzzeichen: PEKK] mit der Struktur III [2]. In den letzten Jahren kamen weitere Poly(arylenetherketone) auf den Markt, wie etwa das als Poly(etherketonetherketonketon) [PEKEKK] bezeichnete Ultrapek® der BASF mit der Struktur IV [4] und das unter dem Handelsnamen Hosta-tec® der Firma Hoechst erhältliche Poly(etheretherketonketon) [PEEKK] mit der Struktur V [5].

5.1 Synthese von Poly(arylenetherketonen)

Poly(arylenetherketone) lassen sich prinzipiell nach zwei verschiedenen Synthesemethoden herstellen [1,6]. Einmal über elektrophile Substitutionsreaktionen aromatischer Dicarbonsäuren, bzw. -säurechloride und aromatischer Ether. Wir bezeichnen diesen Syntheseweg, bei dem durch Substitution eines aromatischen Wasserstoffes am Diarylether durch das Carbonsäurechlorid die Kettenbildung über die Keton-gruppe verläuft, dementsprechend als Keton-Kondensation (Schema 1).

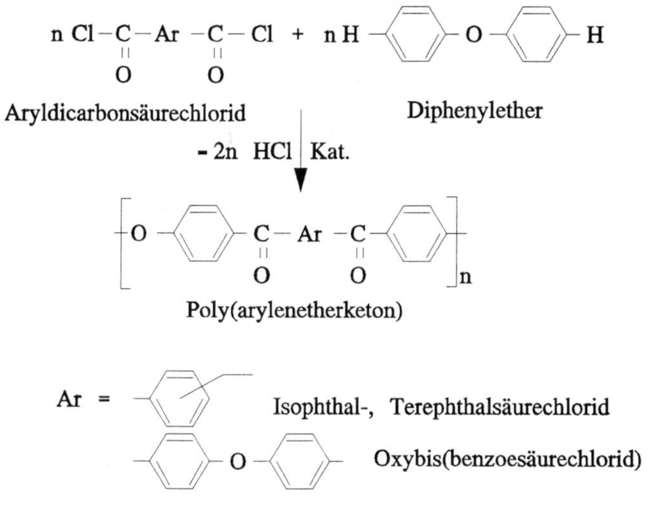

Aryldicarbonsäurechlorid   Diphenylether

- 2n HCl | Kat.

Poly(arylenetherketon)

Ar =   Isophthal-, Terephthalsäurechlorid

Oxybis(benzoesäurechlorid)

Schema 1: Elektrophile Substitution - Keton-Kondensation.

Die zweite Möglichkeit besteht in nucleophilen Substitutionsreaktionen an Halogenbenzophenonen durch Alkaliphenolate. Hierbei werden die Monomere nach der Substitution des Halogens über Ether-Sauerstoffe verknüpft, weshalb wir diesen Syntheseweg als Ether-Kondensation bezeichnen (Schema 2).

Die Wahl des Lösungsmittels ist bei beiden Reaktionen von ausschlaggebender Bedeutung, denn die teilkristallinen Poly(arylenetherketone) zeichnen sich gerade auch dadurch aus, daß sie in den gängigen organischen Lösungsmitteln unlöslich sind.

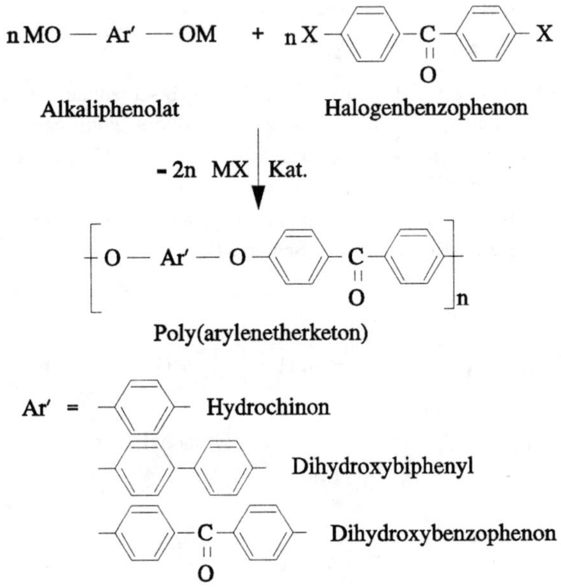

$$n\,MO \!-\! Ar' \!-\! OM \quad + \quad n\,X\!-\!\langle\ \rangle\!-\!\overset{C}{\underset{O}{\|}}\!-\!\langle\ \rangle\!-\!X$$

Alkaliphenolat   Halogenbenzophenon

- 2n MX | Kat.

$$\left[O \!-\! Ar' \!-\! O \!-\!\langle\ \rangle\!-\!\overset{C}{\underset{O}{\|}}\!-\!\langle\ \rangle \right]_n$$

Poly(arylenetherketon)

Ar' = $\langle\ \rangle$ Hydrochinon

$\langle\ \rangle\!-\!\langle\ \rangle$ Dihydroxybiphenyl

$\langle\ \rangle\!-\!\overset{C}{\underset{O}{\|}}\!-\!\langle\ \rangle$ Dihydroxybenzophenon

Schema 2: *Nucleophile Substitution - Ether-Kondensation.*

Diese bei der Anwendung sehr geschätzte Eigenschaft bereitet aber bei der Synthese Schwierigkeiten. Um die gewünschten mechanischen Eigenschaften bei diesen Polymeren zu erhalten, sind hinreichend hohe Molmassen notwendig. Diese lassen sich nur dann erzielen, wenn solche Lösungsmittel gewählt werden, die die entstehenden Poly-(arylenetherketone) bei der anwendbaren Reaktionstemperatur in Lösung halten. Ist dies nicht gewährleistet, so wird das Produkt frühzeitig ausfallen und nur niedrige Molmassen aufweisen.

5.1.1 Keton-Kondensation

Erste Versuche durch elektrophile Substitution unter Friedel-Crafts-Bedingungen (Acylierung) aus Iso- und Terephthalsäurechlorid mit Diphenylether Poly(arylenether-ketone) herzustellen, gehen in die frühen sechziger Jahre zurück [7,8]. Bei dieser Umsetzung (siehe Gl. *5.1*) in Nitrobenzol als Lösungsmittel mit einem Überschuß an

Aluminiumchlorid konnten nur Produkte mit niedrigen Molmassen erhalten werden, die für die technische Anwendung ungenügend waren.

$$n \; Cl-C\underset{O}{\overset{\parallel}{}}\!\!-\!\!\!\left\langle\!\!\!\bigcirc\!\!\!\right\rangle\!\!\!-\!\!C\underset{O}{\overset{\parallel}{}}\!\!-\!Cl \quad + \quad n \; H\!\!-\!\!\!\left\langle\!\!\!\bigcirc\!\!\!\right\rangle\!\!\!-\!O\!-\!\!\!\left\langle\!\!\!\bigcirc\!\!\!\right\rangle\!\!\!-\!H \quad \xrightarrow[\text{Nitrobenzol}]{AlCl_3}$$

Terephthalsäurechlorid · · · · · · · · Diphenylether · · · · · · · **(5.1)**

$$\left[O\!-\!\!\!\left\langle\!\!\!\bigcirc\!\!\!\right\rangle\!\!\!-\!C\underset{O}{\overset{\parallel}{}}\!\!-\!\!\!\left\langle\!\!\!\bigcirc\!\!\!\right\rangle\!\!\!-\!C\underset{O}{\overset{\parallel}{}}\!\!-\!\!\!\left\langle\!\!\!\bigcirc\!\!\!\right\rangle\right]_n \quad + \quad 2n \; HCl$$

Poly(etherketonketon)

Auch die Selbstkondensation (Gl. 5.2) von Phenoxybenzoesäurechlorid in Methylenchlorid als Lösungsmittel und Aluminiumchlorid lieferte kein brauchbares Poly(arylenetherketon).

$$n \; H\!\!-\!\!\!\left\langle\!\!\!\bigcirc\!\!\!\right\rangle\!\!\!-\!O\!-\!\!\!\left\langle\!\!\!\bigcirc\!\!\!\right\rangle\!\!\!-\!C\underset{O}{\overset{\parallel}{}}\!\!-\!Cl \quad \xrightarrow{AlCl_3} \quad \left[O\!-\!\!\!\left\langle\!\!\!\bigcirc\!\!\!\right\rangle\!\!\!-\!C\underset{O}{\overset{\parallel}{}}\!\!-\!\!\!\left\langle\!\!\!\bigcirc\!\!\!\right\rangle\right]_n \quad + \quad HCl$$

4-Phenoxybenzoesäurechlorid · · · · · · Poly(etherketon) · · · · · · **(5.2)**

Die bei diesen Reaktionen unter Friedel-Crafts-Bedingungen eingesetzten Lösungsmittel, wie Nitrobenzol, Methylenchlorid, 1,2-Dichlorethan etc., sind nicht geeignet, die entstehenden Produkte hinreichend in Lösung zu halten, sodaß hochmolekulare Produkte gebildet werden. Diese Synthesevariante ist deshalb eine Labormethode zur Herstellung kleiner Mengen niedermolekularer Poly(arylenetherketone) geblieben. Auch die Verwendung von Polyphosphorsäure liefert kein Polymer mit genügend hohen Molmassen *[9]*. Bessere Ergebnisse werden mit Phosphorpentoxid und Methansulfonsäure erzielt *[10]*.

Erstmals konnten Poly(arylenetherketone) hoher Molmasse mit Bortrichlorid als Katalysator in flüssigem Fluorwasserstoff (Gl. *5.3*) hergestellt werden *[11,12]*.

$$
\text{n H} \underset{\text{4-Phenoxybenzoesäurechlorid}}{\left\langle\bigcirc\right\rangle - O - \left\langle\bigcirc\right\rangle - \underset{O}{\overset{}{C}} - Cl} \xrightarrow[-\text{n HCl}]{\text{HF / BF}_3} \underset{\text{Poly(etherketon)}}{\left[O - \left\langle\bigcirc\right\rangle - \underset{O}{\overset{}{C}} - \left\langle\bigcirc\right\rangle \right]_n} \qquad (5.3)
$$

In diesem Lösungsmittel bleiben die entstehenden Poly(arylenethersulfone) in protonierter Form in Lösung. Die stark korrosive Wirkung und Giftigkeit von Fluorwasserstoff beschränken allerdings die breite Anwendung dieser Synthesevariante, obschon mit Hilfe dieses Prozesses das erste technisch eingesetzte Poly(etherketon), das Stilan®, produziert wurde.

Ein weiteres Lösungsmittel, die Trifluormethansulfonsäure, wurde mit Erfolg zur Kondensation aromatischer Säuren bzw. Säurechloride mit Diarylether (Gl. *5.4*) eingesetzt *[13-15]*.

$$
\text{n H} \underset{\text{4'-Phenoxydiphenylcarbonsäure-(4)}}{\left\langle\bigcirc\right\rangle - O - \left\langle\bigcirc\right\rangle - \left\langle\bigcirc\right\rangle - \underset{O}{\overset{}{C}} - OH} \xrightarrow[-\text{n H}_2 O]{\text{CF}_3\,\text{SO}_3\,\text{H / 24 h / 23 °C}}
$$

$$
\left[O - \left\langle\bigcirc\right\rangle - \left\langle\bigcirc\right\rangle - \underset{O}{\overset{}{C}} - \left\langle\bigcirc\right\rangle \right]_n \qquad (5.4)
$$

Poly(etherketon)
Poly(oxy-4,4'-biphenylencarbonyl-1,4-phenylen)

Mit Hilfe dieser Methode gelingt die Polykondensation von Dicarbonsäuren und Ethern, bzw. die Selbstkondensation von Phenoxybenzoesäuren bereits bei Raumtemperatur.

5.1.2 Ether-Kondensation

Die nucleophile Substitution an Benzophenondihalogeniden (I) durch Bisphenolate (II), die sog. Ether-Kondensation, stellt die alternative Methode zur Synthese von Poly(arylenetherketonen) dar *[16,17]*.

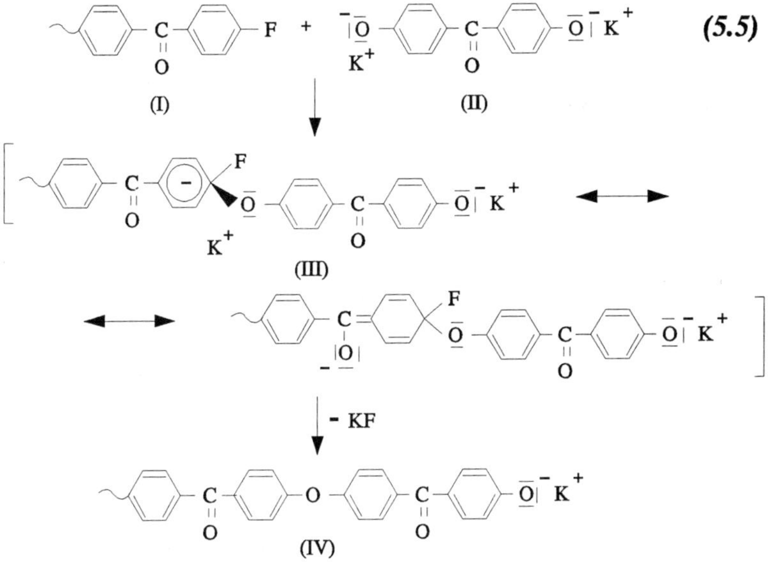

$$(5.5)$$

(I)   (II)

(III)

− KF

(IV)

In dipolaren aprotischen Lösungsmitteln, wie Sulfolan und Diphenylsulfon, reagiert das Phenolat-Anion mit dem Halogenid unter Bildung des mesomeren Übergangszustandes (III), woraus unter Abspaltung des entsprechenden Alkalihalogenides das Poly(arylenetherketon) (IV) entsteht.

Die Wahl des Lösungsmittels ist auch bei dieser Synthesemethode von entscheidender Bedeutung. Im Unterschied zur Keton-Kondensation, können hier keine protischen Lösungsmittel eingesetzt werden. Um die entstehenden Poly(arylenetherketone) in Lösung zu halten, ist man deshalb gezwungen bei hohen Temperaturen, im allgemeinen bei 300°C und darüber, zu arbeiten. Sulfolan ist hierfür das geeignete Lösungsmittel *[18]*; ebenfalls eingesetzte Lösungsmittel sind Diphenylsulfon *[9,19]* und Benzophenon. Weitere notwendige Voraussetzung für die erfolgreiche Durchführung dieser Reaktion ist die Verwendung von Halogeniden, die durch elektronenziehende Gruppen in ortho-oder para-Stellung aktiviert sind. Die aktivierende Wirkung ist bei der Sulfongruppe größer als bei der Carbonylgruppe. Bei den Halogeniden reagiert Fluor sehr viel schneller als Chlor und Brom [20]. Unter den Alkalimetallphenolaten nimmt die Reaktivität von Cäsium über Kalium zu Natrium hin ab.

Diese Methode läßt sich anwenden zur Polykondensation von Dihalogeniden mit Bisphenolaten und auch zur Selbstkondensation von Hydroxyhalogenbenzophenonen [19]:

Zweikomponenten-Polykondensation:

Selbstkondensation:

$$(5.6)$$

Poly(etherketon)

Bei der Zwei-Komponenten-Polykondensation ist das äquimolare Verhältnis der beiden Reaktanten sehr genau einzuhalten um hohe Molmassen zu erzielen. Zur Einstellung bestimmter Molmassen kann die Polykondensation durch Zugabe eines monofunktionellen, aktivierten Halogenids oder ein entsprechendes Phenolat abgebrochen werden. Günstig ist die Verwendung von Arylhalogeniden (Gl. 5.7), da sie mit den wenig stabilen Phenolatgruppen unter Bildung wesentlich stabilerer Ether-Endgruppen reagieren.

An Stelle der Alkalimetallhydroxide lassen sich Alkalimetallcarbonate einsetzen [21], die den Vorteil bieten, daß die Menge an eingesetztem Carbonat nicht kritisch ist. Ein Überschuß an Carbonat führt im Gegensatz zu einem Überschuß an Hydroxid nicht zur Hydrolyse des Halogenides.

$$\sim O - \bigcirc - \underset{O}{\overset{\|}{C}} - \bigcirc - O\,M \quad + \quad X - \bigcirc$$

$$\downarrow \; \text{- MX} \qquad\qquad \textbf{\textit{(5.7)}}$$

$$\sim O - \bigcirc - \underset{O}{\overset{\|}{C}} - \bigcirc - O - \bigcirc$$

Bei Verwendung von Carbonaten werden keine Dialkaliphenolate gebildet, vielmehr reagieren die Monoalkalisalze, sofort wenn sie entstehen, mit den Dihalogeniden zu einem löslichen Phenolether. Erst im darauffolgenden Schritt reagiert dieser mit weiterem Carbonat. Mit Hilfe von Alkalimetallcarbonaten lassen sich ausgehend von 4,4'-Difluorbenzophenon (DFB) eine Reihe von Poly(arylenetherketonen) herstellen *[22]*, die mit den anderen Synthesemethoden wesentlich schwieriger oder gar nicht erhalten werden können. In Gl. *5.8* sind drei Beispiele wiedergegeben. Mit Bis(4-hydroxyphenyl)sulfon entsteht bei vergleichsweise niedriger Reaktionstemperatur ein amorphes, besser lösliches Poly(arylenetherketonsulfon) *[19]*.

$$F - \bigcirc - \underset{O}{\overset{\|}{C}} - \bigcirc - F \;\; + \;\; HO - \bigcirc - \underset{O}{\overset{O\;\|}{\underset{\|}{S}}} - \bigcirc - OH \;\; \xrightarrow[280°C]{DPS} \qquad \textbf{\textit{(5.8)}}$$

4,4'-Difluorbenzophenon

$$\left[O - \bigcirc - \underset{O}{\overset{\|}{C}} - \bigcirc - O - \bigcirc - \underset{O}{\overset{O\;\|}{\underset{\|}{S}}} - \bigcirc \right]$$

amorph

$$DFB + HO - \bigcirc - \underset{O}{\overset{\|}{C}} - \bigcirc - OH \;\; \xrightarrow[340°C]{DPS} \;\; \left[O - \bigcirc - \underset{O}{\overset{\|}{C}} - \bigcirc \right]$$

$$DFB + HO - \bigcirc\bigcirc - OH \;\; \xrightarrow[360°C]{DPS} \;\; \left[O - \bigcirc - \underset{O}{\overset{\|}{C}} - \bigcirc - O - \bigcirc\bigcirc \right]$$

DPS = Diphenylsulfon

$$n \, HO-\!\!\bigcirc\!\!-OH \ + \ n \, F-\!\!\bigcirc\!\!-\underset{O}{\overset{\|}{C}}-\!\!\bigcirc\!\!-F \ + \ n \, K_2CO_3 \xrightarrow[\substack{150 - 300 \,°C}]{\text{Diphenylsulfon}}$$

Hydrochinon   4,4'-Difluorbenzophenon   **(5.9)**

$$\left[-O-\!\!\bigcirc\!\!-O-\!\!\bigcirc\!\!-\underset{O}{\overset{\|}{C}}-\!\!\bigcirc\!\!-\right]_n \ + \ 2n \, KF^+ \, n \, CO_2 + \, n \, H_2O$$

Poly(etheretherketon)

Zur Herstellung von PEEK wird diese Carbonat-Variante (Gl. *5.9*) eingesetzt *[23]*. Vorteilhaft bei dieser Synthese ist der Einsatz von Hydrochinon als Bisphenol-Komponente, da es als Material für photographische Entwickler in großen Mengen verfügbar und billig zu erhalten ist.

Eine Variante der nucleophilen Ether-Kondensation stellt die Umsetzung von silylierten Bisphenolen mit 4,4'-Difluorbenzophenon (DFB) mit Caesiumfluorid als Katalysator dar *[24]*. Diese Reaktion wird ohne Lösungsmittel bei Temperaturen von 220-320°C unter Stickstoff ausgeführt. Bei der Reaktion des Bistrimethylsilyl-Derivates von Bisphenol-A mit DFB entsteht in hohen Ausbeuten ein amorphes Bisphenol-A-Poly(etheretherketon), Kurzzeichen: BPA-PEEK, (siehe Gl. *5.10*).

$$n \, H_3C-\underset{\underset{CH_3}{|}}{\overset{\overset{CH_3}{|}}{Si}}-O-\!\!\bigcirc\!\!-\underset{\underset{CH_3}{|}}{\overset{\overset{CH_3}{|}}{C}}-\!\!\bigcirc\!\!-O-\underset{\underset{CH_3}{|}}{\overset{\overset{CH_3}{|}}{Si}}-CH_3 \ + \ n \, F-\!\!\bigcirc\!\!-\underset{O}{\overset{\|}{C}}-\!\!\bigcirc\!\!-F$$

Silyliertes Bisphenol-A   4,4'-Difluorbenzophenon

CsF | 220-320°C / 1,5 - 4 h   **(5.10)**

$$\left[-O-\!\!\bigcirc\!\!-\underset{\underset{CH_3}{|}}{\overset{\overset{CH_3}{|}}{C}}-\!\!\bigcirc\!\!-O-\!\!\bigcirc\!\!-\underset{O}{\overset{\|}{C}}-\!\!\bigcirc\!\!-\right]_n \ + \ 2 \, nF -\underset{\underset{CH_3}{|}}{\overset{\overset{CH_3}{|}}{Si}}-CH_3$$

Bisphenol-A-Poly(etheretherketon)

Dieses amorphe, in Tetrahydrofuran lösliche Poly(etheretherketon) besitzt eine mittlere Molmasse von 10.000-11.500 g/mol (M_n). Seine Glastemperatur wird mit 151-153°C angegeben. Der Vorteil dieser Synthesevariante besteht darin, daß das Polymer vor seiner Weiterverarbeitung nicht von Lösungsmitteln oder Metallsalzen gereinigt werden muß.

In einer weiteren Synthesemethode werden Acetale, wie z.b. das 2,2-Bis(4-hydroxyphenyl)-1,3-dioxolan, mit Difluorbenzophenon umgesetzt *[25]* (siehe Gl. *5.11*). Dabei entsteht in Dimethylacetamid (DMAC) als Lösungsmittel bei Temperaturen von 150°C ein amorphes, in Chloroform lösliches Poly(ketalketon).

2,2-Bis(4-hydroxyphenyl)-1,3-dioxolan

(5.11)

Poly(ketalketon)

Poly(etherketon) PEK

Das so erhaltene Poly(ketalketon) wird in einer nachfolgenden Hydrolysereaktion mit wässriger Salzsäure oder konzentrierten Schwefelsäure zum Poly(etherketon) umgesetzt. Durch diese Synthesemethode, die das Problem der geringen Löslichkeit der teilkristallinen PAEK und die dadurch zu ihrer Herstellung notwendigen hohen Reaktionstemperaturen durch Darstellung eines löslichen Poly(ketalketons) umgeht, lassen sich hochmolekulare, kristalline Poly(arylenetherketone) herstellen. Die Schmelztemperatur des PEK, dessen Synthese in Gl. *5.11* dargestellt ist, wird mit 366-372°C, die Glastemperatur mit 156°C angegeben.

Eine weitere Möglichkeit über ein gut lösliches Präpolymer Poly(etheretherketon) herzustellen, ist die Synthese von Poly(etheretherketimin) *[26,27,30]*. Bei dieser Synthesevariante (siehe Gl. *5.12*) wird Difluorbenzophenon (DFB) mit Anilin zu Difluorbenzophenon-N-phenylimin umgesetzt. Dieses Monomer polykondensiert mit Hydrochinon in Anwesenheit von Kaliumcarbonat in N-Methylpyrrolidon (NMP)/Toluol bei 175°C. Das so hergestellte, in Tetrahydrofuran lösliche Poly(etheretherketimin) wird schließlich durch Hydrolyse mit Wasser und Methansulfonsäure in das entsprechende PEEK überführt.

F—⟨⟩—C(=O)—⟨⟩—F + ⟨⟩—NH₂ —(− H₂O)→ F—⟨⟩—C(=N)—⟨⟩—F

4,4′-Difluorbenzophenon   **Anilin**

$$F-\text{⟨⟩}-\underset{N}{\overset{\parallel}{C}}-\text{⟨⟩}-F \;+\; HO-\text{⟨⟩}-OH \;\xrightarrow[175°C\,/\,8\text{-}18\,h]{K_2CO_3}$$

(5.12)

4,4′- Difluorbenzophenon-N-phenylimin

$$\left[O-\text{⟨⟩}-O-\text{⟨⟩}-\underset{N}{\overset{\parallel}{C}}-\text{⟨⟩}\right]_n$$

Poly(etheretherketimin)

$$\left[O-\text{⟨⟩}-O-\text{⟨⟩}-\underset{O}{\overset{\parallel}{C}}-\text{⟨⟩}\right]_n$$ ←── Hydrol.

PEEK

5.2 Eigenschaften von Poly(arylenetherketonen)

5.2.1 Kristallinität und Umwandlungstemperaturen

Poly(arylenetherketone) PAEK sind zähe, teilkristalline Thermoplaste. Ihr Kristallinitätsgrad liegt, abhängig von Verarbeitung bzw. thermischer Vorgeschichte bei den technischen Produkten zwischen 25 und 48%. Amorphe Filme lassen sich durch Abschrecken aus der Schmelze erhalten. Einkristalle bilden sich beim Kristallisieren aus stark verdünnten Lösungen (0,01%ig) von Benzophenon oder α-Chlornaphthalin bei 210 bzw. 205 °C [28].

Das Kristallisationsverhalten [28-31] und die Kristallstruktur [32-37] der verschiedenen PAEK wurde eingehend untersucht. Sie kristallisieren im orthorhombischen Gitter mit annähernd gleichen Gitterkonstanten: a-Achse: 7,7-7,8 Å; b-Achse: 5,9-6,04 Å; c-Achse: 9,96-10,27 Å [36,37]. Die Makromoleküle sind in der Elementarzelle parallel zur c-Achse angeordnet, mit einer Kette im Zentrum und vier an den Kanten der Zelle. Aus dieser Reihe fällt lediglich das Poly(etherketonketon) mit deutlich anderen Gitterkonstanten (a=4,17 Å; b=11,34 Å; c=10,08 Å) heraus [36].

Der unterschiedliche Anteil an Ketongruppen in dieser Reihe der PAEK beeinflußt ganz wesentlich die charakteristischen Temperaturen dieser Polymere. Ganz allgemein gilt, daß die Höhe der Kristallitschmelztemperatur T_m teilkristalliner Polymere in erster Linie von der Flexibilität der Molekülketten bestimmt wird. Sauerstoffatome als Brükkenglieder zwischen Phenylenringen ergeben flexible Ketten, die Drehung um die Kohlenstoff-Sauerstoff-Bindung ist nur geringfügig behindert; die Rotationsbarriere liegt mit 10,8 kJ/mol [38] vergleichsweise niedrig. An Poly(p-phenylen) und Poly(oxy-1,4-phenylen) werden diese Verhältnisse deutlich, das Vorhandensein von Sauerstoff-Brükken in POP führt zu einer mehr als 250°C tiefer liegenden Schmelztemperatur.

Im Gegensatz dazu erniedrigt die Ketongruppe die Kettenflexibilität. Diese Gruppe ist wesentlich voluminöser als die Etherbrücke und die Rotationsbarriere für die Kohlenstoff-Kohlenstoff-Bindung zwischen Phenylenringen und Carbonylgruppe liegt mit 20,1 kJ/mol fast doppelt so hoch wie bei der Ethergruppe. Besonders in dieser Reihe der Poly(arylenetherketone) wird der Zusammenhang zwischen Kettenflexibilität und Höhe der Schmelztemperatur deutlich. Ein wachsender Anteil an Ketongruppen, bezogen auf die Gesamtzahl der Brückenglieder zwischen den Phenylenringen pro Grundeinheit, führt aufgrund der anwachsenden Rotationsbehinderung zu höheren Kristallitschmelz-

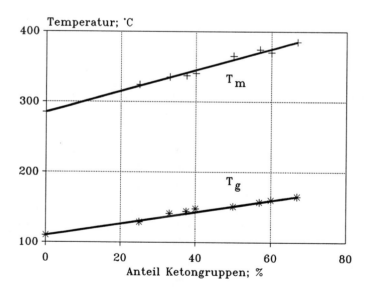

Abb.5.1.: Kristallitschmelz- und Glastemperaturen verschiedener Poly(arylenetherketone) in Abhängigkeit ihres Anteils an Ketongruppen in der Grundeinheit (Daten nach [39]).

temperaturen und auch höheren Glastemperaturen. In Abb.5.1. sind diese Temperaturen in Abhängigkeit vom Ketonanteil aufgetragen. Auch das eingetragene Poly(oxy-1,4-phenylen) POP, das keine Ketongruppe in der Hauptkette aufweist, fügt sich in diese Abhängigkeit ein. In der Literatur sind eine Reihe weiterer Poly(arylenetherketone) beschrieben, die nicht nur 1,4-verknüpfte Phenylenringe sondern auch z.b. Biphenylgruppen [15] als Kettenglieder enthalten. In Tab.5.2. sind vier dieser Polymere mit ihren Übergangstemperaturen aufgelistet.

Tab.5.1.: *Glas- und Kristallitschmelztemperaturen verschiedener Poly(arylenetherketone). Daten nach Blundell, Newton [36]; Harris, Robeson [39]; Attwood et al. [19].*

Polymer	Lit.	Keton-anteil;%	T_g; °C	T_m; °C
Poly(oxy-1,4-phenylen) POP	[39]	0	110	285
Poly(etheretheretherketon) PEEEK	[39]	25	129	324
Poly(etheretherketon) PEEK	[39]	33	141	335
	[36]			335
	[19]		144	335
Poly(etheretherketonetherketon) PEEKEK	[39]	40	148	345
	[19]			340
Poly(etherketon) PEK	[39]	50	152	365
	[36]			365
	[19]		154	367
Poly(etheretherketonketon) PEEKK	[39]	50	150	365
	[36]			360
	[19]		154	358
Poly(etherketonetherketonketon) PEKEKK	[39]	60	160	384
	[36]			370
	[19]			383
Poly(etherketonketon) PEKK	[39]	67	165	391
	[36]			385
	[19]			384

In dieser Reihe ergibt sich kein so offensichtlicher Zusammenhang zwischen Ketonanteil und Schmelztemperatur wie in Tab.5.1.. Was aber dennoch deutlich wird sind die wesentlich höheren Schmelzpunkte z.b. der Polymere C und D im Vergleich zu PEEKK und PEK. Durch den Einbau solcher Biphenyleinheiten ($-C_6H_4-C_6H_4-$) liegen längere, ungewinkelte, also starre Kettenglieder vor, die die Flexibilität der Molekülkette erniedrigen und den Schmelzpunkt somit erhöhen.

Tab.5.2.: *Poly(arylenetherketone) mit Bisphenylgruppen als Kettenglieder. Daten nach Colquhoun, Lewis [15] und Attwood et al. [19].*

Polymer	Lit.	T_g; °C	T_m; °C
A: $-[-O-C_6H_4-C_6H_4-O-C_6H_4-CO-C_6H_4-O-C_6H_4-O-C_6H_4-CO-C_6H_4-]-$ Ketonanteil: 33 %	[15]	159	361-383
B: $-[-O-C_6H_4-O-C_6H_4-C_6H_4-CO-C_6H_4-]-$ Ketonanteil: 33 %	[19]	167	416
C: $-[-O-C_6H_4-O-C_6H_4-CO-C_6H_4-C_6H_4-CO-C_6H_4-]-$ Ketonanteil: 50 %	[15]	183	421
D: $-[-O-C_6H_4-C_6H_4-CO-C_6H_4-]-$ Ketonanteil: 50 %	[15]	207	458
E: $-[-O-C_6H_4-C_6H_4-O-C_6H_4-CO-C_6H_4-C_6H_4-CO-C_6H_4-]-$ Ketonanteil: 50 %	[15]	209	424

Neben diesen deutlich erkennbaren Struktureinflüssen sind sehr viel schwieriger zu bestimmende strukturelle Irregularitäten, wie ortho- und meta-Verknüpfungen in der Polymerkette von Bedeutung. In erster Linie erniedrigen diese den Kristallinitätsgrad und führen damit zu einer niedrigeren chemischen Beständigkeit. Aber auch die mechanischen Eigenschaften, wie Schlagzähigkeit und Festigkeit, verschlechtern sich im Vergleich zu Materialien mit ausschließlich para-verknüpften aromatischen Ringen.

Wie schon in Kap. 5.1. deutlich wurde, sind Poly(aryletherketone) nur schwer löslich. In der Anwendung ist dies von Vorteil, denn bei Raumtemperatur lösen sie sich lediglich in konzentrierter Schwefelsäure (89,9 bis 97,4 %ig), wobei sie allerdings sulfoniert werden. Keine Sulfonierung wird in Methansulfonsäure beobachtet. Eine Lösungsmittel-mischung, die für gelpermeationschromatographische Untersuchungen benutzt wird, ist eine 1:1-Mischung aus Phenol und 1,2,4-Trichlorbenzol bei 115°C *[42]*.

Die Molmassen und Molmassenverteilungen wurden vorwiegend an technischen Poly-(etheretherketonen) der ICI untersucht *[40-42]*. Als typische Werte sind für den Zah-lenmittelwert der Molmasse M_n etwa 15.000 g/mol und für den Massenmittelwert M_w etwa 30.000-40.000 g/mol zu finden.

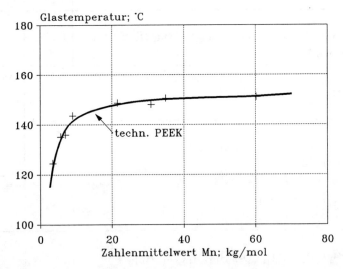

Abb.5.2: Abhängigkeit der Glastemperatur vom Zahlenmittelwert der Molmasse für verschiedene PEEK-Fraktionen. Daten nach [30].

Anhand von PEEK-Proben, die nach der Ketimin-Variante (siehe Kap.5.1) hergestellt und fraktioniert wurden, untersuchten Day et al. *[30]* den Zusammenhang zwischen Molmasse und Glastemperatur. In Abb.5.2 sind die Ergebnisse aus [30] dargestellt, wobei eine starke Abhängigkeit der Glastemperatur von der Molmasse zu erkennen ist. Weiterhin wird deutlich, daß bei technischen Produkten mit Mn etwa 15.000 g/mol (z.B.

Victrex® PEEK, ICI) noch nicht der Bereich erreicht ist, in dem die Glastemperatur mit steigendem Zahlenmittelwert der Molmasse konstant bleibt.

Kommerzielles PEEK (Victrex der ICI) wurde eingehend mit Hilfe der Differential-Kalorimetrie, DSC (engl.: Differential scanning calorimetry) untersucht und in der Literatur beschrieben *[29,33,43,46]*. Wird PEEK aus der Schmelze abgeschreckt, so entsteht amorphes Material, das beim Aufheizen die Glastemperatur durch eine Stufe bei etwa 145°C zeigt. Bei 180°C folgt ein scharfer exothermer Peak, hervorgerufen durch die Kristallisation des Materials. Das nunmehr teilkristalline PEEK schmilzt bei 345°C, sichtbar in dem breiten endothermen Peak in diesem Temperaturbereich.

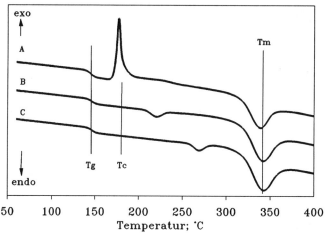

Abb.5.3: Schematische Darstellung von DSC-Kurven für amorphes (A), bei 200°C (B) und bei 250°C (C) getempertes PEEK.

Wird eine Probe bei Temperaturen oberhalb 180°C über eine gewisse Zeit getempert, dann abgekühlt und in der DSC untersucht, so erscheint ungefähr 10-15°C oberhalb der Tempertemperatur ein zweiter endothermer Peak. In Abb.5.3 ist diese Erscheinung anhand dreier schematischer DSC-Kurven verdeutlicht. Erklärt wird dieses Verhalten damit, daß durch Tempern bei Temperaturen zwischen 180°C und T_m Kristallisation zwischen und Umorientierungen in den kristallinen Bereichen stattfindet. Diese nachträgliche gebildeten Kristallite sind weniger stabil, als die bei 180°C gebildeten. Ihre Kristallisation ist behindert und weniger perfekt. Sie schmelzen wenig oberhalb der entsprechenden Tempertemperatur. Ähnliches Kristallisationsverhalten scheint bei Poly(ethylenterephthalat) vorzuliegen *[33]*.

5.2.2 Thermische Beständigkeit

Poly(arylenetherketone) zählen zu den Polymeren mit hoher thermischer und thermo-oxidativer Beständigkeit. Als Ergebnis thermogravimetrischer Untersuchungen werden als Temperaturen, bei denen eine Abnahme der Probenmasse beobachtet wird, unter Stickstoff 520 *[27,44]* bzw. 584 ± 10°C *[31]* und an Luft 470°C *[27]* angegeben.

Abb.5.4 zeigt das Ergebnis einer TGA-Messung aus der ersichtlich wird, daß die Massenabnahme sowohl in Inertgas- als auch in Sauerstoffatmosphäre etwa bei 500°C einsetzt und bis 600°C einen ähnlich raschen Verlauf mit einem Massenverlust von 40% zeigt. Oberhalb 600°C wird unter Stickstoff nur noch ein geringer Massenverlust beobachtet, bei 900 bis 1000°C sind Rückstände mit 41 *[31]* und 49% *[27]* gemessen worden. An Luft erfolgt weiter rasche Massenabnahme bis wenig unterhalb 700°C. Der hierbei verbleibende Rückstand liegt unter 5%.

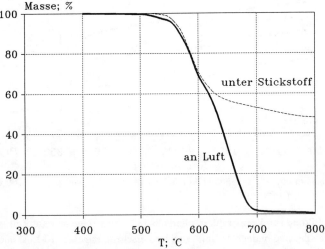

Abb.5.4: Thermogravimetrische Messung an PEEK unter Stickstoff bzw. an Luft. Heizrate 10 K/min. Daten nach [27].

Nach diesen Ergebnissen sollte die Verarbeitung von PEEK an Luft bis zu Temperaturen von etwa 450°C in Hinblick auf thermischen Abbau unproblematisch sein. Dies ist aber nicht der Fall. Die eingehenden Untersuchungen von Jonas und Legras *[31]* ergeben, daß schon bei Temperaturen von 420-440°C unlösliche Anteile im Material entstehen, die auf Verzweigungen bzw. Vernetzungen zurückzuführen sind. Nach 100 h ist

PEEK auch unter Stickstoff bei 400°C vollkommen vernetzt! Daraus folgt, daß die thermische Stabilität von PEEK alleine durch TGA-Messungen nicht abgeschätzt werden kann *[31]*.

Bei thermischer Belastung um 400°C erfolgt zwar keine nachweisbare Abspaltung niedermolekularer Produkte, die auf einen molekularen Abbau zurückzuführen sind, dennoch setzt bereits bei dieser Temperatur statistischer Kettenbruch mit Radikalbildung ein (siehe Gl. *5.13*). Diese Radikale sind vergleichsweise stabil und unterliegen keinem weitergehenden Kettenabbau bzw. keiner Depolymerisation. Vielmehr reagieren sie mit benachbarten Ketten unter Ausbildung von Verzweigungen und Vernetzen *[45]*. Dieses Verhalten zeigt sich in einem Anwachsen der M_w- und M_z-Werte, während die M_n-Werte nahezu konstant bleiben *[31]*.

$$(5.13)$$

Durch die Bildung von Verzweigungen wird die molekulare Beweglichkeit eingeschränkt, die Kristallisation beeinträchtigt und der Kristallinitätsgrad erniedrigt. Somit führt diese thermische Schädigung zur Verschlechterung der mechanischen Eigenschaften. Unter diesem Gesichtspunkt sind die Verarbeitungsbedingungen von PEEK so zu wählen, daß thermische Schädigung des Materials weitgehend vermieden wird. Zum Beispiel werden unter Stickstoff bei 400°C nach 30 Minuten keine Verzweigungen beobachtet. Da sich die Verarbeitung unter Stickstoff in der Praxis kaum durchführen läßt, muß an Luft bei tieferen Temperaturen und in möglichst kurzer Zeit verarbeitet werden. Nachteilig sind auch Teile mit großer Oberfläche, da die thermische Schädigung an Luft von der Diffusion des Sauerstoffs abhängt.

5.2.3 Mechanische Eigenschaften

Unter den Poly(arylenetherketonen) ist vorwiegend das Poly(etheretherketon) untersucht worden und in der Literatur beschrieben [2,3,48,49,50]. Wir werden deshalb auf diese Werte zurückgreifen und hauptsächlich das Verhalten des PEEK von ICI beschreiben, ohne dies immer besonders zu vermerken [57].

Tab.5.3: Thermische und mechanische Eigenschaftswerte von unverstärkten Poly(arylenetherketonen) [2,4,5,48].

	Einheit	PEEK	PEEKK	PEKEKK
Dichte	g/cm³	1,32	1,3	1,3
Feuchtigkeitsaufnahme	% in 24 h % 50% rel.F.	0,14-0,5	0,45	0,25
Glastemperatur	°C	145	160	170
Kristallitschmelztemperatur	°C	335	365	381
Formbeständigkeitstemp.	°C, 1,8 MPa	156	165	170
Längenausdehnungskoeff.	10⁻⁶/K 23°C	47	45	41
Wärmeleitfähigkeit	W/(mK)	0,25		0,22
Brennbarkeit UL 94 Sauerstoffindex LOI	Brandklasse %	V-0 35	40	V-0
Reißfestigkeit Reißdehnung	MPa %	70-92 50 -150	86 36	>50
Streckspannung Streckdehnung	MPa %	91 7		104 5,2
Zug-E-Modul	GPa	3,6	4	4
Biegefestigkeit Biege-E-Modul	MPa GPa	3,8		130
Kerbschlagzähigkeit Izod	J/m	48-83	51	52

Wie ein Vergleich der mechanischen und thermischen Eigenschaftswerte in Tab.5.3 zeigt, unterscheiden sich die drei verschiedenen PAEK nicht derart grundlegend, daß eine gesonderte Behandlung notwendig wäre. Die wesentlichen Unterschiede liegen in den Kristallitschmelztemperaturen, den Glastemperaturen und damit verbunden bei den Formbeständigkeitstemperaturen; die von PEEK (Victrex, ICI) wird mit 156°C *[48]*, die von PEEKK (Hostatec, Hoechst) mit 165°C *[5]* und die von PEKEKK (Ultrapek, BASF) mit 170°C *[4]* angegeben.

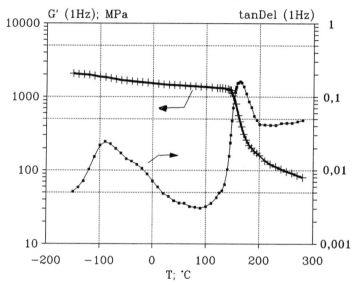

Abb.5.5: Temperaturabhängigkeit des Schermoduls (G') und der mechanischen Dämpfung (tanDel) bei der Frequenz von 1 Hz für ein ungefülltes PEEK [51].

In Abb.5.5 ist der Verlauf des Schermoduls (G'(1Hz)) für ein ungefülltes PEEK bei der Frequenz von 1 Hz in Abhängigkeit von der Temperatur in halblogarithmischer Auftragung wiedergegeben *[51]*.

Der Modul fällt im Glaszustand bis etwa 150°C nur geringfügig ab. Bei der Glastemperatur erweichen die amorphen Anteile im Material, der Schermodul sinkt innerhalb eines Temperaturbereiches von annähernd 50 K um eine Dekade ab. Oberhalb 200°C resultiert die Steifigkeit im wesentlichen von den kristallinen Anteilen, die bei 335°C schmelzen. Der Modul bleibt aber in diesem Temperaturgebiet nicht konstant sondern nimmt langsamer als im Glas-Kautschuk-Übergang, aber stetig ab.

Die mechanische Dämpfung (tanDel (1Hz)) zeigt zwei deutlich ausgeprägte Maxima. Das Tieftemperaturmaximum bei -90°C wird mit molekularen Bewegungen erklärt, die mit Rotationsbewegungen der Phenylenringe verknüpft sind *[52]*. Diese Dämpfungsmaximum (γ-Relaxation) beeinflußt die Zähigkeit bei höheren Temperaturen, ähnlich dem bei anderen phenylenringhalten Polymeren *[3]*. Bei Untersuchungen im Fallbolzen-Test zeigt PEEK ein Maximum der Schlagenergie bei 40°C, von dem angenommen wird, daß es mit Dämpfungsmechanismen dieser Tieftemperaturrelaxation verknüpft ist. An dieses Dämpfungsmaximum schließt sich zu hohen Temperaturen ein tiefes, breites Minimum (+90°C) an. Das Maximum bei 160°C kennzeichnet den Glas-Kautschuk-Übergang. Oberhalb 200°C ist wieder ein leichter Anstieg der Dämpfung zu erkennen, wie er für teilkristalline Thermoplaste im lederartigen bzw. gummielastischen Zustand typisch ist.

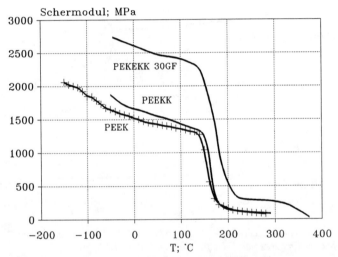

Abb.5.6: Vergleich der Modul-Temperaturkurven zweier ungefüllter mit der eines mit 30% Glasfasern gefüllten PAEK.

Die Temperaturabhängigkeit des Schermoduls der anderen Poly(arylenetherketone) ist der von PEEK gezeigten sehr ähnlich. In Abb.5.6 sind die Schermodul-Temperaturkurven eines ungefüllten PEEKK (Hostatec® X915) *[5]* und eines mit 30% Glasfaser verstärkten PEKEKK (Ultrapek® KR4177 G6) *[53]* mit der des ungefüllten PEEK (Victrex® PEEK 45G) aus Abb.5.5 in linearer Darstellung wiedergegeben. Der Modul von PEEKK ist im Glaszustand etwas höher, der Abfall am Glas-Kautschuk-Übergang ist wegen der höheren Glastemperatur geringfügig zu höheren Temperaturen verschoben. Etwa um den Faktor 1,6 höhere Schubmodulwerte als die ungefüllten Materialien zeigt das verstärkte PEKEKK. Hier wird deutlich, daß die Verstärkung mit Glasfasern die Steifigkeit erhöht, die Temperaturlage des Glas-Kautschuk-Überganges aber nicht beeinflußt. Der Abfall des Moduls beginnt auch hier bei etwa 140-150°C. Dies wird noch deutlicher beim Vergleich der Dämpfung für ungefülltes und verstärktes PEEK, wie in Abb.5.7 dargestellt [51]. Die Temperaturabhängigkeit der Dämpfung ist bei beiden Typen nahezu identisch, das Maximum im Glas-Kautschuk-Übergang liegt in beiden Fällen bei 160°C, lediglich die Höhe des Maximums ist bei dem verstärkten Material etwas niedriger.

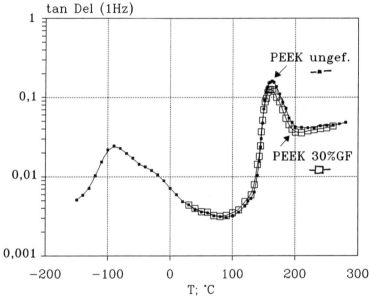

Abb.5.7: *Vergeich der Temperaturabhängigkeit der mechanischen Dämpfung eines ungefüllten mit der eines verstärkten PEEK [51].*

Die Temperaturabhängigkeit des Zug-E-Moduls für ein ungefülltes PEEK (Victrex 45G) mit einem Kristallinitätsgrad von 33% ist in Abb.5.8. wiedergegeben [54]. Auch hier beginnt der Abfall des Moduls bei etwa 130°C.

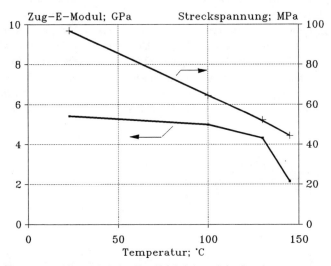

Abb.5.8: *Temperaturabhängigkeit des Zug-E-Moduls und der Streckspannung von ungefülltem PEEK [54].*

Einen wesentlich stärkeren Abfall mit steigender Temperatur zeigt die Streckspannung, die im Temperaturbereich zwischen 23 und 145°C kontinuierlich um mehr als die Hälfte absinkt. Unverstärktes PEEK zeigt ausgeprägte Kaltverstreckung *[55]* mit Streckspannungen zwischen 83 und 106 MPa und Streckdehnungen von 7-9%. Für die Reißfestigkeit werden Werte von 85 bis 95 MPa angegeben, für die Reißdehnung finden sich in der Literatur sehr unterschiedliche Werte: 50% bei *[48]*, 150% bei *[2]* und schließlich 28%, 165% bzw. 243% bei *[55]*. In der letztgenannten Literaturstelle wird auf die unterschiedliche Behandlung der Proben eingegangen, wodurch verschiedene Kristallinitätsgrade und Morphologien in den Materialien erzeugt wurden.

Bei Glas- und Carbonfaser verstärkten Typen steigt die Reißfestigkeit auf 150 bzw. 200 MPa an, die Reißdehnung sinkt auf 2,2 bzw. 1,3%. Durch diese Verstärkung steigt auch die Formbeständigkeitstemperatur auf 315°C an. Weitere Eigenschaftswerte von Glas- und Carbonfaser verstärkten Typen sind in Tab.5.4 angegeben.

Ungekerbte Proben brechen im Schlagversuch nicht. Die Kerbschlagzähigkeit von ungefüllten PAEK liegt zwischen 48 und 83 J/m. Bei -15°C zeigt PEEK einen Übergang von zähem zu spröden Bruchverhalten *[56]*.

Tab.5.4: Eigenschaftswerte verstärkter PAEK-Typen [2,3,5,53].

		PEEK	PEEK	PEEKK	PEEKK	PEKEKK
Fasergehalt	%	30 GF	30 CF	30 GF	30 CF	30 GF
Dichte	g/cm³	1,49	1,44	1,55	1,45	1,53
Formbeständigkeitstemperatur 1,8 MPa °C		315	315	>320	>320	350
Längenausdehnungskoeffizient 23°C 10^{-6}/K		22	15	20	12	20
Reißfestigkeit MPa Reißdehnung %		157 2,2	215 1,3-3	168 2,2	218 2,0	190 3,4
Zug-E-Modul GPa		9,7	13	13,5	22,5	12,1
Kerbschlagzähigkeit Izod J/m		97	85	71	60	103

Die Kriechneigung von PEEK, wie auch PEEKK und PEKEKK, ist sehr gering. Im Dehnkriechversuch wird ein deutlicher Einfluß der Temperatur aber nur ein geringer Einfluß der Kriechzeit auf die Kriechkurven beobachtet. Bei unverstärktem PEEK z.B. wächst die Dehnung unter einer Spannung von 50 MPa bei 23°C von 1,45% nach einer Kriechzeit von $2 \cdot 10^7$ Sekunden auf 1,97% an. Der Zug-Kriechmodul (0,5%, 1000 h) von PEKEKK bei 23°C wird mit 3,5 GPa, bei 200°C mit 0,25 GPa angegeben.

Die chemische Beständigkeit der Poly(arylenetherketone) ist ungewöhnlich hoch. Bei Raumtemperatur sind sie lediglich in konz. Schwefelsäure löslich, wobei aber Sulfonierung eintritt. Bei erhöhten Temperaturen lösen sie sich in polaren Lösungsmitteln, wie Methansulfonsäure, Trichlorbenzol, Chlornaphthalin oder Benzophenon. Methylenchlorid wird in Mengen bis zu 20% absorbiert [3]. Auch die Beständigkeit gegenüber hydrolytischem Abbau ist herausragend. Lagerung in Wasser bei Temperatur über 100°C führt nach 5000 Stunden zu keiner Veränderung der Festigkeit.

Abbau wird dagegen bei ungefüllten Poly(arylenetherketonen) unter dem Einfluß von UV-Strahlung beobachtet. Sie führt zu oberflächlicher Vergilbung des Materials, ohne das mechanische Verhalten merklich zu beeinflussen. Diese schädigende Einwirkung von UV-Strahlung läßt sich durch Füllen mit Ruß oder Metallisieren der Oberfläche verhindern. Die Beständigkeit gegenüber γ-Stahlung ist dagegen besser als die von Poly-(styrol).

Poly(arylenetherketone) sind schwerentflammbar und selbstverlöschend, sie müssen deshalb nicht zusätzlich flammhemmend ausgerüstet werden. Der Sauerstoffindex LOI beträgt 35-40%. Hervorzuheben ist ferner ihre außerordentlich niedrige Rauchgasdichte. Sie zeigen entsprechend der NBS-Norm die geringsten Werte von allen Thermoplasten. Die elektrischen Eigenschaften (siehe Tab.5.5) der Poly(arylenetherketone) sind gut, ihre Isoliereigenschaften werden durch hohe Oberflächen- und Durchgangswiderstände, allerdings weniger gute Kriechstromfestigkeit charakterisiert. Die Dielektrizitätszahl ist vergleichsweise wenig abhängig von der Frequenz und bis zur Glastemperatur nahezu konstant. Der dielektrische Verlustfaktor zeigt eine deutliche Abhängigkeit von beiden Größen.

Tab.5.5: *Elektrische Eigenschaftswerte ungefüllter Poly(arylenetherketone) [48,53]*

	Einheit	PEEK	PEKEKK
Dielektrizitätszahl	50 Hz	3,2-3,3	3,4
	1 MHz		3,3
Dielektrischer Verlustfaktor	50Hz	0,003	0,0028
	1 MHz		0,002
Oberflächenwiderstand	Ω		$> 10^{13}$
Spez. Durchgangswiderstand	Ω cm	$4,9 \cdot 10^{16}$	$> 10^{16}$
Durchschlagfestigkeit	kV/cm	190	

5.3 Verarbeitung und Anwendungen

Das Fließverhalten der Poly(arylenetherketone) unterscheidet sich prinzipiell nicht von dem anderer teilkristalliner Thermoplaste. In Abb.5.9 ist beispielhaft die Schmelzvis-kosität zweier Ultrapek®-Typen, eines unverstärkten (KR 4177, mittelviskos, Standard-einstellung) und eines mit 30% Glasfasern gefüllten (KR 4177 G6) Materials, in Abhängigkeit von der Schergeschwindigkeit bei 400°C dargestellt. Zum Vergleich sind die Viskositätsfunktionen eines Poly(amid-6) und eines Poly(butylenterephthalat) bei 250°C eingetragen. Die Meßtemperaturen liegen jeweils 25 K über den Schmelztemperaturen der entsprechenden Materialien *[53]*.

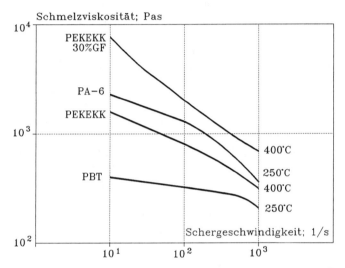

Abb.5.9: Schmelzviskosität in Abhängigkeit von der Schergeschwindigkeit $\dot{\gamma}$ *für zwei PEKEKK-Typen bei 400°C sowie für PA-6 und PBTP bei 250°C [53].*

Für die Verarbeitung von Poly(arylenetherketonen) ergeben sich aufgrund ihrer thermischen Eigenschaften als obere Grenze für die Massetemperatur 400-420°C und als optimale Werkzeugtemperatur 180-220°C.

Der Temperaturbereich von 400-420°C stellt die obere Grenze dar, bis zu der an Luft bei normalen Verarbeitungsgeschwindigkeiten von wenigen Minuten keine thermisch induzierten Veränderungen am Material nachgewiesen werden. Bei dieser Temperatur ist noch nicht mit Abbau unter Abspaltung gasförmiger Produkte zu rechnen, bei länger andauernder Belastung (>30 Minuten) tritt aber Kettenspaltung und Vernetzung ein. Als Massetemperaturen werden von den Herstellern bei PEEK 370-380°C, bei PEEK 360-390°C und bei PEKEKK 390-430°C empfohlen. Mit 430°C liegt die Verarbeitungstemperatur von PEKEKK schon in dem Bereich, wo Vernetzungsreaktionen nicht mehr

ausgeschlossen werden können. Der Hersteller *[53]* betont deshalb, daß auch geringfügige Erhöhungen der Massetemperatur nur bei extrem kurzen Verweilzeiten (<2
Minuten) der Schmelze im Zylinder zulässig sind.

Die Ergebnisse der Untersuchung des thermischen Abbaus von PEEK gelten prinzipiell
auch für die anderen Poly(arylenetherketone), da im chemischen Aufbau keine grund-
sätzlichen Unterschiede bestehen. Alle PAEK enthalten Phenylenringe, die über Ether-
und Ketongruppen verknüpft sind. Die vorhandenen konstitutionellen Unterschiede sind
vernachlässigbar in Hinblick auf Bindungsstärke und damit auf die Wahrscheinlichkeit
der homolytischen Spaltung unter Radikalbildung. Der weiter oben zitierte Mechanismus
von Kettenspaltung und Verzweigung (siehe: thermische Beständigkeit) ist somit für alle
Poly(arylenetherketone) von Bedeutung.

Die andere wichtige Temperatur bezieht sich auf den Kristallinitätsgrad des produzier-
ten Teiles. Wie bei allen teilkristallinen Thermoplasten erhöhen sich bei den Poly(arylenetherketonen) die Härte, Steifigkeit, Festigkeit und die chemische Beständigkeit mit
zunehmendem Kristallinitätsgrad. Aus den Untersuchungen des Kristallisationsverhaltens
von PEEK ergibt sich, daß die Kristallisation zwischen 180 und 225°C abläuft. Mit Hilfe
der DSC läßt sich der Temperaturbereich optimaler Kristallisation in Abhängigkeit von
Heiz- bzw. Kühlgeschwindigkeit auch für die anderen Materialien exakt ermitteln. Um
möglichst hohe Kristallisationsgrade zu erreichen, darf demnach die Schmelze nicht
abgeschreckt werden. Die Werkzeugtemperatur ist deshalb von entscheidendem Einfluß
auf den im Fertigteil vorliegenden Kristallisationsgrad. Ist die Werkzeugoberfläche
kälter als 150°C, so wird die einfließende Schmelze an der Oberfläche abgeschreckt, es
bildet sich eine amorphe Außenhaut, nur im Innern des Formteiles wird entsprechend
des vorhandenen Temperaturgradienten mehr oder weniger Kristallisation möglich sein.
Der Kristallisationsgrad so produzierter Teile ist niedrig, ihre Festigkeitseigenschaften
und besonders die chemische Beständigkeit sind nicht optimal. Hochgradig amorphe
Teile sind durchscheinend und von brauner Farbe.

Amorphe Teile lassen sich durch Nachtempern über mehrere Stunden bei 250-300°C
kristallisieren und ergeben danach nahezu spannungsfreie Produkte. Optimale Kristallisationsgrade von etwa 35% werden mit Werkzeugtemperaturen oberhalb 180°C erhalten.
Diese Teile sind opak und von hellgrauer Farbe. Als Werkzeugoberflächentemperaturen
werden bei PEEK 150-170°C und bei PEKEKK 180-210°C angegeben.

Zur Verarbeitung können alle üblichen, dem Stand der Technik entsprechenden Maschinen eingesetzt werden. Da bei der Verarbeitung keine korrosiven Gase gebildet werden,
sind keine speziellen Vorkehrungen zum Korrosionsschutz notwendig. Zu beachten ist,
daß alle PAEK in hohem Maße auf Metalloberflächen haften. Beim Reinigen der
Maschinenteile vom erkalteten Material können Teile der nitrierten Schicht ausbrechen.

Empfohlene Schneckengeometrien sind: Schneckenlänge 18-22 D, Kompressionsverhältnis 2-2,5:1, Gangsteigung 0,8-1 D. Flachgeschnittene Schnecken sind günstig, da hierbei die Verweilzeit im Zylinder vergleichsweise kurz ist und das Material thermisch nicht so stark belastet wird.

Halbzeug kann mit allen üblichen spanenden Formgebungsverfahren, wie Drehen, Fräsen, Bohren, Schneiden und Sägen bearbeitet werden. Formteile lassen sich durch Ultraschall-, Heißelement- und Reibschweißen verbinden. Verkleben mit Epoxid-, Cyanacrylat- oder Siliconklebern ist nach Vorbehandlung (Ätzen oder Aufrauhen) der Fügeteiloberflächen möglich. PAEK-Teile können metallisiert werden und lassen sich laserbeschriften.

Anwendungen

Ihre Hauptanwendung finden Poly(arylenetherketone) in Bereichen, wo hohe Wärmeformbeständigkeit, herausragende Chemikalienresistenz, günstiges Verhalten im Brandfalle, insbesondere geringste Rauchgasentwicklung und gutes Gleitreibverhalten gefordert werden.

Typische Anwendungen sind in der Elektroindustrie Kabelummantelungen, Spulenkörper, Teile für Schaltschütze, Hitzeschutzschilder und auch Umhüllungen elektronischer Bauteile. Im Apparatebau werden Teile für Heißwasserautomaten, Füllkörper für Destillationskolonnen, Dichtungen, Pumpenteile und -laufräder, Zahnräder, Gleitlager und Speziallagerkäfige aus PAEK eingesetzt. Spritzgegossene Funktionsteile werden im Flugzeuginnenausbau wegen ihrer schweren Entflammbarkeit und geringen Rauchgasdichte im Brandfall verwendet.

Einer breiten Anwendung steht allerdings der hohe Preis entgegen; 1990 kostete das Kilogramm 150-200 DM.

Literatur

[1] J.B. Rose:"Discovery and Development of the 'Victrex' Polyaryletherketone PEEK" in R.B. Seymour, G.S. Kirshenbaum [Hrsg.]: High Performance Polymers: Their Origin and Development, S. 187, Elsevier Science Publ., New York 1986.

[2] H.-G. Elias, F. Vohwinkel: Neue polymere Werkstoffe für die industrielle Anwendung, 2. Folge, Hanser Verlag, München 1983.

[3] T.W. Haas:"Polyetheretherketone PEEK" in I.I. Rubin [Hrsg.]: Handbook of Plastic Materials and Technology, S. 277, J. Wiley & Sons, New York 1990.

[4] E. Koch:"Fortschritte in der Entwicklung von Polysulfon, Polyethersulfon und Polyaryletherketon und ihre Einsatzmöglichkeiten" in J. Rabe [Ltg.], SKZ [Hrsg.]: 5. Fachtagung - Polymere Hochleistungswerkstoffe in der technischen Anwendung, Würzburg 1991.

[5] A. Lücke, *Kunststoffe* **80**, 1154 (1990).

     A. Lücke:"Polyetheretherketonketon PEEKK - Materialmodifikation und technische Anwendungen" in J. Rabe [Ltg.], SKZ [Hrsg.]: siehe *[4]*

[6] P.A. Staniland:"Poly(etherketone)s" in G. Allen, J.C. Bevington [Hrsg.]: Comprehensive Polymer Science, 5. Band, Pergamon Press, Oxford 1989.

[7] W.H. Bonner (DuPont), US.Pat. 3 065 205 (1962); *CA* **58**, 5806 (1963).

[8] I. Goodman, J.E. McIntyre, W. Russel (ICI), Brit.Pat. 971 227 (1964); *CA* **61**, 14805 (1964).

[9] Y. Iwakura, K. Uni, T. Takiguchi, *J. Polym. Sci.* A-1, **6**, 3345 (1968).

[10] M. Ueda, M. Sado, *Macromolecules* **20**, 2675 (1987).

[11] B.M. Marks (DuPont), US.Pat. 3 442 857 (1969).

[12] K.J. Dahl (Raychem), US.Pat. 3 953 400 (1976); *CA* **85**, 64968 (1976).

[13] J.B. Rose (ICI), Eur.Pat. 75390 (1983).

[14] R.M.G. Roberts, A.R. Sadri, *Tetrahedron* **39**, 137 (1983).

[15] H.M. Colquhoun, D.F. Lewis, *Polymer* **29**, 1902 (1988).

[16] R.N. Johnson, A.G. Farnham, R.A. Clendinning, W.F. Hale, C.N. Merriam, *J. Polym. Sci., Part A-1* **5**, 2375 (1967).

[17] V.E. Radlmann, W. Schmidt, G.E. Nischk, *Makromol. Chem.* **130**, 45 (1969).

[18] A.G. Farnham, R.H. Johnson (Union Carbide), Brit.Pat. 1 078 234 (1963)

[19] T.E. Attwood, P.C. Dawson, J.L. Freeman, L.R. Hoy, J.B. Rose, P.A. Staniland, *Polymer* **22**, 1096 (1981).

[20] J.B. Rose, P.A. Staniland (ICI) Eur.Pat. 879 (1979).

[21] R.A. Clendinning, A.G. Farnham, N.L. Zutty, D.C. Priest (Union Carbide) Can.Pat. 847 963 (1970).

[22] J.B. Rose (ICI) Brit.Pat. 1 414 421 und 1 414 422 (1975).

[23] J.B. Rose, P.A. Staniland (ICI) US.Pat. 4 320 224 (1982).

[24] H.R. Kricheldorf, G. Bier, *Polymer* **25**, 1151 (1984).

[25] D.R. Kelsey, L.M. Robeson, R.A. Clendinning, C.S. Blackwell, *Macromolecules* **20**, 1204 (1987).

[26] D.K. Mohanty, R.C. Lowery, G.D, Lyle, J.E. McGrath, *SAMPE Symp.* **32**, 408 (1987).

[27] J. Roovers, J.D. Cooney, P.M. Toporowski, *Macromolecules* **23**, 1611 (1990).

[28] A.J. Lovinger, D.D. Davis, *Macromolecules* **19**, 1861 (1986).

[29] P. Cebe, S.-D. Hong, *Polymer* **27**,1183 (1986).

[30] M. Day, Y. Deslandes, J. Roovers, T. Suprunchuk, *Polymer* **32**, 1258 (1991).

[31] A. Jonas, R. Legras, *Polymer* **32**, 2691 (1991).

[32] N.T. Wakelyn, *J. Polym. Sci., Polym. Lett.* **25**, 25 (1987).

[33] D.C. Bassett, R.H. Olly, I.A.M. Al Raheil, *Polymer* **29**, 1745 (1988).

[34] J.N. Hay, J.I. Langford, J.R. Lloyd, *Polymer* **30**, 489 (1989).

[35] D.J. Blundell, J. D'Mello, *Polymer* **32**, 304 (1991).

[36] D.J. Blundell, A.B. Newton, *Polymer* **32**, 308 (1991).

[37] H.J. Zimmermann, K. Könnecke, *Polymer* **32**, 3162 (1991).

[38] R.J. Abraham, I.S. Haworth, *Polymer* **32**, 121 (1991).

[39] J.E. Harris, L.M. Robeson, *J. Polym. Sci., Polym. Phys.* **25**, 311 (1987).

[40] M.T. Bishop, F.E. Karasz, P.S. Russo, K.H. Langley, *Macromolecules* **18**, 86 (1985).

[41] Y. Lee, R.S. Porter, *Macromolecules* **20**, 1336 (1987).

Y. Lee, R.S. Porter, *Macromolecules* **22**, 1756 (1989).

[42] R. Legras, D. Leblanc, D. Daoust, J. Devaux, E. Nield, *Polymer* **31**, 1429 (1990).

[43]   D.J. Blundell, *Polymer* **28**, 2248 (1987).

[44]   M. Day, T. Suprunchuk, J.D. Cooney, D.M. Wiles, *J. Appl. Polym. Sci.* **36**, 1097 (1988).

[45]   J.N. Hay, D.J. Kemmish, *Polymer* **28**, 2047 (1987).

[46]   S.Z.D. Cheng, M.-Y. Cao, B. Wunderlich, *Macromolecules* **19**, 1868 (1986).

[47]   D.J. Blundell, B.N. Osborn, *Polymer* **24**, 953 (1983).

[48]   R. May:"Polyetheretherketones" in H.F. Mark, N.M. Bikales, C.G. Overberger, G. Menges [Hrsg.]: Encyclopedia of Polymer Science and Engineering, Second Edition, John Wiley & Sons, New York 1988.

[49]   R.B. Rigby:"Polyetheretherketone" in J.M. Margolis [Hrsg]: Engineering Thermoplastics, Marcel Dekker, New York 1985.

[50]   H. Domininghaus: Die Kunststoffe und ihre Eigenschaften, 2. Auflage, VDI-Verlag, Düsseldorf (1986).

[51]   F. Zahradnik, S. Rott, D. Jeromin, eigene Messungen.

[52]   F. Zahradnik:"Secondary Relaxations in Polymers containing Phenyl Rings" in D.R. Oliver [Hrsg]: Third European Rheology Conference, Elsevier Appl. Sci., London 1990.

[53]   *Ultrapek®*, Produktinformation der BASF 1990.

[54]   A.A. Ogale, R.L. McCullough, Composites Sci. Techn. 30, 185 (1987).

[55]   P. Cebe, S.-D. Hong, S. Chung, A. Gupta, *ASTM STP* **937**, 342 (1987).

[56]   D.P. Jones, D.C. Leach, D.R. Moore, *Polymer* **26**, 1385 (1985).

[57]   *Victrex®PEEK*, Produktinformationen der ICI.

6 Poly(arylate)

Als Poly(arylate), Kurzzeichen: PAR, bzw. aromatische Poly(ester) bezeichnen wir Polymere, die durch Polykondensation aromatischer Dicarbonsäuren mit Diphenolen oder durch Selbstpolykondensation aromatischer Hydroxycarbonsäuren hergestellt werden und als charakteristischen Kettenbaustein die Ester-Gruppe enthalten:

$$\left[\!\!\begin{array}{c} O-Ar \end{array}\!\!\left[\begin{array}{c} O-\underset{\underset{O}{\|}}{C} \end{array}\!\!Ar'-\underset{\underset{O}{\|}}{C}\right]\right] \quad bzw.: \quad \left[O-Ar-\underset{\underset{O}{\|}}{C}\right]O-Ar-\underset{\underset{O}{\|}}{C}-$$

Ester-Gruppe

Grundeinheit   Grundeinheit

PAR aus Diphenol und Dicarbonsäure   PAR aus Hydroxycarbonsäure

In der Literatur sind eine Vielzahl von Poly(arylaten) beschrieben; in den grundlegenden Arbeiten von Korshak, Vinogradova [1,2] und in der Darstellung von Bühler [3] sind Strukturen, Herstellung, Glas- und Zersetzungstemperaturen von über hundert Poly(arylaten) aufgeführt. Technische Bedeutung haben allerdings nur etwa zehn erlangt. Aber auch diese unterscheiden sich in ihren Eigenschaften deutlich. Auf der einen Seite stehen die amorphen Poly(arylate), die sich aus Bisphenol A, Terephthal- und Isophthalsäure aufbauen, sowie die teilkristallinen, z.B. das Poly(p-hydroxybenzoat) und auf der anderen Seite schließlich die flüssigkristallinen, die sich durch Polykondensation aus Hydroxybenzoesäure und/oder Hydroxynaphthoesäure, Terephthalsäure, Hydrochinon und anderen Monomere herstellen lassen (siehe Kap.6.4). Dabei umfaßt die Klasse der flüssigkristallinen Polymere (engl.: *liquid cristalline polymers* oder auch *LC-Polymere*, Kurzzeichen: LCP) nicht nur unterschiedlich strukturierte Poly(arylate), sondern auch Vertreter anderer Polymergruppen, wie aromatische Poly(amide), Cellulosederivate, Polypeptide etc..

Zur Klasse der Poly(ester) sind auch die Poly(carbonate) zu zählen. Als Ester der Kohlensäure sind sie allerdings in einer eigenen Polymer-Gruppe zusammengefaßt. Das klassische Poly(carbonat) aus 2,2-Bis-(4-hydroxyphenyl)-propan (Bisphenol A) mit einer Wärmeformbeständigkeitstemperatur von 131°C ist nicht zu den Hochtemperatur-Ther-

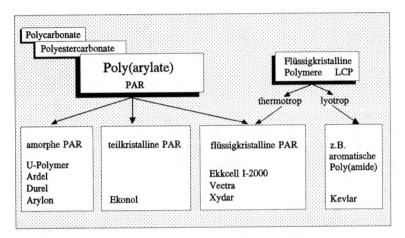

Abb.6.1: *Einteilung der Poly(arylate). Die als Beispiele aufgeführten Produktbezeichnungen sind reg. Handelsnamen.*

moplasten zu zählen. In den letzten Jahren wurden durch Ersetzen des Bisphenol A durch andere Diphenole *[4,5]* modifizierte Poly(carbonate) (Copoly(carbonate)) entwickelt, die Wärmeformbeständigkeiten bis nahezu 200°C erreichen. Wir werden diese deshalb im Unterkapitel 6.6 behandeln.

Eine weitere Gruppe aromatischer Polymere mit der Ester-Gruppe als Kettenglied sind die Poly(estercarbonate) (siehe Kap.6.5). Sie nehmen eine Zwischenstellung zwischen

Poly(carbonaten) und Poly(arylaten) ein; zu ihrer Herstellung werden neben Diphenolen und Phosgen $(COCl_2)$ noch Terephthalsäure eingesetzt. Ihre Wärmeformbeständigkeit steigt mit steigendem Terephthalsäureanteil bis etwa 180°C *[4]*.

Im ersten Teil dieses Kapitels wollen wir uns mit der Synthese von Poly(arylaten) und den am Markt befindlichen teilkristallinen und amorphen Typen beschäftigen. Im zweiten Teil werden wir die flüssigkristallinen Poly(arylate), die Poly(estercarbonate) und die modifizierten Poly(carbonate) behandeln.

Das erste technisch eingesetzte Poly(arylat) war Poly(p-hydroxybenzoat), [Kurzzeichen: POB], das seit 1970 von Carborundum Co. produziert wird (Handelsname: Ekonol®). Dieselbe Firma brachte 1972 den ersten thermotropen, flüssigkristallinen Polyester unter der Bezeichnung Ekkcel® I-2000 auf den Markt. Erst in den folgenden Jahren wurden amorphe Poly(arylate) entwickelt und vermarktet. Die technisch wichtigen Poly(arylate) sind nachfolgend aufgeführt:

1974	U-Polymer® der Firma Unitika
1976	Vectra® von Celanese, jetzt Hoechst AG
1978	Ardel® D-100 von Union Carbide Co., jetzt Amoco Perf. Prod.
1979	Durel® von Hooker Chemical Co.
1979	APE von Bayer (Produktion inzwischen eingestellt)
1984	Xydar® von Dartco
1986	Arylon® von DuPont

6.1 Synthese von Poly(arylaten)

Erste Arbeiten zur Synthese von Poly(arylaten), ausgehend von Terephthal- und Isophthalsäurechlorid sowie Bisphenol A, ausgeführt als Grenzflächen-Polykondensation, datieren aus den Jahren 1957-61 *[6-9]*.

Die hier beschriebenen Synthesemethoden *[10-12]* lassen sich zur Herstellung aller Poly(arylat)-Typen einsetzen, auch flüssigkristalliner sowie auch der Poly(carbonate) und Poly(estercarbonate). Prinzipiell unterscheiden wir zwischen der Selbst-Polykondensation von aromatischen Hydroxycarbonsäuren und der Polykondensation von Diphenolen mit Dicarbonsäuren bzw. deren Derivaten. Ausgeführt werden können beide Methoden entweder in Substanz (Schmelze), in Lösung oder als Grenzflächen-Polykondensation.

Als Copolykondensation bezeichnet man ganz allgemein die Kondensationsreaktionen, die von verschiedenen Monomeren mit derselben funktionellen Gruppe ausgehen. So kann anstelle der Terephthalsäure als alleinige Säurekomponente auch eine Mischung von Terephthal- und Isophthalsäure mit einem Diphenol umgesetzt werden. In diesem Fall entsteht ein Copoly(ester) mit unterschiedlichen Säurebausteinen. Aber auch die Reaktion mehrerer, unterschiedlich aufgebauter Diphenole mit einer oder mehreren Dicarbonsäuren ist möglich. Die Copolykondensation bietet somit eine Fülle von Möglichkeiten zur Herstellung neuer, bzw. zur Modifizierung bekannter Poly(arylate). Bei den amorphen und flüssigkristallinen Poly(arylaten) handelt es sich in der Regel um Copoly(ester), die wir aber im nachfolgenden, der Einfachheit halber, auch als Poly(ester) bzw. als Poly(arylate) und nicht als Copoly(arylate) bezeichnen werden.

6.1.1 Selbstkondensation von 4-Hydroxybenzoesäure und ihren Derivaten

Die Schmelz-Polykondensation der reinen, unsubstituierten 4-Hydroxybenzoesäure gelingt nicht, da sie erst bei 215°C schmilzt und diese hohe Temperatur zur Decarboxylierung führt. Poly(4-hydroxybenzoat), POB, entsteht in hohen Ausbeuten mit mittleren Molmassen Mn=30.-60.000 g/mol aus 4-Hydroxybenzoesäure und Acetanhydrid als Kondensationsreagenz, sowohl in Substanz als auch in Lösung *[13,14]*:

4-Hydroxybenzoesäure

Substanz-Polyk.
180/320° C; 17 h

Lösungs-Polyk.
200/350° C; 16 h
Marlotherm-S

(6.1)

Poly(4-hydroxybenzoat) [POB]

Dabei wird die Reaktion so geführt, daß die Hydroxybenzoesäure im ersten Schritt mit einem Überschuß an Acetanhydrid bei 180 bzw. 200°C reagiert. Bei dieser Temperatur wird der größte Teil der Essigsäure im Laufe von 30-90 Minuten freigesetzt und es entstehen kristalline Oligomere mit 6-10 Monomereinheiten. Im zweiten Schritt wird die Reaktionstemperatur auf 320 bzw. 350°C erhöht, wobei die Oligomere innerhalb 16 Stunden zu hochmolekularem POB kondensieren. Ähnlich verläuft die Substanz-Polykondensation von reiner 4-Acetoxybenzoesäure:

$$CH_3-\underset{O}{\underset{\|}{C}}-O-\!\!\!\bigcirc\!\!\!-\underset{O}{\underset{\|}{C}}-OH \xrightarrow[15\ h]{260/350°C} \left[O-\!\!\!\bigcirc\!\!\!-\underset{O}{\underset{\|}{C}}\right]_{500} + CH_3COOH$$

4-Acetoxybenzoesäure   Poly(4-hydroxybenzoat)   **(6.2)**

Eine Variante, die zu Molmassen zwischen 100. und 200.000 g/mol führt, geht von 4-Trimethylsilyloxybenzoylchlorid aus [15]:

$$n(CH_3)_3 Si-O-\!\!\!\bigcirc\!\!\!-\underset{O}{\underset{\|}{C}}-Cl \xrightarrow[15\ h]{320°C;} \left[O-\!\!\!\bigcirc\!\!\!-\underset{O}{\underset{\|}{C}}\right]_n + n(CH_3)_3 SiCl$$

4-Trimethylsilyloxybenzoylchlorid   Poly(4-hydroxybenzoat)

(6.3)

Auch der Trimethylsilylester der 3-Hydroxybenzoesäure läßt sich zu Poly(3-hydroxybenzoesäure) umsetzen [16].

Bei der technischen Herstellung von POB [17] wird der Phenylester der Hydroxybenzoesäure in Lösung (Therminol 66) bei Temperaturen von 340-360°C unter Abspaltung von Phenol kondensiert:

$$n\ HO-\!\!\!\bigcirc\!\!\!-\underset{O}{\underset{\|}{C}}-O-\!\!\!\bigcirc \longrightarrow \left[O-\!\!\!\bigcirc\!\!\!-\underset{O}{\underset{\|}{C}}\right]_n + n\ HO-\!\!\!\bigcirc$$

4-Hydroxybenzoesäurephenylester   Poly(4-hydroxybenzoat)   **(6.4)**

So hergestelltes POB hat mittlere Molmassen Mn=8.000-11.000 g/mol [13].

6.1.2 Polykondensation von aromatischen Dicarbonsäuren mit Diacetyldiphenolen

In hochsiedenden Lösungsmitteln lassen sich aromatische Dicarbonsäuren, wie etwa Terephthal- und Isophtalsäure, mit O,O-Diacetyldiphenolen zu Poly(arylaten) umsetzen *[18,19]*. Als Lösungsmittel werden Diphenylether, Benzophenon, chloriertes Biphenyl, Diphenylsulfon und γ-Lactone eingesetzt. Katalysatoren, wie Übergangsmetallnaphthenate oder Mangan(II)-acetat, beschleunigen die Reaktion, können sich aber nachteilig auf die hydrolytische Stabilität des Polymeren auswirken.

n CH$_3$–C–O —⟨⟩—C(CH$_3$)(CH$_3$)—⟨⟩—O–C–CH$_3$ + n HO–C—⟨⟩—C–OH ⟶

2,2-Bis-[4-acetoxyphenyl]-propan   Iso- und/ oder Terephthalsäure

$$\xrightarrow[\substack{300°C;\ 3\ h \\ Benzophenon}]{Kobaltnaphthenat} \left[O-\langle\rangle-C(CH_3)(CH_3)-\langle\rangle-O-C-\langle\rangle-C \right]_n + 2n\ CH_3COOH$$

(6.5)

Poly(bisphenol-iso/terephthalat)

Die Schmelzkondensation *[6,7]* von Dicarbonsäuren und Diacetyldiphenolen führt nur dann zu Poly(arylaten) mit hinreichend hohen Molmassen, wenn bei den notwendigen hohen Reaktionstemperaturen die Sublimation der Dicarbonsäure verhindert und somit die Stöchiometrie der Reaktanten bis zu hohen Umsätzen aufrecht erhalten werden kann. Eine weitere Schwierigkeit ergibt sich durch die zunehmende Viskosität im Verlauf der Schmelzkondensation, wodurch die Reaktionsgeschwindigkeit abnimmt.

6.1.3 Polykondensation von Dicarbonsäurechloriden mit Diphenolen

Diphenole lassen sich mit aromatischen Dicarbonsäurechloriden nach zwei Synthesemethoden , einmal der Grenzflächen-Polykondensation *[6,8,20,21]* und zum anderen der Lösungs-Polykondensation *[22,25,26]*, zu hochmolekularen Poly(arylaten) umsetzen. Die häufiger benutzte Methode ist die Grenzflächen-Polykondensation, die z.B. zur Herstellung des U-Polymer® der Fa. Unitika angewandt wird.

Bei dieser Methode wird die wässrige Lösung des Dialkalidiphenolats mit der Lösung des Säurechlorides in einem organischen, nicht mit Wasser mischbaren Lösungsmittel versetzt. Als Phasentransfer-Katalysatoren werden tertiäre Amine, quartäre Ammoniumsalze oder Phosphoniumsalze eingesetzt. Die Reaktionstemperatur liegt zwischen 0 und 35°C. Das Poly(arylat) bleibt in der organischen Phase (Chloroform, Dichlormethan oder Chlorbenzol) gelöst und wird durch Zugabe z.B. von Aceton ausgefällt, Gl.(6.6).

wässrige Phase   organische Phase   **(6.6)**

Poly(bisphenol-iso/terephthalat)

Die Lösungs-Polykondensation kann entweder bei niedrigen (-10 bis 30°C) oder hohen Temperaturen (130-220°C) ausgeführt werden. Bei niedrigen Temperaturen müssen stöchiometrische Mengen eines Säurefängers (Basen, wie z.b. Pyridin, Trimethylamin) zugegeben werden [22]. Als Lösungsmittel wird häufig Tetrahydrofuran, aber auch Pyridin, eingesetzt. Diese Methode kann ebenso zur Herstellung von Poly(estercarbonaten) angewandt werden, siehe Gl. (6.7). Dabei wird bei Raumtemperatur Phosgen (COCl$_2$) mit einer Mischung aus Dicarbonsäure bzw. Säurechlorid und Diphenol in Pyridin umgesetzt [23,24].

Zur Herstellung kristalliner Poly(arylate), wie z.B. dem aus 4,4'-Dihydroxybiphenyl und Iso-/Terephthalsäure hergestellten, sind hohe Reaktionstemperaturen (>200°C; Lösungsmittel: chlorierte Aromaten, wie Tetrachlorbenzol, und Terphenyl, Benzophenon etc.) notwendig, um das entstehende Polymer in Lösung zu halten und damit hinreichend hohe Molmassen zu erreichen [25]. Unter Verwendung von Katalysatoren (Aluminium-, Titan-, Magnesiumsalze) lassen sich Dicarbonsäurechloride und Diphenole auch bei niedrigeren Temperaturen (130-180°C) in chlorierten Aromaten zu Poly(arylaten) umsetzen [26], siehe Gl. 6.7.

$$2\,nHO-\langle\!\!\langle\;\rangle\!\!\rangle\overset{\underset{\textstyle CH_3}{|}}{\underset{\underset{\textstyle CH_3}{|}}{C}}\langle\!\!\langle\;\rangle\!\!\rangle-OH\;+\;n\;Cl-\overset{\;\;}{\underset{\textstyle O}{C}}\langle\!\!\langle\;\rangle\!\!\rangle\overset{\;C-Cl}{\underset{\textstyle O}{}}\qquad\text{(6.7)}$$

$$\downarrow\;\text{-HCl}$$

$$n\,H\left[O-\langle\!\!\langle\;\rangle\!\!\rangle\overset{\underset{\textstyle CH_3}{|}}{\underset{\underset{\textstyle CH_3}{|}}{C}}\langle\!\!\langle\;\rangle\!\!\rangle-O-\overset{\;\;}{\underset{\textstyle O}{C}}\langle\!\!\langle\;\rangle\!\!\rangle\overset{\;C}{\underset{\textstyle O}{}}\right]_{1,2}O-\langle\!\!\langle\;\rangle\!\!\rangle\overset{\underset{\textstyle CH_3}{|}}{\underset{\underset{\textstyle CH_3}{|}}{C}}\langle\!\!\langle\;\rangle\!\!\rangle-O-H$$

$$+\;COCl_2\;\downarrow\;\text{-HCl}$$

$$\left[\!\!\left[O-\langle\!\!\langle\;\rangle\!\!\rangle\overset{\underset{\textstyle CH_3}{|}}{\underset{\underset{\textstyle CH_3}{|}}{C}}\langle\!\!\langle\;\rangle\!\!\rangle-O-\overset{\;\;}{\underset{\textstyle O}{C}}\langle\!\!\langle\;\rangle\!\!\rangle\overset{\;C}{\underset{\textstyle O}{}}\right]_{1,2}O-\langle\!\!\langle\;\rangle\!\!\rangle\overset{\underset{\textstyle CH_3}{|}}{\underset{\underset{\textstyle CH_3}{|}}{C}}\langle\!\!\langle\;\rangle\!\!\rangle-O-\overset{\;C}{\underset{\textstyle O}{}}\right]_n$$

Poly(estercarbonat)

Eine Variante dieser Polykondensation von Säurechloriden stellt die Reaktion von Bis-O-(trimethylsilyl)-diphenolen mit Säurechloriden dar *[27]*, siehe Gl. 6.8. Als Nebenprodukt entsteht das leicht abtrennbare Chlortrimethylsilan, das zur Herstellung des Silylethers wiederverwendet werden kann.

$$n\,H_3C-\overset{\underset{\textstyle CH_3}{|}}{\underset{\underset{\textstyle CH_3}{|}}{Si}}-O-\langle\!\!\langle\;\rangle\!\!\rangle\overset{\underset{\textstyle CH_3}{|}}{\underset{\underset{\textstyle CH_3}{|}}{C}}\langle\!\!\langle\;\rangle\!\!\rangle-O-\overset{\underset{\textstyle CH_3}{|}}{\underset{\underset{\textstyle CH_3}{|}}{Si}}-CH_3\;+\;n\,Cl-\overset{\;\;}{\underset{\textstyle O}{C}}\langle\!\!\langle\;\rangle\!\!\rangle\overset{\;C-Cl}{\underset{\textstyle O}{}}$$

Bis-O-(trimethylsilyl)-diphenol $\qquad\qquad\downarrow\qquad\qquad$ *(6.8)*

$$\left[\!\!\left[O-\langle\!\!\langle\;\rangle\!\!\rangle\overset{\underset{\textstyle CH_3}{|}}{\underset{\underset{\textstyle CH_3}{|}}{C}}\langle\!\!\langle\;\rangle\!\!\rangle-O-\overset{\;\;}{\underset{\textstyle O}{C}}\langle\!\!\langle\;\rangle\!\!\rangle\overset{\;C}{\underset{\textstyle O}{}}\right]_n\;+\;2\,n\,H_3C-\overset{\underset{\textstyle CH_3}{|}}{\underset{\underset{\textstyle CH_3}{|}}{Si}}-Cl\right.$$

6.1.4 Polykondensation von Dicarbonsäurediphenylestern mit Diphenolen

Anstelle der freien Dicarbonsäure, bzw. des Säurechlorides, können auch Diphenylester mit Diphenolen (siehe Gl. 6.9) zu Poly(arylaten) umgesetzt werden [28-30].

$$n \, H\,O\!-\!\!\left\langle\bigcirc\right\rangle\!\!-\!\!\overset{\overset{\displaystyle CH_3}{|}}{\underset{\underset{\displaystyle CH_3}{|}}{C}}\!\!-\!\!\left\langle\bigcirc\right\rangle\!\!-\!\!O\,H \;+\; n\left\langle\bigcirc\right\rangle\!\!-\!\!O-\overset{C}{\underset{O}{\|}}\!\!-\!\!\left\langle\bigcirc\right\rangle\!\!-\!\!\overset{C}{\underset{O}{\|}}\!\!-\!\!O-\!\!\left\langle\bigcirc\right\rangle$$

230° C | Diphenylterephthalat   (6.9)

$$\left[\!-\!O\!-\!\!\left\langle\bigcirc\right\rangle\!\!-\!\!\overset{\overset{\displaystyle CH_3}{|}}{\underset{\underset{\displaystyle CH_3}{|}}{C}}\!\!-\!\!\left\langle\bigcirc\right\rangle\!\!-\!\!O-\overset{C}{\underset{O}{\|}}\!\!-\!\!\left\langle\bigcirc\right\rangle\!\!-\!\!\overset{C}{\underset{O}{\|}}\!\!-\!\right]_n \;+\; 2\,n\left\langle\bigcirc\right\rangle\!\!-\!\!O\,H$$

Um bei dieser Umesterung hochmolekulare Produkte zu erhalten, muß das als Nebenprodukt entstehende Phenol sorgfältig abgetrennt werden.

6.2. Poly(4-hydroxybenzoat)

Poly(4-hydroxybenzoat) [POB] wird von der Carborundum Co. hergestellt und unter dem Handelsnamen Ekonol® vertrieben. Dieses technische Produkt besitzt eine mittlere Molmasse M_n von etwa 10.000 g/mol und ist hochkristallin. Es ist in allen Lösungsmitteln unlöslich, in chloriertem Biphenyl tritt oberhalb 320°C Quellung ein. Gegenüber konzentrierten Säuren und Laugen ist POB bei Raumtemperatur beständig, bei erhöhter Temperatur erfolgt hydrolytische Spaltung.

Bis 550°C schmilzt dieses Material nicht, vielmehr zersetzt es sich oberhalb dieser Temperatur. Jackson [72] konnte dennoch einen Schmelzpunkt bei 610°C bestimmen, indem er, um die Zersetzung so gering wie möglich zu halten, Proben in der DSC mit der sehr hohen Heizgeschwindigkeit von 80 K/min untersuchte.

An Luft ist Poly(4-hydroxybenzoat) bis 325°C ohne erkennbaren Abbau über lange Zeit beständig. In der TGA zeigt sich beginnender Abbau oberhalb 400°C; bei 513-525°C erreicht der Gewichtsverlust 10% (Heizgeschwindigkeit: 8 °C/min) [13]. Bei isothermer Versuchsdurchführung ergibt sich ein Gewichtsverlust von 10% nach 2 Stunden bei

415°C *[31]*. Als hauptsächliche Spaltprodukte entstehen in der Vakuumpyrolyse bis 565°C durch Kettenspaltung an den Estergruppen Kohlenmonoxid, Kohlendioxid und Phenol *[32]*.

Reines Poly(4-hydroxybenzoat) ist hochkristallin und zeigt in der DSC keinen Glas-Übergang *[13]*. Dieser Befund, daß reines POB keinen Glas-Übergang aufweist und somit vollkommen kristallin vorliegt, steht im Gegensatz zu Arbeiten anderer Autoren *[34,35]*, die als Glastemperaturen 170°C und höhere Temperaturen angeben. Durch Extrapolation von DSC-Messungen an Copoly(estern) aus 4-Hydroxy- und 3-Hydroxy-benzoesäure *[36]* sowie an solchen aus 2-Phenylthioterephthalsäure, Hydrochinon und 4-Hydroxybenzoesäure *[37]* auf 100% POB wurde eine Glastemperatur von 120°C ge-funden. Ebenso leiten Chen und Zachmann *[38]* aus dynamisch-mechanischen Messun-gen an binären und ternären Copoly(estern) aus Poly(ethylenterephthalat), Poly(ethylen-2,6-naphthoat) und Poly(4-hydroxybenzoat) für reines Poly(4-hydroxybenzoat) eine Glastemperatur von 120°C ab. Dieser Wert wurde durch Extrapolation der Verlust-modulmaxima der isotropen Phase solcher Copoly(ester) mit verschiedenen Hydroxyben-zoesäure-Anteilen erhalten.

POB zeigt einen reversiblen Übergang im Temperaturbereich zwischen 320 und 350°C, der als Übergang zwischen zwei Kristallmodifikationen gedeutet wird *[13,14]*.

Unter den mechanischen Eigenschaftswerten des Poly(4-hydroxybenzoats) *[33]* (siehe Tab. 6.1) fällt vor allem der hohe Biege-E-Modul auf. Mit einem Modul von 7,1 GPa ist POB unter den ungefüllten Thermoplasten eines der steifsten Materialien. Auch bei 300°C liegt der Biegemodul noch bei etwa 4 GPa.

Sehr hoch ist auch die Wärmeleitfähigkeit, die mit 0,75 W/(mK) um den Faktor 2-3 über der anderer ungefüllter Thermoplaste liegt.

Poly(4-hydroxybenzoat) läßt sich nicht nach den üblichen thermoplastischen Verfahren zu Formkörpern verarbeiten. Die Urformung geschied durch Schlagpressen, Sintern oder nach dem Plasmasprühverfahren *[14]*. Beim Schlagpressen wird das Material auf 155-260°C vorgeheizt und mit Energien bis 130 kJ geformt. Die Vorteile dieses Urform-Verfahrens liegen in den kurzen Zykluszeiten (6-10 s) der geringeren Mikroporo-sität der so hergestellten Formteile gegenüber gesinterten Produkten. Auch lassen sich dickwandigere Teile herstellen und höher gefüllte Materialien verarbeiten. Zum Sintern sind Temperaturen von 370 bis 430°C bei Drücken bis 70 MPa notwendigen. Je nach Dicke der Formteile dauert die Herstellung bis zu einer Stunde. Zur Beschichtung von Metalloberflächen (Titan, Aluminium oder Stahl) lassen sich im Plasmasprühverfahren (Helium- oder Argonplasma, 3000°C) Überzüge von 0,01-5 mm Dicke herstellen.

Tab.6.1: Eigenschaftswerte von Poly(4-hydroxybenzoat) (Ekonol®) [33].

Dichte	g/cm³	1,44
Wasseraufnahme (24h, 23°C)	%	0,02
Dauergebrauchstemperatur	°C	~300
Therm. Längenausdehnungskoeffizient	10⁻⁶/K	28
Wärmeleitfähigkeit	W/(mK)	0,75
Zug-E-Modul	GPa	
100°C		5,9
200°C		5,0
300°C		4,0
Biegefestigkeit	MPa	74
Biege-E-Modul	GPa	7,1
Druckfestigkeit	MPa	226
Dielektrizitätszahl		3,8
Dielektrischer Verlustfaktor		$2 \cdot 10^{-4}$
spez. Durchgangswiderstand	Ωcm	$> 10^{15}$
Durchschlagfestigkeit	kV/mm	26

Hauptanwendungsgebiete von Poly(4-hydroxybenzoat) sind in der Elektronik und Elektroindustrie hochtemperaturbeständige Bauteile und Einkapselungen. Im allgemeinen wird dieses Material nicht im reinen Zustand angewandt sondern in Form von Mischungen mit Aluminium- und Bronzepulvern, bzw. mit Graphit oder Molybdänsulfid gefüllt und als Polymerblend mit bis zu 70% Poly(tetrafluorethylen) eingesetzt. Diese Mischungen finden Anwendung als Lager, Buchsen und Dichtungen, sowie als Pumpenrotoren und Rührer für aggressive Medien. Bei der Anwendung als Lagermaterial kommen die selbstschmierenden Eigenschaften von POB zum Tragen. Wässrige Dispersionen von POB mit PTFE werden auch als Schlichte für Glasfasern eingesetzt.

6.3 Amorphe Poly(arylate)

Die reinen Zweikomponenten-Poly(ester) aus Bisphenol-A und Isophthalsäure (Struktur II in Tab.6.2), Kurzzeichen: PBAI, bzw. Terephthalsäure (Struktur I in Tab.6.2), Kurzzeichen PBAT sind teilkristalline Thermoplaste mit Kristallinitätsgraden bis etwa 50%. Sie haben als Werkstoffe keine Anwendung gefunden.

Tab.6.2: *Charakteristische Temperaturen einiger Poly(arylate). T_g und T_m bezeichnen die Glas- bzw. Schmelztemperatur, T_z gibt die Zersetzungstemperatur an Luft an.*

Struktur	Tg	Tm	Tz	[Lit.]
I	(210) *	315	397	[8]
II	(175)*	235		[8]
III	188-194	255-260	400	[8]
IV	(120)*	>550	380	[13,38]
V	145	181-185	410	[16]

* = extrapolierte Werte

Als hochtemperaturbeständige Konstruktionswerkstoffe werden die seit den siebziger Jahren entwickelten, amorphen Poly(arylate), Kurzzeichen: PBIT, mit Bisphenol-A als Diolkomponente und verschiedenen Mischungen aus Iso- und Terephthalsäure als Säurekomponente, eingesetzt. Sie stellen Copoly(ester) dar, zu deren Herstellung die isomeren Phthalsäuren in einem Verhältnis von Iso- zu Terephthalsäure zwischen 70:30 und 50:50 eingesetzt werden (Struktur III in Tab.6.2: PBIT). Allgemein gilt für diese Copoly(ester), daß mit steigenden Anteilen an Terephthalsäure die Glastemperatur (von 181 bis 203°C) und die Schmelztemperatur (von 235 bis 315°C) ansteigen *[8]*.

Tab.6.3: Eigenschaftswerte von amorphem Poly(arylat) (Ardel® D-100) [43].

Dichte	g/cm^3	1,21
Feuchtigkeitsaufnahme	23°C/24h %	0,27
Glastemperatur	°C	188
Formbeständigkeitstemperatur	HDT-A(1,8 MPa) °C	174
Therm. Längenausdehnungskoeffizient	10^{-6}/K	50-62
Brechungsindex		1,61
Brennbarkeit nach UL	Brandklasse	V-0
Reißfestigkeit	MPa	66
Reißdehnung	%	50
Streckspannung	MPa	71
Streckdehnung	%	8
Zug-E-Modul	GPa	2
Biegefestigkeit bei 5% Dehnung	MPa	75
Biege-E-Modul	GPa	2,14
Schlagzähigkeit	kJ/m^2	280
Kerbschlagzähigkeit Izod	J/m	224
Dielektrizitätszahl	60 Hz 1 kHz 1 MHz	2,73 2,71 2,62
Dielektr. Verlustfaktor	60 Hz 1 kHz 1 MHz	0,0008 0,005 0,02
Durchschlagfestigkeit	kV/mm	15,8
Spez. Oberflächenwiderstand	Ω	2 10^{17}
Spez. Durchgangswiderstand	Ωcm	1,2 10^{16}

Die thermische und thermooxidative Stabilität des amorphen PBIT ist hoch. Unter Inertgas ist es bis etwa 400°C beständig. Ein Masseverlust von 10% wird in der TGA unter Stickstoff bei 480°C gemessen (Heizgeschw.: 8°C/min) *[39]*. An Luft wird im Temperaturbereich zwischen 250 und 280°C eine Zunahme der mittleren Molmasse beobachtet, oberhalb 300°C entstehen unlösliche Anteile. Diese Molmassenzunahme wird auf oxidative Vernetzungsreaktionen zurückgeführt. Erst oberhalb 350°C tritt Kettenabbau ein, wobei als Spaltprodukte hauptsächlich Kohlendioxid und Kohlenmonoxid entstehen.

Bei der folgenden Darstellung der Eigenschaften, siehe Tab. 6.3, von amorphen Poly-(arylaten) beziehen wir uns im wesentlichen auf das in der Literatur eingehend beschriebene Ardel® D-100 *[12,40-43]* (Amoco Perf. Prod. Inc.; vormals von Union Carbide Corp. produziert). Mit seinen Eigenschaften liegt das amorphe PBIT zwischen denen von Bisphenol-A-Poly(carbonat) und denen der Poly(sulfone). Es besitzt mit 174°C eine höhere Wärmeformbeständigkeit als Poly(carbonat) (HDT-A: 138°C), aber eine schlechtere Kerbschlagzähigkeit als dieses. Gegenüber den Poly(sulfonen) zeigt es bei gleicher Wärmeformbeständigkeit eine höhere Zähigkeit. Seine Kriechfestigkeit ist besser als bei PC aber schlechter als bei PSU.

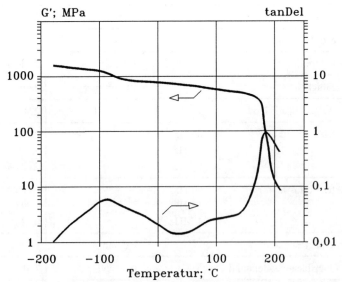

Abb.6.2: *Verlauf von Schermodul G' und mechanischer Dämpfung in Abhängigkeit von der Temperatur für das amorphe Poly(arylat) Ardel® D-100 [41].*

Im Torsionsschwingversuch zeigen PBIT und Poly(carbonat) annähernd gleiches Verhalten *[41,44]*. PBIT besitzt etwas niedrigere Schermodulwerte als PC, aber der Beginn des Abfalls im Glas-Kautschuk-Übergang liegt mit 160-170°C etwa 30°C höher. Auch der Verlauf der mechanischen Dämpfung ist ähnlich. Bei beiden Materialien zeigt sich ein deutlich ausgeprägtes sekundäres Maximum im Temperaturbereich zwischen -100 und -75°C. Dieses Dämpfungsverhalten bei Meßfrequenzen um 1 Hz steht in Zusammenhang mit der hohen Schlagzähigkeit dieser Materialien bei Temperaturen oberhalb dieses sekundären Übergangs *[45,46]*.

Die Beständigkeit gegenüber Lösungsmitteln ist ebenfalls mit der von Poly(carbonat) vergleichbar. PBIT ist beständig gegenüber aliphatischen Kohlenwasserstoffen, Alkoholen, Fetten und Ölen, wird aber von Methylenchlorid, Chloroform, Dimethylformamid, Dimethylacetamid, aromatischen Kohlenwasserstoffen, Ketonen, Estern und cyclischen Ethern gelöst oder zumindest angequollen. Viele, auch inerte organische Lösungsmittel verursachen Spannungsrißkorrosion. Säuren, Laugen und heißes Wasser (oberhalb 60°C) führen zu hydrolytischem Abbau.

(6.10)

o-Hydroxybenzophenon-
Struktur

Eine Besonderheit zeigen alle aromatischen Poly(ester) aufgrund ihrer chemischen Struktur. Unter der Einwirkung von UV-Strahlung kommt es zu einer chemischen Reaktion, der sog. photoinduzierten Fries-Umlagerung *[10]*, bei der o-Hydroxybenzophenon-Strukturen in den Polymerketten entstehen (siehe Gl. *(6.10)*). Diese o-Hydroxybenzophenon-Gruppen wirken nun ihrerseits als UV-Absorber und verhindern dadurch weitere UV-induzierte Umlagerungen. Somit wird das Poly(arylat) durch die Bildung UV-Strahlung absorbierender Strukturen inhärent UV-stabil.

Diese Eigenschaft von PBIT kann zum Schutz anderer UV-sensibler Polymere ausgenutzt werden, indem diese mit einem Poly(arylat)-Film überzogen werden. In Versuchen an Poly(ethylenterephthalat), das mit Ardel beschichtet und danach mit UV-Licht bestrahlt wurde, ergab sich eine deutlich stabilisierende Wirkung des PAR *[40]*. Von Nachteil bei dieser UV-induzierten Reaktion ist die geringfügige Vergilbung des Poly-(arylats). Ardel® D-100 läßt sich nach allen gängigen, thermoplastischen Formgebungsverfahren verarbeiten. Vor der Verarbeitung muß das Material über 6-9 Stunden bei 120°C getrocknet werden. Als Massetemperaturen beim Spritzgießen empfiehlt der Hersteller 360-390°C, als Werkzeugtemperaturen 100-120°C. Die Fließfähigkeit der Schmelze ist vergleichsweise gering, ähnlich der von Poly(sulfon) und Poly(ethersulfon). Die Formschwindung von Ardel liegt bei 0,9%.

Mit einer Dauergebrauchstemperatur von 150°C, hoher Zähigkeit, geringer Brennbarkeit, Transparenz und der inhärenten UV-Stabilität findet dieses Material in der Elektro- und Elektronikindustrie Anwendung als Gehäusematerial, bei Halterungen für Lampen und Leuchtröhren, bei Außenverglasungen, Sonnenkollektoren, für transparente Abdeckungen von Leuchten, bei Schnapp-Verbindungen und auch im Flugzeuginnenausbau.

6.4 Flüssigkristalline Poly(arylate)

Die Erkenntnis, daß gewisse niedermolekulare Stoffe neben dem festen, kristallinen oder glasartigen Zustand und der isotropen Schmelze bzw. in Lösung eine weitere, von den beiden anderen deutlich zu unterscheidende Phase bilden, geht auf Reinitzer zurück *[47]*, der dieses Phänomen 1888 an Cholesterinderivaten beobachtet hatte.

In den vergangenen zwei Jahrzehnten wurden LC-Polymere eingehend untersucht. An dieser Stelle sollen nur die wesentlichen Grundbegriffe behandelt werden. Dabei beschränken wir uns auf die Darstellung von Poly(arylaten), die als thermotrope LC-Polymere technische Anwendung gefunden haben. Zum eingehenden Studium des chemischen Aufbaus, der Synthesemöglichkeiten, der physikalischen und sonstigen Eigenschaften flüssigkristalliner Polymere verweisen wir auf die sehr umfangreiche Literatur. Im Literaturverzeichnis zu diesem Kapitel geben wir eine Auswahl von Monographien, Sammelbänden und Artikeln *[48-106]* an, die den Zugang zu diesem Spezialgebiet und das Studium dieser interessanten Stoffklasse erleichtern sollen.

Der flüssigkristalline Zustand ist ganz allgemein dadurch charakterisiert, daß er gleichzeitig wesentliche Merkmale des kristallinen und des flüssigen Zustandes aufweist. In Kristallen wirken starke, gerichtete Bindungskräfte zwischen den Molekülen, die zur Ausbildung von dreidimensionalen Gittern führen. In diesen Gittern liegen die Moleküle dicht gepackt vor, sie sind entsprechend einer Vorzugsrichtung orientiert und dieser Ordnungszustand erstreckt sich über den gesamten Kristall. Eine Folge dieser Molekülorientierung ist die Anisotropie der physikalischen Eigenschaften, wie etwa die Existenz zweier unterschiedlicher Brechungsindices und richtungsabhängiger Festigkeiten. In isotropen Flüssigkeiten liegen die Moleküle ebenfalls eng nebeneinander, aber es existiert keine Vorzugsrichtung, lediglich zu den nächsten Nachbarn bestehen schwache Wechselwirkungen. Die physikalischen Eigenschaften sind nicht mehr richtungsabhängig. Im flüssigkristallinen Zustand, der als Zwischenzustand (Mesophase) beim Übergang vom Festkörper zur isotropen Flüssigkeit (Schmelze oder Lösung) in Erscheinung tritt (siehe Abb.6.3), existiert eine Vorzugsrichtung, entsprechend der die Moleküle ausgerichtet sind. Im Gegensatz zum kristallinen Zustand sind die Moleküle aber nicht in Gittern angeordnet, d.h. es existiert keine Fernordnung in Hinblick auf die Lage der Moleküle.

Die Fähigkeit zur Ausbildung einer solchen flüssigkristallinen Zwischenphase ist nun nicht nur auf niedermolekulare Substanzen beschränkt. Auch Polymere sind zur Ausbildung solcher Mesophasen fähig. Bilden Polymere diesen Zustand in der Schmelze aus, so werden sie als thermotrope LC-Polymere bezeichnet. Lyotrope LC-Polymere bilden oberhalb einer kritischen Konzentration flüssigkristalline Lösungen.

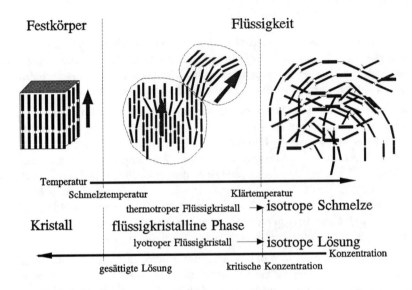

Festkörper   Flüssigkeit

Temperatur ──▶
    Schmelztemperatur   Klärtemperatur
              thermotroper Flüssigkristall ──▶ isotrope Schmelze
    Kristall   flüssigkristalline Phase
              lyotroper Flüssigkristall ──────▶ isotrope Lösung
◀─── Konzentration
            gesättigte Lösung   kritische Konzentration

Abb.6.3: *Schematische Darstellung der Molekülausrichtung in fester, flüssiger und flüssigkristalliner Phase.*

Beispiele für in der Technik angewandte thermotrope LC-Polymere sind die flüssig-kristallinen Poly(arylate), wie Vectra®, Ekkcel® und Xydar®, für lyotrope LC-Polymere das Aramid Kevlar® (siehe Kap. 9).

6.4.1 Molekularer Aufbau und Struktur der flüssigkristallinen Phase

Sowohl niedermolekulare als auch polymere Flüssigkristalle sind durch ähnliche moleku-lare Strukturen charakterisiert. Notwendige Voraussetzung zur Bildung flüssigkristalliner Phasen ist eine starke Form-Anisotropie des gesamten Moleküls oder sich regelmäßig wiederholender Teile bei oligomeren und polymeren Molekülketten. Im Falle nieder-molekularer Flüssigkristalle bildet das Molekül als ganzes die starre, längliche oder scheibchenförmige mesogene Gruppe, d.h. die Gruppe, die sich in der flüssigkristallinen Phase anordnet.

Bei den polymeren Flüssigkristallen sind die mesogenen Gruppen als Untereinheiten in der Molekülkette gebunden. Sie können in der Hauptkette unmittelbar miteinander oder über flexible Abstandshalter, sog. Spacer, verknüpft sein. Diese Art von polymeren Flüssigkristallen bezeichnet man dementsprechend als Hauptketten-LC-Polymere (Kurzzeichen: LCMP). Die andere Möglichkeit besteht darin, daß die mesogenen Gruppen als Seitenketten an die Hauptkette gebunden sind; diese Art bezeichnet man als Seitenketten-LC-Polymere (Kurzzeichen: LCSP) (siehe Abb.6.4). Solche Seitenketten-LC-Polymere zeigen besondere optische und elektrische Eigenschaften, sie sind als Werkstoffe für optische Speicher in der Erprobung.

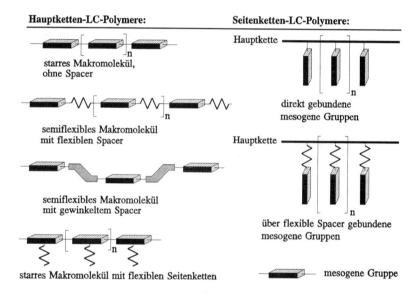

Hauptketten-LC-Polymere:

starres Makromolekül, ohne Spacer

semiflexibles Makromolekül mit flexiblen Spacer

semiflexibles Makromolekül mit gewinkeltem Spacer

starres Makromolekül mit flexiblen Seitenketten

Seitenketten-LC-Polymere:

Hauptkette

direkt gebundene mesogene Gruppen

Hauptkette

über flexible Spacer gebundene mesogene Gruppen

mesogene Gruppe

Abb.6.4: Beispiele für den Aufbau von Hauptketten- und Seitenketten-LC-Polymeren aus mesogenen Einheiten und Spacern.

Sind bei den flüssigkristallinen Hauptkettenpolymeren die mesogenen Gruppen unmittelbar in der Hauptkette miteinander verbunden, so ergeben sich Moleküle, die als ganzes ein starres Stäbchen darstellen. Solche Polymere zersetzen sich bei höheren Temperaturen ohne zu schmelzen. Beispiele dafür sind Poly(p-phenylen) (PPP) und Poly(4-hydroxybenzoat) (POB). Bei Poly(p-phenylen) ist der 1,4-verknüpfte Phenylenring die mesogene Gruppe. Oligomere mit vier bis sechs Phenylenringen schmelzen jedoch und zeigen eine flüssigkristalline Phase in der Schmelze *[69-71]*. Die Übergangstemperaturen vom flüssigkristallinen (nematischen, siehe unten) Zustand zur isotropen Schmelze liegen bei diesen Oligomeren bei 250°C für 4, 418°C für 5 und 565°C für 6 Phenylenringe. Oligomere mit mehr als sieben Phenylenringen schmelzen dagegen nicht mehr. Im Falle des Poly(4-hydroxybenzoats) stellt der Benzoesäurerest die mesogene Gruppe dar und auch hier bilden Oligomere mit drei bis fünf Phenylenringen eine flüssigkristalline Phase. Die entsprechenden Übergangstemperaturen liegen hier bei 100°C für 3, 254°C für 4 und 464°C für 5 Phenylringe *[73]*. Ein weiteres Beispiel ist Poly(p-phenylentereph-thalamid) (PPTA), das ebenfalls aufgrund seiner steifen Molekülketten nicht mehr schmelzbar ist. Im Gegensatz zu den beiden vorhergenannten Stoffen löst es sich aber z.b. in konzentrierter Schwefelsäure und bildet oberhalb einer kritischen Konzentration eine flüssigkristalline Lösung. Aus dieser Lösung kann das aromatische Poly(amid) zu Fasern (Kevlar®) versponnen werden, die hohe Steifigkeit und Festigkeit bis zu hohen Temperaturen besitzen. Um hochmolekulare Substanzen zu erhalten, die eine flüssig-kristalline Phase in der Schmelze ausbilden, müssen deren Molekülketten neben den starren noch flexible Glieder enthalten.

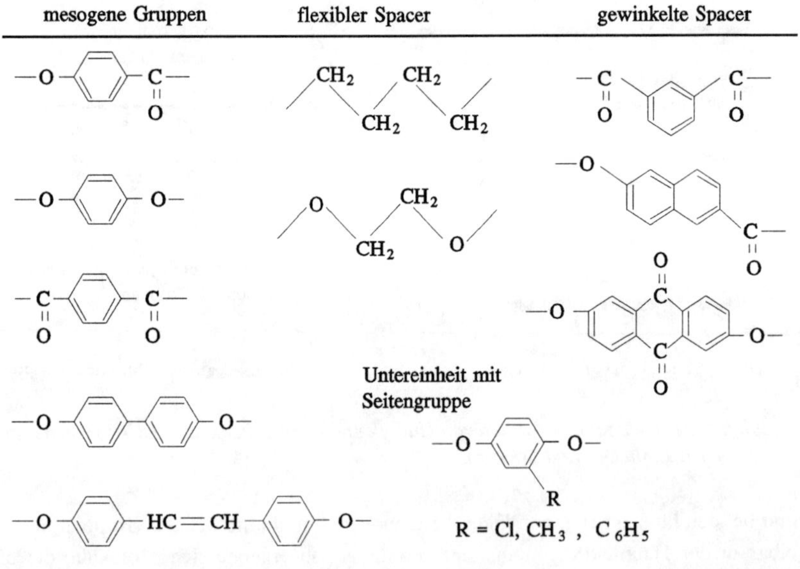

Abb.6.5: Beispiele für mesogene Gruppen und flexible Spacer, aus denen sich thermotrope LC-Poly(arylate) aufbauen.

Durch Einbau geeigneter Untereinheiten, die die Kettenbeweglichkeit erhöhen oder die starre, stäbchenartige Form des gesamten Moleküls unterbrechen, lassen sich die Schmelzpunkte in einen für die Verarbeitung über die Schmelze geeigneten Bereich erniedrigen, ohne dadurch die Ausbildung einer flüssigkristallinen Phase zu unterbinden.

Diese Untereinheiten können aliphatische Gruppen sein, die aufgrund der freien Drehbarkeit um Einfachbindungen zu höherer Flexibilität führen. Aromatische Gruppen, wie der Naphthoesäure- oder Isophthalsäurerest, ergeben gewinkelte Makromoleküle. Auch Untereinheiten mit Seitenketten wirken als Störstellen für die Kristallisation, indem sie den Abstand zwischen den benachbarten Makromolekülen vergrößern.

Flexible Spacer und gewinkelte Untereinheiten vermindern ebenfalls die Wechselwirkung zwischen den starren mesogenen Gruppen in den benachbarten Molekülketten, stören die Kristallisation und bewirken somit die Herabsetzung der Schmelztemperatur. Solche Untereinheiten (siehe Abb.6.5) werden zwischen die starren mesogenen Gruppen durch Copolymerisation mit geeigneten Monomeren in die Makromoleküle eingebaut. Dabei werden oftmals verschiedenartige Spacer kombiniert, auch um die mechanischen Eigenschaften der als Werkstoffe eingesetzten Materialien gezielt zu beeinflussen. In Tab.6.4 sind einige thermotrope LC-Poly(arylate) mit p-Hydroxybenzoesäure als mesogenen Baustein wiedergegeben, an denen der Einfluß von Spacern auf die Schmelztemperatur deutlich wird.

Tab.6.4: Schmelztemperaturen thermotroper LC-Poly(arylate) mit verschiedenartigen Spacern.

Struktur		Tm, °C Lit.
[−O−⬡−C(=O)−]n	Zersetzungstemp.: (Schmelztemp.	550 [13] / 610 [72]
[−O−⬡−C(=O)−]3n[−O−(naphthalin)−C(=O)−]n		302 [74]
[−O−⬡−C(=O)−]2n[−O−(naphthalin)−C(=O)−]n		260 [74]
[−O−⬡−C(=O)−]6n[−O−CH2−CH2−O−]2n[−C(=O)−⬡−C(=O)−]2n		260 [75]
[−O−⬡−C(=O)−][−O−(CH2)x−O−][−C(=O)−⬡−O−][−C(=O)−⬡−C(=O)−]	X = 3 : 240 / 4 : 287 [76] / 10 : 221	

Im letztgenannten Beispiel von Tab.6.4 zeigt sich eine typische Eigenschaft von LC-Polymeren mit Methylen-(CH_2)-Gruppen enthaltenden flexiblen Spacern. Mit zunehmender Spacerlänge nimmt die Schmelztemperatur ab. Aber innerhalb einer homologen Reihe mit zunehmendem Anzahl CH_2-Gruppen im Spacer zeigen die Vertreter mit ungerader Anzahl von Methylengruppen tiefere Schmelzpunkte als die nachfolgenden Vertreter mit einer geraden Anzahl von Methylengruppen [77].

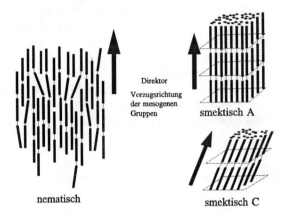

Direktor

Vorzugsrichtung
der mesogenen
Gruppen   smektisch A

nematisch   smektisch C

Abb.6.6: Vereinfachte Darstellung der Struktur von nematischer und smektischen Phasen.

In der flüssigkristallinen Phase können die mesogenen Gruppen verschiedenartig angeordnet sein, wodurch unterschiedliche Strukturen entstehen. Beschränken wir unsere Betrachtung auf thermotrope Hauptketten-LC-Polymere mit stäbchenförmigen mesogenen Gruppen und flexiblen Spacern, so können drei flüssigkristalline Phasen unterschieden werden. In der nematischen Phase ordnen sich die mesogenen Gruppen mit ihren Längsachsen parallel zu einer Vorzugsachse, dem Direktor, an, wobei aber die Schwerpunkte der einzelnen mesogenen Gruppen willkürlich verteilt, also ohne erkennbare, weiterreichende Ordnung, vorliegen (siehe Abb.6.6). Bei der smektischen Phase sind die mesogenen Gruppen wiederum parallel ausgerichtet, weiterhin bilden sie senkrecht zu dieser Vorzugsrichtung Schichten aus, in denen die Schwerpunkte in einer Ebene liegen. Die Verteilung der Schwerpunkte auf der Schichtebene ist aber nicht regelmäßig. Als smetisch A bezeichnet man die Phase, bei der die Schichtebenen senkrecht zur mittleren Vorzugsrichtung der Mesogene liegen, als smetisch C, wenn die Schichtebenen geneigt dazu liegen. Flüssigkristalline Poly(arylate) bilden im allgemeinen nur nematische Mesophasen in der Schmelze aus. Bei anderen LC-Polymeren beobachtet man nicht nur eine flüssigkristalline Phase, vielmehr bildet sich beim Schmelzen zuerst eine smektische Phase aus, die in die nematische übergeht bevor die isotrope Schmelze entsteht [78,79].

Die Ausbildung und Stabilität der flüssigkristallinen Phasen, die Schmelztemperatur sowie die Übergangstemperatur zwischen anisotroper und isotroper Schmelze, die Klärtemperatur, werden entscheidend vom Längen-Dicken-Verhältnis der mesogenen Gruppen und der Länge der flexiblen Glieder bestimmt. Nimmt die Länge der meso-genen Gruppen zu, so wird die nematische Phase beständiger und Schmelz- und Klär-temperatur steigen an. Mit zunehmender Spacerlänge, wie z.B. bei wachsender Anzahl von Methylengruppen in aliphatisch-aromatischen Poly(estern), wird dagegen die smektische Phase stabiler als die nematische und Schmelz- und Klärtemperatur nehmen ab. Das in Tab.6.4 zuletzt genannte Beispiel zeigt mit 3 und 4 Methylengruppen im flexiblen Spacer eine nematische Phase, mit 10 Methylengruppen dagegen bildet sich eine smektische Phase in der anisotropen Schmelze aus *[76]*.

In ihrem rheologischen Verhalten, das noch sehr unvollkommen verstanden wird *[96]*, zeigen LC-Polymere bemerkenswerte Unterschiede zu dem "normaler" Thermoplaste *[80,85,95]*. Bei thermotropen Hauptketten-LC-Polymeren ist die Viskosität in der nematischen Phase niedriger als in der isotropen.

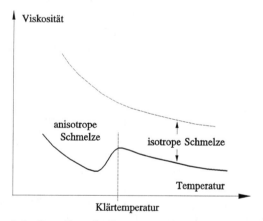

Abb.6.7: Schematische Darstellung der Temperaturabhängigkeit der Viskosität bei einem thermotropen LC-Polymeren in isotroper und anisotroper Phase.

An chemisch einheitlichen Flüssigkristallen beobachtet man dieses Phänomen beim Abkühlen aus der isotropen Schmelze *[97]*. Der kontinuierliche Anstieg der Viskosität mit fallender Temperatur wird bei der Klärtemperatur, dem Übergang von isotroper zu anisotroper Phase, durch einen deutlichen Viskositätsabfall unterbrochen. In Abb.6.7 ist dies schematisch dargestellt.

Schmelzviskosität; Pas

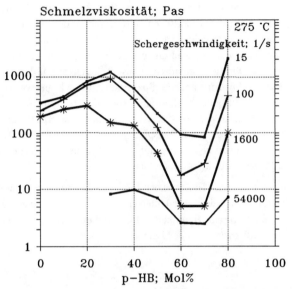

Abb.6.8: *Schmelzviskosität von Copolyestern aus PET und p-HB in Abhängigkeit von der Zusammensetzung bei verschiedenen Schergeschwindigkeiten [80].*

Diese technologisch interessante Tatsache haben Jackson und Kuhfuss *[80]* erstmals an einer Reihe von Copoly(estern) aus Poly(ethylenterephthalat) und p-Hydroxybenzoesäure (PET/p-HB) beschrieben. Bei diesen Copoly(estern) nimmt die Schmelzviskosität anfänglich mit steigendem Anteil an p-HB bis etwa 30% zu, mit weiter steigenden p-HB-Anteilen fällt die Viskosität um mehr als eine Dekade ab. Das Minimum der Viskosität liegt bei etwa 60% (siehe Abb.6.8). Hierbei ist nicht die Änderung der chemischen Zusammensetzung in erster Linie der Grund für die Viskositätsabnahme. Vielmehr werden durch die Zunahme an starren, mesogenen p-HB-Gruppen aus anfänglich flexiblen immer steifere Molekülketten. Durch diesen Verlust an Kettenbeweglichkeit bildet dieses System oberhalb 30% p-HB keine isotrope sondern eine nematische Phase aus.

Technologisch bedeutsamer ist die Abhängigkeit der Viskosität von der Schergeschwindigkeit. In Abb.6.9 sind drei Viskositätskurven wiedergegeben *[80]*. Die Schmelzviskosität von reinem Poly(ethylenterephthalat) nimmt mit steigender Schergeschwindigkeit nur wenig ab. Im Falle des Copoly(esters) mit 20% p-Hydroxybenzoesäure ergibt sich der "normale" Viskositätsverlauf mit einem Newton'schen Gebiet bei niedrigen Schergeschwindigkeiten und strukturviskosem Verhalten bei hohen Schergeschwindigkeiten. Die Schmelze des flüssigkristallinen Systems mit 60% p-HB zeigt im gesamten Schergeschwindigkeitsbereich stark ausgeprägtes strukturviskoses Verhalten mit deutlich niedrigeren Viskositätswerten. Bei 1000 s^{-1} liegt die Viskosität der nematischen Schmelze etwa eineinhalb Dekaden unter der des reinen PET.

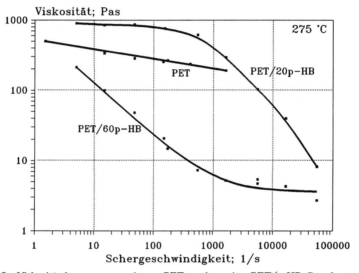

Abb.6.9: Viskositätskurven von reinem PET und zweier PET/p-HB-Copolyester. Der Copolyester mit einem p-HB-Anteil von 60% bildet bei der Meßtemperatur eine nematische Schmelze [80].

Daß die Viskosität der nematischen Phase niedriger liegt als die der isotropen, wird mit der partiellen Orientierung der semiflexiblen Molekülketten in dieser Phase erklärt. Es bilden sich Domänen (Durchmesser bis zu einigen Mikrometern) aus mit parallel angeordneten Molekülen, die bei niedrigen Schergeschwindigkeiten aneinander abgleiten, ohne daß durch das Fließen diese Domänenstruktur zerstört wird. Bei hohen Schergeschwindigkeiten bewirkt der Fließprozeß eine Orientierung der Domänen. Die Vorzugsrichtungen in den einzelnen Domänen ordnen sich in Richtung der Scherung über die ganze Probe. Scheinbar verschmelzen die verschiedenen Domänen zu einer einzigen Domäne. Anhand dieses Domänen-Konzepts entwickelte Wissbrun [85] eine Theorie, mit deren Hilfe Viskositätskurven berechnet werden können, die den experimentellen Kurven ähnlich sind.

Tab.6.5: *Strukturen einiger thermotroper LC-Polymerer, die als Konstruktionswerkstoffe in der Technik angewendet werden.*

Struktur   **Handelsname**

Die technische Bedeutung der thermotropen LC-Polymere liegt darin begründet, daß sich mit diesen Stoffen Formkörper durch Spritzgießen oder Extrusion herstellen lassen, in denen die Molekülketten weitgehend parallel angeordnet vorliegen. Dadurch sollte z.B. die Festigkeit deutlich verbessert werden. Tatsächlich zeigen Formteile aus diesen Materialien erhöhte Festigkeit, hohe Zähigkeit und ein bemerkenswertes Ausdehnungsverhalten. Allerdings ergeben sich durch diese Orientierung auch Nachteile, wie die ausgeprägte Anisotropie der Eigenschaften oder die ausgesprochen geringe Bindenahtfestigkeit. So haben sich die anfänglich hohen Erwartungen an diese Kunststoffklasse zum Teil nicht erfüllt. Einige Kunststoffproduzenten ziehen sich deshalb bereits aus diesem Markt zurück. In Tab.6.5 sind die Strukturen und Schmelztemperaturen einiger thermotroper LC-Polymere, die als Werkstoffe in der Technik angewendet werden, wiedergegeben.

6.4.2 Eigenschaften flüssigkristalliner Poly(arylate)

Das hohe Niveau der mechanischen Eigenschaftswerte bei thermotropen Poly(arylaten) resultiert aus dem hohen Orientierungsgrad der Molekülketten, der in spritzgegossenen und extrudierten Formteilen erzielt wird. Optimale Werte werden immer dann erhalten, wenn es gelingt den molekularen Ordnungszustand aus der nematischen Phase auf das erstarrte Formteil zu übertragen, bzw. diesen durch die Verarbeitung noch zu erhöhen. Den Verarbeitungsbedingungen kommt deshalb bei dieser Polymerklasse eine besondere Bedeutung zu.

Bemerkenswert ist weiterhin, daß alle Eigenschaften, die durch die Orientierung der Moleküle beeinflußt werden, wie Festigkeit, Zähigkeit, thermischer Ausdehnungskoeffizient und Schwindung, eine ausgeprägte Anisotropie zeigen. Bei der schon klassischen Untersuchung von Jackson und Kuhfuss [80] an dem thermotropen Copoly(ester) aus PET und 60% p-HB wurde die Anisotropie verschiedener Eigenschaften bestimmt (siehe Tab.6.6). Die Festigkeitswerte sind bei spritzgegossenen Platten mit 3,18 mm in Orientierungsrichtung um den Faktor 3 höher als quer dazu. Größere Unterschiede wurden beim Biegemodul und der Kerbschlagzähigkeit gemessen.

Tab.6.6: Anisotrope Eigenschaften an spritzgegossenen Proben aus PET/60% p-HB [80].

Eigenschaft		in Fließ- richtung	quer dazu
Zugfestigkeit	MPa	106,9	29,0
Bruchdehnung	%	8	10
Biegemodul	GPa	11,7	1,6
Biegefestigkeit	MPa	109,6	33,8
Kerbschlagzähigkeit IZOD	J/m	325,6	32,0
Schwindung	%	0,0	0,3
Lin. Ausdehnungskoeffizient	10^{-6} 1/K	0,0	45

Bei spritzgegossenen Proben mit unterschiedlicher Dicke (1,6 bis 12,1 mm) nimmt die Anisotropie mit zunehmender Probendicke ab, hier am Beispiel der Biegefestigkeit in Abb.6.10 gezeigt.

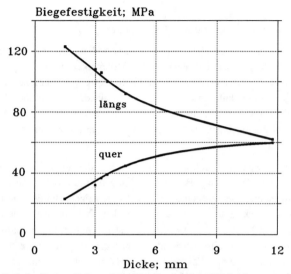

Abb.6.10: *Einfluß der Probendicke auf die Biegefestigkeit in Fließrichtung und quer dazu an PET/60% p-HB [80].*

Diese abnehmende Anisotropie der durch die Molekülorientierung beeinflußten Eigenschaften ist auf die im Formteil sich ausbildenden, wandparallelen Schichten mit unterschiedlicher Orientierung zurückzuführen [99]. Unter dem Einfluß von Scher- und Dehnströmungen bei der Spritzgußverarbeitung werden eine in Fließrichtung stark orientierte Randschicht, eine Scherschicht und eine Mittelschicht oder Kernzone ausgebildet. Scherschicht und Kernzone sind weniger stark in Fließrichtung orientiert. In der Kernzone ist die Orientierung auch davon abhängig, ob divergente oder konvergente Strömung vorliegt. Bei divergenter Strömung liegt die Molekülorientierung vorzugsweise quer zur Fließrichtung, bei konvergenter Strömung mehr in Fließrichtung. Untersuchungen an spritzgegossenen Teilen bestätigen diesen Schichtaufbau mit unterschiedlicher Molekülorientierung. An den Bruchflächen solcher Formteile zeigt sich eine glatte, dünne Außenhaut mit darunterliegender, holzähnlicher Faserstruktur in Strömungsrichtung und in Abhängigkeit von der Dicke des Formteils eine mehr oder weniger stark ausgebildete, pfropfenförmige Kernzone. Die Festigkeit der Kernzone ist wegen der nicht einheitlichen Orientierung vergleichsweise gering, während die der hochorientierten Randschicht in Strömungsrichtung hoch ist. Bei geringer Wanddicke wird die Festigkeit des Formteils mehr von den Randschichten, mit zunehmender Wanddicke von der anwachsenden Kernzone bestimmt.

Im Gegensatz zu isotropen Thermoplasten, bei denen der Zusatz faserförmiger Verstärkungsstoffe zur Anisotropie führt, beispielsweise mit bis zu 3-fach höherem Elastizitätsmodul in Faserrichtung als quer dazu, beobachtet man bei LC-Poly(arylaten) eine
Abnahme der Anisotropie. Dabei werden durch die Verstärkung die quer zur Fließrichtung gemessenen Eigenschaftswerte stark angehoben, in Fließrichtung gemessene Werte
erhöhen sich nur geringfügig. Diese "Isotropisierung" resultiert aus der weniger geord-
neten molekularen Struktur im Formteil, denn die zugesetzten Verstärkungsfasern
verändern das Fließverhalten und behindern die Orientierung der Polymermoleküle.

*Tab.6.7: Eigenschaften von einem ungefüllten Typ und verschieden verstärkter Typen eines
LC-Poly(acrylates), Vectra® [106].*

			Glasfaser		C-Faser	Mineral
Füllstoffgehalt	Gew.%	ungefüllt	15	30	30	30
Reißfestigkeit	MPa	156	183	188	167	157
Reißdehnung	%	2,6	3,1	2,1	1,6	4,4
Zug-E-Modul	GPa	10,4	11,3	16,1	28,0*	12,1
Biege-E-Modul	GPa	7,9	9,9	14,0	22,0**	9,6
Kerbschlagzähigkeit J/m***		520	290	150	70	294
Wärmeformbeständigkeit HDT/A (1,82 Mpa) °C		168	-	232	240	183
Lin. Ausdehnungskoeff. 23-80°C 10^{-6} K^{-1} längs		-3	(11)	-1	-1	17
quer		66	59	47	52	57

Die Werte wurden an 4 mm dicken, spritzgegossenen Probekörpern bestimmt.
* nach ASTM D638; ** nach ASTM D790; *** nach Izod ASTM D256.

Die starke Anisotropie beim thermischen Ausdehnungskoeffizienten vermindert sich
durch Zugabe von Füllstoffen in entsprechender Weise. Der im ungefüllten Zustand
negative Koeffizient in Fließrichtung steigt an, quer zur Fließrichtung nimmt die

Tab.6.8: Eigenschaftswerte von unverstärkten LC-Poly(arylaten) (Xydar® SRT-500 [75], Vectra® A950 [106]).

			Xydar	Vectra
Dichte		g/cm³	1,35	1,40
Feuchtigkeitsaufnahme	23°C/24h	%		0,2
Schmelztemperatur		°C	395	280
Formbeständigkeitstemperatur	HDT-A(1,8 MPa)	°C	337	180
Therm. Längenausdehnungskoeffizient		10^{-6}/K längs quer	- -	-3 66
Brennbarkeit nach UL 94		Brandklasse	V-0	V-0
Sauerstoffindex (LOI)			42	35
Reißfestigkeit		MPa	126	165
Reißdehnung		%	5	3
Zug-E-Modul		GPa	8,3	9,7
Biegefestigkeit		MPa	131	149*
Biege-E-Modul		GPa	8,3	9
Kerbschlagzähigkeit Izod		J/m	208	520
Dielektrizitätszahl	50 Hz 1 MHz			3,2* 2,98*
Dielektr. Verlustfaktor	50 Hz 1 MHz			0,0159* 0,02*
Durchschlagfestigkeit 1,6mm/1mm		kV/mm	31/-	-/47
Spez. Oberflächenwiderstand		Ω		$4 \cdot 10^{13}$
Spez. Durchgangswiderstand		Ωcm		10^{16}

*Prüfungen nach ASTM; * nach DIN.*

Wärmedehnung ab. Für bestimmte Anwendungen, z.b. im Verbund mit Metallen, ist diese leichte Variierbarkeit des Ausdehnungsverhaltens von technischer Bedeutung. Durch geeignete Wahl der Art und Menge des Füllstoffes läßt sich der Ausdehnungskoeffizient in Fließrichtung des LC-Poly(arylates) dem anderer Werkstoffe, wie Stahl, Glas, Keramik und auch Glasfaser-Epoxidharz-Verbunden, angleichen. Auch die Verarbeitung beeinflußt die Höhe des Ausdehnungskoeffizienten und dessen Anisotropie, allerdings nicht in dem Maße wie Art und Menge des Füllstoffes. Die Verarbeitungsschwindung ist gering, in Fließrichtung um Null, quer dazu 0,6 %. Füllstoffe reduzieren die Anisotropie, ebenso wie die Zunahme der Wanddicke.

In Tab.6.7 sind einige Eigenschaftswerte verschiedener Vectra®-Typen aufgeführt, an denen der Einfluß von Verstärkungs- und Füllstoffen erkennbar wird.

In Tab.6.8 sind die Eigenschaftswerte von zwei im Handel befindlichen LC-Poly(arylaten) gegenübergestellt *[75,106]*. Das eine Material (Xydar®) enthält als molekularen Baustein auch Biphenyleneinheiten, wodurch die Wärmeformbeständigkeit und die Verarbeitungstemperatur deutlich erhöht wird. Die mechanischen Eigenschaften zeigen dagegen kaum einen Einfluß der unterschiedlichen chemischen Struktur (siehe Tab.6.5).

Im Torsionsschwingversuch *[109,110]* ergibt sich für die Temperaturabhängigkeit des Schermoduls G' bei 1 Hz für unverstärktes Vectra® der bei teilkristallinen Thermoplasten typische Verlauf (siehe Abb.6.11). Bei tiefen Temperaturen, zwischen -150 und -30°C, liegt der Modul mit Werten oberhalb 3 GPa vergleichsweise hoch. Mit steigender Temperatur fällt er in einer breiten Stufe bis 120°C zunehmend auf Werte von etwa 0,6 GPa ab. Bis 200°C verlangsamt sich der Abfall, erst oberhalb 200°C fällt der Modul wieder stärker ab; bei 250°C ist er auf 0,14 GPa abgesunken. Zum Vergleich sind in Abb.6.12 die Modul-Temperatur-Kurven von Vectra® (LC-PAR), einem ungefüllten PEEK und einem mit 30% Glasfaser gefülltem Poly(amid) wiedergegeben. Poly(amid) und Vectra zeigen annähernd den gleichen Verlauf im Temperaturgebiet zwischen 30 und 240°C, wobei die Modulwerte von Vectra immer über denen des verstärkten Poly(amids) bleiben. Deutlich verschieden von diesen beiden Materialien ist die Modulkurve von PEEK. Der Modul liegt im Glaszustand niedriger und zeigt bis zur Glastemperatur bei 145°C nur eine geringe Temperaturabhängigkeit, oberhalb T_g fällt er dagegen steil ab.

In Verlauf der mechanischen Dämpfung zeigen sich bei Vectra® *[109]*, bzw. auch bei LC-Copoly(estern) aus p-Hydroxybenzoesäure und 6-Hydroxynaphthoesäure-(2) unterschiedlicher Zusammensetzung *[75,111]*, zwei deutlich ausgeprägte Maxima im Temperaturbereich zwischen 30 und 70°C und bei 110°C, siehe Abb.6.11. Das Maximum bei 110°C wird dem Glas-Kautschuk-Übergang zugeordnet. Das Verlustmaximum bei 30 bis 70°C wird auf kooperative Bewegungen der 2,6-Naphthylen-Gruppen zurückgeführt, ein-

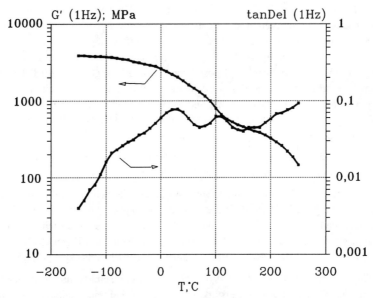

Abb.6.11: *Temperaturabhängigkeit von Schermodul G' und mechanischer Dämpfung bei 1Hz für Vectra®A900 [109].*

schließlich der ihnen in der Kette benachbarten Carbonylgruppen *[75]*. Zu tieferen Temperaturen fällt die Dämpfung bis -150°C um mehr als eine Dekade ab. Bei -40 und -90°C sind zwei weitere Relaxationsprozesse erkennbar, wobei die Schulter bei -40°C sehr schwach ausgebildet ist. Deutlich erkennbar ist die Schulter bei -90°C, die unserer Meinung nach, bei Vergleich mit dem Dämpfungsverhaltens anderer Polymere mit Phenylenringen *[112]*, auf Drehbewegungen der Phenylenringe zurückzuführen ist.

Vectra, und auch die anderen LC-Poly(arylate) mit Hydroxybenzoe- und Hydroxynaphthoesäure verhalten sich im festen Zustand wie teilkristalline Thermoplaste. Die Glastemperatur von Vectra liegt bei 110°C, der Kristallinitätsgrad wird mit 35% *[111]* angegeben.

Hervorzuheben bei LC-Poly(arylaten) ist ihre gute chemische Beständigkeit. Von den meisten organischen Lösungsmitteln werden sie bei Raumtemperatur und auch bei höheren Temperaturen nicht angegriffen oder gelöst. Gegenüber konzentrierten Laugen und Säuren, sowie Wasserdampf (bei 121°C) sind sie nur bedingt beständig, es erfolgt hydrolytischer Abbau. Glasfaserverstärkte Typen sind weniger stabil als ungefüllte. In Bewitterungsversuchen werden nach 2000 h geringe Veränderungen der Eigenschaften

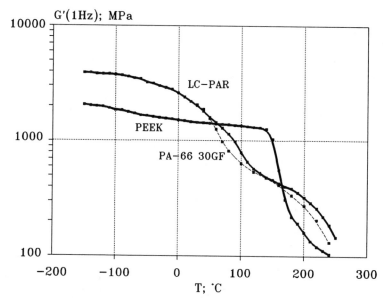

Abb.6.12: *Temperaturabhängigkeit des Schermoduls bei 1Hz für ein ungefülltes LC-Poly-(arylat), ein ungefülltes PEEK und ein mit 30% Glasfaser verstärktes Poly(amid).*

festgestellt. Diese Verringerung der mechanischen und optischen Eigenschaften ist auf Abbaureaktionen durch UV-Strahlung zurückzuführen.

Sie sind auch ohne Zusätze schwerentflammbar und selbstverlöschend. Im Brandfalle entstehen keine aggressiven Brandgase und die Rauchgasdichte ist gering.

Vectra ist für Mikrowellen transparent. Diese Eigenschaft wird bei der Herstellung von Mikrowellengeschirr ausgenutzt, einer Anwendung, für die im Jahre 1990 in den Vereinigten Staaten etwa 60% der gesamten LC-Poly(arylat)-Produktion eingesetzt wurden.

6.4.3 Verarbeitung und Anwendungen

Die Verarbeitung von LC-Poly(acrylaten) ist nicht mit der "normaler" Thermoplaste gleichzusetzen. Die besonderen rheologischen Eigenschaften dieser Materialien erfordern besondere Verarbeitungsbedingungen, nicht nur in Hinblick auf die Maschinenparameter, vielmehr müssen die rheologischen und thermodynamischen Eigenheiten bereits bei der Konstruktion der Werkzeuge berücksichtigt werden.

Das hauptsächlich angewandte Verarbeitungsverfahren bei LC-Poly(arylaten) ist der Spritzguß. Die vom Hersteller empfohlene Massetemperatur für unverstärktes Vectra ist 290°C, für Spezialtypen 320 bis 355°C. Für Xydar werden Verarbeitungstemperaturen von 360 bis 400°C angegeben. Als Werkzeugtemperaturen werden für Vectra 80-120°C, für Xydar 100 bis 230°C empfohlen.

Wie am Anfang dieses Kapitel ausgeführt, zeichnen sich LC-Poly(arylate) aufgrund der flüssigkristallinen Phase in der Schmelze durch eine niedrige Schmelzviskosität im Schergeschwindigkeitsbereich der Spritzgußverarbeitung aus. Sie liegt deutlich niedriger als die isotroper Thermoplaste. In Abb.6.13 sind die Viskositätskurven von ungefülltem und mit 30% Glasfaser verstärktem Vectra mit der eines unverstärkten, leichtfließenden Poly(oxymethylens) verglichen.

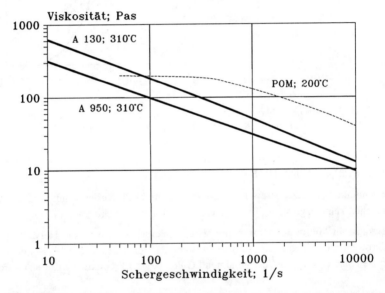

Abb.6.13: Viskositätskurven von zwei Vectra®-Typen (A 950 ungefüllt; A130 30% Glasfaser) und Poly(oxymethylen) POM [106].

Die Werkzeugtemperatur beeinflußt kaum die Fließfähigkeit der Schmelze, sodaß auch bei den niedrigen Temperaturen von 80-100°C dünnwandige Teile leicht gefüllt werden. Sie hat aber große Bedeutung für die Fertigteileigenschaften. Fertigteile aus LC-Poly-(arylaten) bestehen aus unterschiedlichen Schichten, die sich im Ausmaß der Molekülorientierung und Kristallinität deutlich unterscheiden. Dabei ist die Randschicht hochgradig orientiert und deshalb fester und steifer als die weniger geordnete Kernzone.

Somit hängen die Eigenschaften eines Fertigteiles auch von der Dicke dieser Schichten ab. Eine dickere Randschicht im Fertigteil führt zu höherer Festigkeit, Steifigkeit aber auch ausgeprägterer Anisotropie. Mit der Werkzeugtemperatur läßt sich nun die Dicke der Randschicht beeinflussen, wobei niedrige Werkzeugtemperaturen zu dicken Randschichten und somit zu Teilen mit höheren mechanischen Eigenschaftswerten führen. Hohe Werkzeugtemperaturen ergeben relativ schwächere Teile, verbessern deren Oberflächenglanz und vermindern die Blasenbildung an der Oberfläche bei Hitzeeinwirkung.

Bemerkenswert ist ferner die geringe Schmelzwärme der anisotropen Schmelze, die dazu führt, daß das Material im Werkzeug schnell erstarrt. Dies hat auch zur Folge, daß am Formteil keine Grate gebildet werden, wie bei leichtfließenden, isotropen Thermoplasten.

Von Nachteil ist allerdings die geringe Bindenahtfestigkeit bei Formteilen aus LC-Polymeren. Der Grund für dieses Phänomen liegt in der hochgradigen Orientierung der Randschichten. Bei einem Zusammentreffen zweier Schmelzeströme findet an der Grenzfläche zwischen beiden, vereinfacht dargestellt, keine Durchmischung auf molekularer Ebene statt. Aufgrund der gleichsinnigen Orientierung der Moleküle in den beiden aufeinandertreffenden Fronten, lagern sich die Moleküle in der Grenzfläche senkrecht zur Fließrichtung nebeneinander an. An dieser Grenzfläche sind deshalb in Fließrichtung nur schwache zwischenmolekulare Kräfte wirksam. Wird diese Stelle nach dem Erkalten in Fließrichtung belastet, so führen schon niedrigen Spannungen zum Bruch.

LC-Poly(arylate) lassen sich aufgrund ihrer niedrigen Löslichkeit in organischen Lösemitteln nur mit Haftklebern zusammenfügen. Als Klebstoffsysteme sind Epoxidharz-, Methacrylat- und Poly(urethan)-Zweikomponentenkleber sowie Cyanacrylat und Schmelzkleber geeignet.

Ultraschallschweißen ist bei Vectra möglich.

Spezialtypen können in einem Naßverfahren galvanisch metallisiert werden, oder durch Sputtern und Vakuumbedampfen.

Bei weitem der größte Teil (über 60%) an LC-Poly(arylaten) wird zur Herstellung von Mikrowellengeschirr und Bauteilen für Mikrowellenherde benutzt. Dabei kommen die hohe Wärmebeständigkeit und Mikrowellentransparenz zum Tragen.

Das nächstgrößere Anwendungsfeld liegt in der Elektronik-Industrie, wo Stecker, Spulenkörper, Trägersockel und Halterungen vorwiegend aus glasfaserverstärkten Typen verwendet werden.

6.5 Poly(estercarbonate)

Aufgrund ihres molekularen Aufbaus aus Ester- und Carbonateinheiten stellen Poly-(estercarbonate), Kurzzeichen: PESC, statistische oder Block-Copoly(ester) dar, die eng mit den Poly(carbonaten) auf der Basis von Bisphenol-A verwandt sind. Der wesentliche Monomerbaustein ist auch bei ihnen der Bisphenol-A-Rest.

Poly(estercarbonat)

Zu ihrer Herstellung werden neben Bisphenol-A als Monomere Iso- und/oder Terephthalsäure sowie Phosgen eingesetzt (siehe Gl. *6.7*). Nach den in der Literatur beschriebenen Verfahren *[24]* lassen sich PESC mit Molmassen bis 70.000 g/mol herstellen. Die technischen Produkte besitzen niedrigere Molmassen zwischen 20 und 30.000 g/mol und Uneinheitlichkeiten um 2. Die Glastemperatur hängt außer von der Molmasse vom Verhältnis aus Säure- und Bisphenol-A-Rest ab. Mit zunehmendem Säurerest-Anteil steigt die Glastemperatur an, von etwa 155 bis 195°C.

Poly(estercarbonate) sind transparente, amorphe Thermoplaste mit Wärmeformbeständigkeiten bis 170°C (HDT-A: 1,8 MPa) bzw. 188°C (VST/B/120) *[112]*. Die Kerbschlagzähigkeit ist niedriger als bei Poly(carbonat), aber höher als bei den amorphen Poly(arylaten). Ihre Chemikalienbeständigkeit entspricht der von PC; Laugen, Säuren und heißes Wasser (>60°C) führen zu hydrolytischem Abbau.

In Tab.6.9 sind die Eigenschaftswerte von Poly(estercarbonat) denen von Poly(carbonat) gegenübergestellt. Der Bereich der einzelnen Eigenschaftswerte bei PESC resultiert aus der unterschiedlichen Zusammensetzung, d.h. unterschiedlichen Säureanteilen *[112]*.

Anwendungsfelder für PESC sind im wesentlichen dieselben wie die für PC, wobei aufgrund der höheren Wärmeformbeständigkeit dem PESC dann der Vorzug gegeben wird, wenn die Standfestigkeit von PC erreicht oder überschritten wird.

Die Verarbeitbarkeit ist wegen der höheren Schmelzviskosität schlechter als bei PC.

Hersteller von Poly(estercarbonaten) sind Bayer (Handelsname: APEC®), General Electric (Lexan® PPC), Allied Chemical (Copec®) und Dow Chemical (XP®73).

Tab.6.9: Eigenschaftswerte von Poly(estercarbonat) im Vergleich zu denen von Poly(carbonat) [112,4]).

		PESC	PC
Dichte	g/cm³	1,20	1,20
Feuchtigkeitsaufnahme	23°C/24h %		0,12
Glastemperatur	°C	155-195	141
Formbeständigkeitstemperatur HDT-A(1,8 MPa)	°C	136-160	131
Therm. Längenausdehnungskoeffizient	10^{-6}/K	72	65
Brennbarkeit nach UL 94	Brandklasse	V-2	V-2
Sauerstoffindex (LOI)		25	26
Reißfestigkeit	MPa	60-70	75
Reißdehnung	%	50-100	120
Streckspannung	MPa	66-68	62
Strechdehnung	%	7-9	8
Zug-E-Modul	GPa	2,2-2,4	2,3
Biegefestigkeit	MPa	66-77	95
Biege-E-Modul	GPa	2,4-2,6	2,2
Kerbschlagzähigkeit Izod ASTM D256	J/m	420-700	850
DIN 53 453	kJ/m²	28-35	40
Dielektrizitätszahl 50 Hz		3,2	3
1 MHz		2,9	2,9
Dielektr. Verlustfaktor 50 Hz	10^{-3}	1,1-1,9	0,6
1 MHz		11,2-16,4	10
Durchschlagfestigkeit	kV/mm	40-45	30
Spez. Oberflächenwiderstand	Ω	10^{16}	10^{15}
Spez. Durchgangswiderstand	Ωcm	10^{16}	10^{16}

6.6 Modifizierte Poly(carbonate)

Das klassische Poly(carbonat), BPA-PC, auf der Basis von Bisphenol-A (2,2-Bis-[4-hydroxyphenyl]-propan) zeichnet sich durch hohe Schlagzähigkeit, Steifigkeit und Transparenz sowie wirtschaftliche Verarbeitbarkeit und niedrige Herstellungskosten aus *[4]*. Aufgrund dieser günstigen Eigenschaftskombination wird BPA-PC in vielfältiger Weise als Werkstoff eingesetzt. Dennoch wurde und wird nach Möglichkeiten gesucht, seine für aromatische Polymere vergleichsweise niedrige Wärmeformbeständigkeit (HDT-A: 131°C) zu erhöhen, ohne dabei die geschätzten Eigenschaften des BPA-PC, insbesondere seine hohe Schlagzähigkeit, zu beeinträchtigen.

Die Erhöhung der Wärmestandfestigkeit gelingt entweder durch Cokondensation von Bisphenol-A mit Monomeren, die Kettenbeweglichkeit herabsetzen, wie z.B. Terephthalsäure, oder durch Ersetzen von Bisphenol-A durch andersartige, sperrige Bisphenole *[4]*. Der Einbau von Terephthalsäure führt zu Poly(estercarbonaten) *[112]*, die gegenüber BPA-PC eine höhere Glastemperatur und damit Wärmeformbeständigkeit, aber auf der anderen Seite eine niedrigere Zähigkeit, verminderte Transparenz und eine höhere Schmelzviskosität aufweisen.

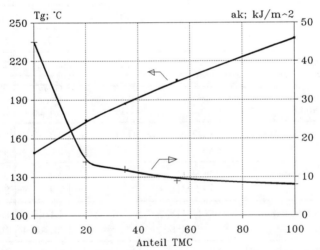

Abb.6.14: Abhängigkeit der Glastemperatur und der Kerbschlagzähigkeit bei Copoly(carbonaten) mit Bisphenol-A und Trimethylcyclohexan-Bisphenol (TMC) als Diolkomponenten vom Anteil an TMC [5].

Auch der Ersatz von Bisphenol-A durch Bisphenole mit aromatischen oder cycloaliphatischen Seitengruppen, anstelle der beiden Methylgruppen, führt zu Polymeren mit höheren Glastemperaturen. Aber diese Produkte sind gleichfalls spröde und in reinem Zustand für technische Anwendungen meist ungeeignet (siehe Tab.6.10).

Tab.6.10: *Strukturen und Glastemperaturen einiger Poly(carbonate) mit verschiedenartigen Bisphenolen [4,5].*

BPA-PC	$T_g = 141°C$
TMBPA-PC	$T_g = 203°C$ hohe Sprödigkeit wird in Blends mit PS, SAN eingesetzt
	$T_g = 220 °C$ hohe Sprödigkeit
SBI-PC	$T_g = 230°C$ hohe Sprödigkeit wird in Cokondensaten mit Bisphenol-A eingesetzt.
TMC-PC	$T_g = 238°C$ wird in Cokondensaten mit Bisphenol-A eingesetzt.

TMBPA-PC: Poly(carbonat) auf der Basis von o,o,o'o'-Tetramethylbisphenol-A (Bayer).
SBI-PC: Poly(carbonat) auf der Basis von Spirobisindan-Bisphenol (General Electric).
TMC-PC: Poly(carbonat) auf der Basis von Trimethylcyclohexan-Bisphenol (Bayer).

Tab.6.11: Eigenschaftswerte von ungefüllten Copoly(carbonaten) auf der Basis von Tri-methylcyclohexan-Bisphenol, Apec® HT (Bayer) [113].

		KU 1-9351	KU 1-9371
Dichte	g/cm³	1,15	1,14
Glastemperatur	°C	185	205
Formbeständigkeitstemperatur HDT-A(1,8 MPa)	°C	162-175	179-197
Therm. Längenausdehnungskoeffizient	10^{-6}/K	75	75
Brennbarkeit nach UL 94	Brandklasse	HB	HB
Sauerstoffindex (LOI)		24	24
Brechzahl n_D		1,572	1,565
Reißfestigkeit	MPa	60	60
Reißdehnung	%	70	50
Streckspannung	MPa	65	65
Strechdehnung	%	7	7
Zug-E-Modul	GPa	2,25	2,25
Biegefestigkeit	MPa	95	95
Biege-E-Modul	GPa	2,2	2,2
Kerbschlagzähigkeit Izod 23°C/-40°C	kJ/m²	8/6	5/5
Dielektrizitätszahl 50 Hz		2,9	2,8
1 MHz		2,9	2,8
Dielektr. Verlustfaktor 50 Hz	10^{-3}	1,4	1,3
1 MHz		10,2	6,9
Durchschlagfestigkeit	kV/mm	35	35
Spez. Oberflächenwiderstand	Ω	$>10^{16}$	$>10^{16}$
Spez. Durchgangswiderstand	Ωcm	$>10^{16}$	$>10^{16}$

Polymere mit brauchbaren Eigenschaften entstehen dagegen bei der Cokondensation von Bisphenol-A mit solchen andersartig substituierten Bisphenolen, die eine dem Bisphenol-A vergleichbare Reaktivität aufweisen. Dadurch sind Cokondensate, sog. modifizierte Poly(carbonate), darstellbar, die die beiden Bisphenole in beliebigen Verhältnissen enthalten und deren Eigenschaften entsprechend der Monomerverhältnisse in gewissen Grenzen variieren. Als Beispiel dafür kann das Copoly(carbonat) aus Bisphenol-A und Trimethylcyclohexan-Bisphenol (TMC) gelten *[5]*. In Abb.6.14 sind die Abhängigkeit der Glastemperatur und der Kerbschlagzähigkeit von der Zusammensetzung solcher Copoly(carbonate) aus Bisphenol-A und TMC dargestellt.

Copoly(carbonate) aus diesen beiden Bisphenolen werden von Bayer unter dem Handelsnamen Apec®-HT angeboten. In Tab.6.11 sind die Eigenschaftswerte zweier ungefüllten Apec-HT-Typen zusammengefaßt *[113]*, die sich in Glastemperatur und Zähigkeit unterscheiden. General Electric stellt ein Copolykondensat aus Bisphenol-A und Spirobisindan-Bisphenol (SBI) her, das eine Glastemperatur von 170°C besitzt.

Die Verarbeitung ist mit allen gängigen Thermoplastverfahren nach sorgfältiger Trokknung des Granulates (4-8h bei 130°C) möglich. Für den Spritzguß werden Massetemperaturen zwischen 310 und 340°C und Werkzeugtemperaturen von 100 bis 150°C empfohlen.

Anwendungsgebiete liegen in der Elektrotechnik und im Haushaltsgerätebau bei Sicherungsgehäusen, beleuchteten Skalenblenden und Drehschaltern, im Automobilbau bei Leuchtenkappen und Scheinwerferreflektoren, bei Leuchtenabdeckungen und Leuchtengehäusen sowie bei medizinischen Geräten.

Literatur:

[1]   V.V. Korshak: The Chemical Structure and Thermal Characteristics of Polymers, Israel Program for Scientific Translations, Keter, London 1971.

[2]   V.V. Korshak, S.V. Vinogradova: Polyesters, Pergamon Press, Oxford 1965.

[3]   K.-U. Bühler: Spezialplaste, Akademie-Verlag, Berlin 1978.

[4]   D. Freitag, U. Grigo, P.R. Müller, W. Nouvertné:"Polycarbonates" in H.F. Mark, N.M. Bikales, C.G. Overberger, G. Menges [Hrsg.]: Encyclopedia of Polymer Science and Engineering, J. Wiley & Sons, New York 1988.

[5]   G. Kämpf, D. Freitag, G. Fengler, *Kunststoffe* **82**, 385 (1992).

[6]   A.J. Conix, *Ind. Chim. Belg.* **22**, 1457 (1957).

       A.J. Conix, *Ind. Eng. Chem.* **57**, 147 (1959).

[7]   M. Levin, S.S. Temin, *J. Polym. Sci.* **28**, 179 (1958).

[8]   W.M. Eareckson, *J. Polym. Sci.* **40**, 399 (1959).

[9]   V. Korshak, *Plast. Massy* **2**, 9 (1961).

[10]   B.D. Dean, M. Matzner, J.M. Tibbitt:"Polyarylates" in G. Allen, J.C. Bevington [Hrsg.]: Comprehensive Polymer Science, Bd.5, Pergamon Press, Oxford 1989.

[11]   G. Greber, H. Gruber:"Aromatische Poly(ester)" in H. Bartl, J. Falbe [Hrsg.]: Houben-Weyl: Methoden der organischen Chemie, Band 20 E, Makromolekulare Stoffe, Seite 1418 ff, G. Thieme Verlag, Stuttgart 1987.

[12]   L.M. Robeson, J.M. Tibbitt:"History of Polyarylates" in R.B. Seymour, G.S. Kirshenbaum [Hrsg.]: High Performance Polymers, Elsevier Sci. Publ. Co., New York 1986.

[13]   H.R. Kricheldorf, G. Schwarz, *Polymer* **25**, 520 (1984).

[14]   J. Economy, R.S. Storm, V.I. Matkovich, S.G. Cottis, B.E. Nowak, *J. Polym. Sci., Polym. Chem. Ed.* **14**, 2207 (1976).

[15]   H.R. Kricheldorf, G. Schwarz, *Makromol. Chem.* **184**, 475 (1983).

[16]   H.R. Kricheldorf, Q.-Z. Zang, G. Schwarz, *Polymer* **23**, 1821 (1982).

[17]   J. Economy, S.G. Cottis, B.E. Nowak (Carborundum Co.) **DOS** 2055948 (1970); *CA* **74**, 54559 (1971).

B.E. Nowak, J. Economy, S.G. Cottis (Carborundum Co.) **DOS** 2055949 (1970); *CA* **74**, 43194 (1971).

[18] S. Hideo, T. Tagiguchi, A. Norio, U. Ikuo (Ashai Chem. Ind. Co.) **US Pat.** 4330668 (1982); *CA* **97**, 92998 (1982).

[19] R.W. Stackman, *Ind. Eng. Chem. Prod. Res. Dev.* **20**, 336 (1981).

[20] S.C. Temin in F. Mellich, C.E. Carraher [Hrsg.]: Interfacial Synthesis, Band 2, Marcel Dekker, New York 1977.

[21] H.B. Tsai, Y.D. Lee, *J. Polym. Sci., Polym. Chem. Ed.* **25**, 1505 (1987).

[22] W.A. Hare (DuPont) **US Pat.** 3 234 168 (1966); *CA* **64**, 19868 (1966).

[23] E.P. Goldberg, S.F. Strause, H.E. Munro, *Polym. Prepr.* **5**, 233 (1964).

[24] D.C. Prevorsek, B.T. Debona, Y. Kesten, *J. Polym. Sci., Polym. Chem. Ed.* **18**, 75 (1980).

[25] S.W. Kantor, F.F. Holub (General Electric Co.) **US Pat.** 3 160 605 (1964).

[26] R.M. Ismail, *Angew. Makromol. Chem.* **8**, 99 (1969).

R.M. Ismail (Dynamit Nobel) **DOS** 2 038 287 (1972); *CA* **77**, 6085 (1972).

[27] H. Kricheldorf, G. Schwarz, *Polymer Bull.* **1**, 389 (1979).

H. Kricheldorf, G. Schwarz (BASF AG) **DOS** 2 907 613 (1980); *CA* **93**, 2402496 (1980).

[28] F. Blaschke, W. Ludwig (Chem. Werke Witten) **US Pat.** 3 395 119 (1968).

[29] H. Schnell, V. Boilert, G. Fritz (BAYER AG) **US Pat.** 3 553 167 (1971).

[30] G.M. Kosanovich, G. Salee (Occidental Chem. Corp.) **US Pat.** 4 465 819 (1984).

[31] J.P. Critchley, G.J. Knight, W.W. Wright: Heat-Resistant Polymers, Plenum Press, New York 1983.

[32] H. Jellinek, *J. Polym. Sci., Polym. Chem. Ed.* **10**, 1719 (1972).

[33] J. Economy, S.G. Cottis in H.F. Mark, N.G. Gaylord, N.M. Bikales [Hrsg.]: Encyclopedia of Polymer Science and Technology, 1.Ed., J. Wiley - Interscience, New York 1971.

[34] J. Menczel, B. Wunderlich, *J. Polym. Sci., Polym. Phys. Ed.* **18**, 1433 (1980).

[35] W. Meesiri, J. Menczel, U. Gaur, B. Wunderlich, *J. Polym. Sci., Polym. Phys. Ed.* **20**, 719 (1982).

[36]   R. Rosenau-Eichin, M. Ballauff, J. Grebowicz, E.W. Fischer, *Polymer* **29**, 518 (1988).

[37]   H.R. Kricheldorf, V. Döring, *Makromol. Chem.* **189**, 1425 (1988).

[38]   D. Chen, H.G. Zachmann, *Polymer* **32**, 1612 (1991).

[39]   G. Bier, *Polymer* **15**, 527 (1974).

[40]   L.M. Maresca, L.M. Robeson:"Polyarylates" in J.M. Margolis [Hrsg]: Engineering Thermoplastics, Marcel Dekker, New York 1985.

[41]   L.M. Robeson:"Polyarylate" in I.I. Rubin [Hrsg]: Handbook of Plastic Materials and Technology, Wiley-Interscience, New York 1990.

[42]   H. Domininghaus: Die Kunststoffe und ihre Eigenschaften, VDI-Verlag, Düsseldorf 1986.

[43]   Produktinformation zu Ardel D-100 der Amoco Performance Product Inc.

[44]   D. Freitag, K. Reinking, *Kunststoffe* **71**, 46 (1981).

[45]   L.M. Robeson, A.G. Farnham, J.E. McGrath, *Appl. Polym. Symp.* **26**, 373 (1975).

[46]   J. Heijboer, *J. Polym. Sci., Part-C* **16**, 3755 (1968).

       J. Heijboer:"Secondary Loss Peaks in Glassy Amorphous Polymers" in D.J. Meier [Hrsg]: Molecular Basis of Transitions and Relaxations, Gordon and Breach Sci. Publ., London 1978.

[47]   F. Reinitzer, *Monatshefte Chem.* **9**, 421 (1888).

[48]   P.G. de Gennes: The Physics of Liquid Crystals, Clarendon Press, Oxford 1974.

[49]   G.R. Luckhurst, G.W. Gray [Hrsg.]: The Molecular Physics of Liquid Crystals, Academic Press, New York 1979.

[50]   H. Tadokoro: Structure of Crystalline Polymers, J. Wiley & Sons, New York 1979.

[51]   W.H. de Jeu: Physical Properties of Liquid Crystalline Materials, Gordon & Breach Sci. Publ., London 1980.

[52]   H. Finkelmann, W. Helfrich, G. Heppke [Hrsg.]: Liquid Crystals of One- and Two-dimensional Order, Springer Verlag, Berlin 1980.

[53]   H. Kelker, R. Hatz: Handbook of Liquid Crystals, Verlag Chemie, Weinheim 1980.

[54] L. Bata [Hrsg.]: Advances in Liquid Crystal Research and Applications, Pergamon Press, Oxford 1980.

[55] A. Ciferri, W. Krigbaum, R. Meyer [Hrsg.]: Polymer Liquid Crystals, Academic Press, New York 1982.

[56] G.H. Brown [Hrsg.]: Advances in Liquid Crystals, Academic Press, New York 1983.

[57] M. Gordon, N.A. Platé [Hrsg.]: Liquid Crystal Polymers I., Vol. **59**, und Liquid Crystal Polymers II/III, Vol. **60/61** von *Adv. Polymer Sci.*, Springer Verlag, Berlin 1984.

[58] A. Griffin, J.F. Johnson: Liquid Crystals and ordered Fluids, Plenum Press, New York 1984.

[59] A. Blumstein: Polymeric Liquid Crystals, Plenum Press, New York 1985.

[60] L.L. Chapoy: Recent Advances in Liquid Cristalline Polymers, Elsevier, London 1985.

[61] G.W. Gray [Hrsg.]: Thermotropic Liquid Crystal, John Wiley & Sons, New York 1987.

[62] R. Meredith [Hrsg.]: Liquid Crystal Polymers, RAPRA Report No. 4, Pergamon Press, Oxford 1987.

[63] D.C. Bassett [Hrsg.]: Developments in Crystalline Polymers, Elsevier, London 1988.

[64] A.E. Zachariades, R.S. Porter [Hrsg.]: High Modulus Polymers, Marcel Dekker, New York 1988.

[65] W.W. Adams, R.K. Eby, D.E. McLemore [Hrsg.]: The Materials, Science and Engineering of Rigid Rod Polymers, MRS Symposium Proceedings, Vol. 134, Mater. Research Soc., Pittsburgh 1989.

[66] C.B. McArdle [Hrsg.]: Side Chain Liquid Crystal Polymers, Blackie, Glasgow 1989.

[67] VDI-Gesellschaft Kunststofftechnik [Hrsg.]: Flüssigkristalline Polymere (LCP) in der Praxis, VDI-Verlag, Düsseldorf 1990.

[68] A. Ciferri [Hrsg.]: Liquid Cristallinity in Polymers: Principles and Fundamental Properties, VCH Publishers, New York 1991.

[69] J. Preston, *Angew. Makromol. Chem.* **109/110**, 1 (1982).

[70] P.J. Flory, P.A. Irvine, *J. Chem. Soc., Faraday Trans.* **80**, 1807 (1984).

[71] P.A. Irvine, P.J. Flory, *J. Chem. Soc., Faraday Trans.* **80**, 1821 (1984).

[72] W.J. Jackson, *Br. Polym. J.* **12**, 154 (1980).

[73] M. Ballauf, P.J. Flory, *Ber. Bundsenges. Phys. Chem.* **88**, 530 (1984).

[74] G.W. Calundann, M. Jaffe, Anisotropic Polymers: Their Synthesis and Properties, Proceedings of the 36th Robert A. Welch Conference on Polymer Research, 1982.

[75] S.L. Kwolek, P.W. Morgan, J.R. Schaefgen:"Liquid Crystalline Polymers" in H.F. Mark, C.G. Overberger, G. Menges [Hrsg.]: Encyclopedia of Polymer Science and Engineering, J.Wiley & Sons, New York 1988.

[76] V. Frosini, A. Marchetti, S. de Petris, *Makromol. Chem. Rapid Commun.* **3**, 795 (1982).

[77] A. Sirigu: Segmented-Chain Liquid Crystal Polymers, Chap.7 in [68].

[78] R. Centore, A. Roviello, A. Sirigu, *Liq. Cryst.* **3**, 1525 (1988).

[79] D. Demus, H. Demus, H. Zaschke: Flüssige Kristalle in Tabellen, VEB Deutscher Verlag für Grundstoffindustrie, Leipzig 1976.

    D. Demus, H. Zaschke: Flüssige Kristalle in Tabellen II, VEB Deutscher Verlag für Grundstoffindustrie, Leipzig 1984.

[80] W.J. Jackson, H.F. Kuhfuss, *J. Polym. Sci., Polym. Chem. Ed.* **14**, 2043 (1976).

[81] V.P. Shibaev, N.A. Platé, *Polymer Sci. USSR* **19**, 1065 (1978).

[82] S. Antoun, R.W. Lenz, J.I. Jin, *J. Polym. Sci., Polym. Chem. Ed.* **19**, 1901 (1981).

[83] H. Finkelmann, M.J. Kock, G. Rehage, *Makromol. Chem. Rapid Commun.* **2**, 317 (1981).

[84] J. Economy, W. Volksen, R.H. Geiss, *Mol. Cryst. Liq. Cryst.* **105**, 289 (1984).

[85] K.F. Wissbrun, *Faraday Discuss. Chem. Soc.* **79**, 161 (1985).

[86] A. Blumstein, M.M. Gauthier, O. Thomas, R.B. Blumstein, *Faraday Discuss. Chem. Soc.* **79**, 33 (1985).

[87] W.J. Jackson, *J. Appl. Polym. Sci., Appl. Polym. Symp.* **41**, 25 (1985).

[88] G.W. Calundann:"Industrial Development of Thermotropic Polyesters" in R.B. Seymour, G.S. Kirshenbaum: High Performance Polymers: Their Origin and Development, Elsevier Sci. Publ., New York 1986.

[89] J.H. Wendorf, H.J. Zimmermann, *Angew. Makromol. Chem.* **145/146**, 231 (1986).

[90] H. Bechtoldt, H.J. Wendorff, H.J. Zimmermann, *Makromol. Chem.* **188**, 651 (1987).

[91] G. Kiss, *Polym. Eng. & Sci.* **27**, 410 (1987).

[92] W. Brostow, *Kunststoffe* **78**, 411 (1988).

[93] M. Ballauff, *Chem. unserer Zeit* **22**, 63 (1988).

[94] J. Blackwell, A. Biswas in I.M. Ward [Hrsg.]: Developments in Oriented Polymers Vol.2, 153 (1987).

[95] S. Onogi, T. Asada:"Rheology and Rheooptics of Polymer Liquid Crystals" in G. Astarita, G. Marrucci, L. Nicolais [Hrsg.]: Rheology, Vol.I, Seite 127, Plenum Press, New York 1980.

[96] G. Marrucci in [68], Chapt. 11, Seite 395.

G. Marrucci, *Pure Appl. Chem.* **57**, 1545 (1985).

[97] R.S. Porter, J.F. Johnson in F.R. Eirich [Hrsg.]: Rheology, Vol.4, Academic Press, New York 1967.

[98] Z. Ophir, Y. Ide, *Polym. Eng. Sci.* **23**, 792 (1983).

[99] T. Schacht: Spritzgießen von Liquid-Crystal Polymeren, Diss. RWTH Aachen, 1986.

G. Menges, T. Schacht, H. Becker, S. Ott, *J. Polym. Proc. Soc.* **2**, 77 (1987).

[100] T.-S. Chung, *J. Polm. Sci., Polym. Lett.* **24**, 299 (1986).

[101] D. Doraiswamy, A.B. Metzner, Rheol. Acta 25, 580 (1986).

[102] J.A. Cuculo, G.-Y. Chen, *J. Polym. Sci., Polym. Phys.* **26**, 179 (1988).

[103] K.F. Wissbrun, G. Kiss, F.N. Cogswell, *Chem. Eng. Commun.* **53**, 149 (1987).

[104] W.B. Vanderheyden, G. Ryskin, *J. Non-Newtonian Fluid Mech.* **23**, 383 (1987).

[105] H. Bangert, *Kunststoffe* **79**, 1327 (1989).

[106] **Vectra**, flüssigkristalline Polymere (LCP), Firmenschrift Hoechst 1992.

[107] M. Ward: Mechanical Properties of Solid Polymers, J. Wiley & Sons, New York 1983.

[108] B.J. Barham, A. Keller, *J. Mat. Sci.* **20**, 2281 (1985).

[109] B. Stamm, Diplomarbeit, Erlangen 1989.

[110] F. Zahradnik:"PES/LCP- und PEI/LCP-Verbundsysteme" in J. Rabe [Ltg.], SKZ [Hrsg.]: 5. Fachtagung - Polymere Hochleistungswerkstoffe in der technischen Anwendung, Würzburg 1991.

[111] D.J. Blundell, K.A. Buckingham, *Polymer* **26**, 1623 (1985).

[112] D. Rathmann, *Kunststoffe* **77**, 1027 (1987).

[113] Anwendungstechnische Information zu Apec-HT der Bayer AG, 1992.

7 Poly(arylensulfide)

Die Vertreter dieser Polymergruppe sind in ihrem chemischen Aufbau durch Phenylringe, die über Schwefelatome verknüpft sind, charakterisiert. Die Hauptkette besteht
demnach nur aus aromatischen Ringen und zweiwertigem Schwefel, somit gehört diese
Gruppe zur Unterklasse der Schwefel-Kohlenstoff-(S,C)-Kettenpolymere.

Das einzige, technisch wichtige Poly(arylensulfid) ist das Poly(thio-1,4-phenylen) oder
Poly(phenylensulfid), Kurzzeichen: PPS.

$$\left[S - \underset{}{\bigcirc} \right]$$

Poly(thio-1,4-phenylen)
Poly(phenylensulfid) [PPS]

Poly(phenylensulfid) ist ein teilkristallines Polymer (Kristallitschmelztemperatur
$T_m = 283\text{-}285°C$) mit durchschnittlichen Kristallinitätsgraden von etwa 60 bis 65% und
ausgezeichneter Beständigkeit gegenüber Lösungsmitteln. Bemerkenswert an diesem
Material ist, daß es durch thermische Nachbehandlung unter Sauerstoff ("Curing")
vernetzt. Diese Vernetzungsreaktion läuft allerdings im Gegensatz zu den Vernetzungsreaktionen bei Duromeren langsam ab und kann zu jeden Zeitpunkt durch Kühlen
abgebrochen werden. Man nutzt dies bei den technischen Herstellung-Prozessen von
Poly(phenylensulfiden) aus, bei denen PPS nur vergleichsweise niedermolekular anfällt,
um die Molmasse und die Schmelzviskosität in den Bereich anzuheben, der eine thermoplastische Verarbeitung möglich macht. Wird diese thermische Nachbehandlung
weitergeführt, so vernetzt PPS hochgradig und wird zum duromeren Material. Seine
technische Bedeutung liegt aber eindeutig in der Anwendung als Thermoplast.

Im Jahre 1967 ließ sich die Phillips Petroleum Comp. ein Verfahren zur Herstellung von
Poly(phenylensulfid) patentieren *[10]*, das 1973 zur Produktion von Ryton® führte. Bei
diesem ersten Phillips-Verfahren wird niedermolekulares PPS erhalten, das nachträglich
vernetzt werden muß. In einem weiterentwickelten Produktionsprozeß wird höhermolekulares PPS synthetisiert, das nicht mehr nachträglich behandelt werden muß. Zu Beginn
der Achtziger Jahre wurde bei der Bayer AG an der Entwicklung von Produktionsver-

fahren gearbeitet und ein PPS unter dem Handelsnamen Tedur® auf den Markt ge-
bracht. Die Produktion dieses Materials wurde aber inzwischen wieder eingestellt. Seit
1987 produziert die Kureha Chem. Ind., Tokio, ein Poly(phenylensulfid) nach eigenem
Verfahren, das von der Hoechst AG compoundiert und unter dem Handelsnamen
Fortron® vertrieben wird.

In der technischen Literatur wird zwischen "vernetzten" und "linearen" Poly(phenylensulfiden) unterschieden. Dabei wird mit vernetztem PPS das thermisch nachbehandelte,
also einem Curing-Prozeß unterworfene Material, und unter linearem PPS, das bei der
Synthese schon hochmolekular anfallende, also das nicht nachträglich behandelte
Material, verstanden.

7.1 Synthese von Poly(arylensulfiden) *[1-3]*

7.1.1 Elektrophile Substitution

Erste Berichte über Reaktionen von Benzol mit Schwefel, bzw. Schwefelhalogeniden in
Anwesenheit von Aluminiumtrichlorid datieren aus den achtziger und neuziger Jahren
des vorigen Jahrhunderts *[4,5]*. Dabei wurden amorphe, unlösliche Harze gewonnen, die
nicht weiter untersucht wurden.

$$
\bigcirc \;+\; X \;\xrightarrow{\;AlCl_3\;}\; \left[S - \bigcirc \right] \qquad\qquad (7.1)
$$

$$X = S;\ SCl_2\ ;S_2\ Cl_2$$

Neuere Untersuchungen dieses Reaktionstyps *[6]* ergaben, daß hierbei nur niedermolekulare Produkte mit maximalen Molmassen um 3.500 g/mol entstehen, die unregel-
mäßig aufgebaut sind. Höhermolekulares PPS scheint unter diesen Reaktionsbedingungen nicht stabil zu sein.

Ebenfalls nur niedermolekulare Produkte (M_n = 1.000 g/mol) mit Schmelzpunkten
zwischen 113 und 191°C liefert die Umsetzung von Diphenyldisulfid mit Antimonpenta-
chlorid in verschiedenen Lösungsmitteln (Dichlormethan, Tetrachlorethan, Nitromethan)
bei Raumtemperatur *[21]*:

$$\text{\<benzene\>}- S-S -\text{\<benzene\>} \xrightarrow[\text{CH}_3\text{NO}_2]{\text{SbCl}_5} \left[S -\text{\<benzene\>} \right]_x +$$

(7.2)

$$\left[\text{\<benzene\>}- S \right]_y \text{\<benzene\>}- S-S -\text{\<benzene\>} \left[S -\text{\<benzene\>} \right]_z$$

7.1.2 Nucleophile Substitution

Die andere Möglichkeit aromatische Poly(sulfide) herzustellen, besteht in der Umsetzung von Schwefel, bzw. von Alkalisulfiden mit aromatischen Dihalogeniden, vorzugsweise 1,4-Dichlorbenzol. Diese Reaktion wird als Schmelz-Polykondensation bei Temperaturen bis 350°C ausgeführt [7]:

$$\text{Cl}-\text{\<benzene\>}-\text{Cl} + S + \text{Na}_2\text{CO}_3 \xrightarrow[\substack{-\text{Na}_2\text{S}_2\text{O}_2 \\ -\text{CO}_2}]{180-350°C} \left[S_x -\text{\<benzene\>} \right]$$

(7.3)

$$x = 1,2 - 2,3$$

In der Elementaranalyse zeigt sich, daß so hergestellte Poly(phenylensulfide) mehr Schwefel enthalten, als durch die Struktur der Grundeinheit C_6H_4S zu erwarten ist. Diese stark exotherme Reaktion ist schwierig zu handhaben und liefert keine einheitlichen Produkte.

Eine andere Variante der nucleophilen Substitution stellt die Selbst-Polykondensation von Kupfer(I)-(4-bromphenolat) dar. Diese Reaktion kann in Substanz oder in Lösung mit Pyridin, Chinolin, Dimethylsulfoxid etc. als Lösungsmittel ausgeführt werden [8,9]:

$$\text{Br}-\text{\<benzene\>}-S\ Cu \xrightarrow{200-250°C} \left[S -\text{\<benzene\>} \right] + CuBr$$

(7.4)

Dabei entsteht lineares Poly(phenylensulfid), allerdings sind die Ausgangsstoffe so teuer, daß sich diese Reaktion für technische Maßstäbe nicht eignet. Eine weitere Schwierigkeit besteht in der restlosen Entfernung des als Nebenprodukt anfallenden Kupferbromids.

1967 wurde bei Phillips Petroleum Comp. ein neuer Syntheseweg, ausgehend von 1,4-Dichlorbenzol und Natriumsulfid in einem polaren Lösungsmittel, entwickelt *[10]*:

$$NaSH + NaOH \xrightarrow{\text{polares Lsgm.}} Na_2S + H_2O$$

$$Na_2S + Cl-\langle\bigcirc\rangle-Cl \xrightarrow{280\,°C} \left[S-\langle\bigcirc\rangle\right] + 2\,NaCl$$

$$(7.5)$$

Das bei diesem Prozeß anfallende, lineare PPS besitzt mittlere Molmassen zwischen 16 und 25.000 g/mol. Diese Produkte lassen sich direkt zu Beschichtungen verarbeiten, wobei das PPS-Pulver durch Schmelzen auf die Oberfläche aufgebracht wird und dabei vernetzt. Für die thermoplastische Verarbeitung sind diese Polymere aber zu niedermolekular. Die Schmelzindexwerte (MFI), gemessen mit 5 kg bei 316°C, liegen zwischen 3.000 und 8.000 g/10min.

Durch thermische Nachbehandlung in Gegenwart von Sauerstoff (sog. "**Curing**") läßt sich die mittlere Molmasse, und damit die Schmelzviskosität, erhöhen. Dieser Curing-Prozeß wird im allgemeinen so ausgeführt, daß das am Ende der Synthese anfallende hellgraue PPS-Pulver in einem belüfteten Wärmeschrank bei Temperaturen zwischen 175 und 280°C über einen Zeitraum von 2 bis 5 Stunden behandelt wird *[11]*. Dabei kommt es aufgrund radikalischer Vernetzungsreaktionen zur Kettenverlängerung, zu Verzweigen und teilweisem Vernetzen. Bei entsprechender Prozeßführung und Kontrolle dieser thermischen Nachbehandlung lassen sich PPS-Typen mit definierten MFI-Werten zwischen 600 und 60 g/10min herstellen *[12]*, die für die thermoplastischen Verarbeitung geeignet sind. Zur Herstellung hochgradig vernetzter Beschichtungen wird das niedermolekulare Poly(phenylensulfid) über seine Kristallitschmelztemperatur (285°C) in Anwesenheit von Sauerstoff erhitzt *[13]*. Die Anwendung solchen duromeren Materials ist nur von untergeordneter Bedeutung.

Die Verwendung von Reaktionsbeschleunigern, wie Alkalisalzen von Carbonsäuren, Alkalimetallcarbonaten, Carbonsäuredialkylamiden etc. *[14-18]* führen in Anwesenheit von Kettenverzweigern (z.B. 1,2,4-Trichlorbenzol) direkt zu hochmolekularem Poly(phenylensulfid), das ohne nachfolgenden Curing-Prozeß für die thermoplastische Verarbeitung geeignet ist (MFI(5kg/316°C) < 700 g/10min; mittlere Molmassen etwa 35.000 g/mol).

Ein weiteres Verfahren (Kureha-Prozeß) wurde in Japan entwickelt *[19]*. Dabei wird Natriumsulfid mit Dichlorbenzol in einem ersten Schritt bei niedriger Temperatur umgesetzt und das dabei entstehende Präpolymer gereinigt. Im zweiten Schritt wird bei Anwendung hoher Temperatur in einem Lösungsmittelgemisch aus N-Methylpyrrolidon und Wasser hochmolekulares Poly(phenylensulfid) erhalten, das ebenfalls ohne weitere Nachbehandlung für die thermoplastische Verarbeitung geeignet ist.

Durch Phasentransfer-Katalyse in einem zweiphasigen Lösungsmittelgemisch aus Poly-(ethylenglykol) und Wasser gelingt ebenfalls die Umsetzung von Alkalimetallsulfiden mit Dichlorbenzol zu hochmolekularem PPS (Idemitsu-Verfahren) *[20]*.

Das von der Bayer AG entwickelte Verfahren *[16-18]* mit N-Methylcaprolactam als Lösungsmittel wird heute nicht mehr angewandt.

7.1.3 Thermolyse von Bis(4-jodphenyl)-disulfid

Eine Methode zur Synthese linearen Poly(phenylensulfids) mit Molmassen $M_n \sim 20.000$ g/mol wurde kürzlich beschrieben *[22]*. Hierbei wird Bis(4-jodphenyl)-disulfid in Diphenylether auf 260-270°C über 8 Stunden erhitzt:

$$J\!-\!\!\left\langle\bigcirc\right\rangle\!-\!S\!-\!S\!-\!\!\left\langle\bigcirc\right\rangle\!-\!J \quad \xrightarrow[\text{Diphenylether}]{260\text{-}270°\text{C}} \quad \left[S\!-\!\!\left\langle\bigcirc\right\rangle\!\right] \; + \; J_2 \qquad (7.6)$$

PPS wird dabei in 95%iger Ausbeute erhalten. Die NMR-spektroskopische Untersuchung ergibt lineares, ausschließlich 1,4-substituiertes Poly(phenylensulfid).

7.2 Eigenschaften von Poly(phenylensulfid)

7.2.1 Kristallinität und Umwandlungstemperaturen

In der Literatur sind eine Reihe von Poly(arylensulfiden) mit unterschiedlicher Struktur beschrieben, die entweder amorph oder teilkristallin vorliegen. Die amorphen Produkte zeigen niedrige Erweichungstemperaturen zwischen 100 und 130°C. Eine Ausnahme bildet das Poly(phenylensulfidsulfon) (Struktur 8 in Tabelle 7.1) mit 275 °C. Teilkristalline Poly(arylensulfide) schmelzen zwischen 160 und 430°C.

Tab. 7.1: *Strukturen und Erweichungs- bzw. Schmelztemperaturen einiger Poly(arylensulfide).*

Struktur		Erweichungs- bzw. Schmelztemperatur; °C	Lit
1	$\left[S - \bigcirc \right]_n$ krist. $T_g = 83\text{-}85°C$	282	12
2	$\left[S - \bigcirc \right]_n$ amorph $T_g = 15°C$	90-100	12
3	H_3C $\left[S - \bigcirc \right]_n$ amorph	100-140	23
4	$\left[S - \bigcirc\bigcirc \right]_n$ amorph	130	24
5	$\left[S - \bigcirc - \bigcirc \right]_n$ hoch-krist.	430	25
6	$\left[\left(S - \bigcirc \right)_2 O - \bigcirc \right]_n$ krist.	160	26
7	$\left[S - \bigcirc - \overset{O}{\underset{\parallel}{C}} - \bigcirc \right]_n$ krist.	340	27
8	$\left[S - \bigcirc - \overset{O}{\underset{\underset{O}{\parallel}}{\overset{\parallel}{S}}} - \bigcirc \right]_n$ amorph	275	28

Das Poly[di(phenylen)-sulfid] (Struktur 5) ist hochkristallin und besitzt mit 430°C den höchsten Schmelzpunkt in dieser Reihe. Durch diese starren, ungewinkelten Biphenyleinheiten wird die Kettenflexibilität herabgesetzt und der Schmelzpunkt gegenüber Poly(p-phenylensulfid) deutlich erhöht.

Poly(p-phenylensulfid) PPS (Struktur 1) fällt bei der Synthese nach dem Phillips-Verfahren als weißes Pulver an und besitzt einen Kristallinitätsgrad zwischen 60 und 65% *[29,31]*. Die Substitution von Sulfid-Schwefel als Kettenglied durch Sauerstoff oder die große Sulfongruppe erniedrigen bzw. verhindern jegliche Kristallinität. Ebenso wirken meta-verknüpfte Phenylenringe. Bei der Cokondensation von p- und m-Dichlorbenzol mit Natriumsulfid entstehen bei Anteilen von mehr als 50% an meta-verknüpften Phenylenringen amorphe Produkte *[12]*.

Im Phillips-Prozeß entsteht unvernetztes, also lineares PPS, dessen Konformation und Kristallitstruktur mit verschiedenen Methoden untersucht wurde *[30,34,38,41]*. Demnach liegt kristallines Poly(phenylensulfid) in einer all-trans-Konformation (Zickzack) vor, bei der die Phenylenringe mit einem Winkel von 45° aus der Ebene, auf der die Schwefelatome liegen, gekippt sind. Der C-S-C-Bindungswinkel beträgt dabei 110°. Diese Untersuchung *[38]* wurde an PPS-Einkristallen, die aus einer 0,005%igen Lösung in 1-Chlornaphthalin bei 160°C gewonnen wurden, vorgenommen. An diesen ungestörten Einkristallen wurden die Gitterkonstanten der orthorhombischen Einheitszelle mit a=8,68 Å, b=5,66 Å und c=10,26 Å bestimmt.

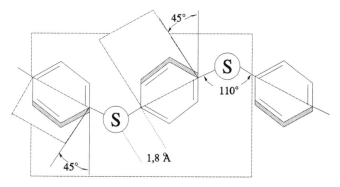

Abb.7.1: Konformation von Poly(p-phenylensulfid).

Durch Abschrecken mit flüssigen Stickstoff läßt sich amorphes PPS (Kristallinitätsgrad < 5%) aus der Schmelze erhalten. Dieses amorphe PPS ist bernsteinfarben und vollkommen transparent. Beim Erwärmen kristallisiert es bei Temperaturen oberhalb 120°C sehr schnell bis zu Kristallinitätsgraden von etwa 60%. Das kristalline Produkt ist grau und opak.

Bei der Untersuchung von amorphen PPS in der DSC findet man die Glastemperatur (T_g) bei 85-88°C und eine Kristallisationsexotherme zwischen 120 und 130°C (T_c in Abb.7.2). Die Kristallitschmelztemperatur (T_m) liegt bei technischen Produkten zwischen

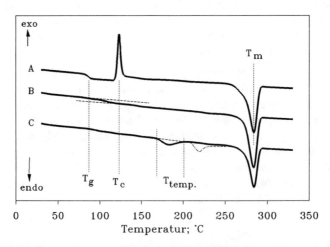

Abb.7.2: *DSC-Thermogramme von Poly(p-phenylensulfid), A: amorphe Probe, B: kristalline Probe (Kühlkurve), C: bei der Temperatur $T_{temp.}$ getemperten Probe (schematisch).*

280 und 285°C. In Abb.7.2 ist mit Kurve A das Thermogramm eines aus der Schmelze abgeschreckten, amorphen PPS schematisch dargestellt. Kurve B zeigt den Verlauf bei einer aus der Schmelze abgekühlten, kristallinen Probe. Die Kristallisationsexotherme wird nicht mehr beobachtet, die Glastemperatur ist weniger deutlich ausgeprägt als bei der amorphen Probe und zu höheren Temperaturen, etwa 100°C, verschoben. Ein entsprechendes Ergebnis beschreiben Cheung et al. *[40]* bei der Untersuchung von Proben, die mit einer sehr hohen Kühlgeschwindigkeit von 100 K/min aus der Schmelze (300°C) auf Raumtemperatur abgekühlt und dann mit 5 K/min aufheizend vermessen wurden. Dies deutet daraufhin, daß die Kristallisationsgeschwindigkeit von PPS sehr hoch ist, denn auch bei dieser hohen Abkühlgeschwindigkeit kristallisiert das Material in einem Maße, daß beim Aufheizen keine Kalt-Kristallisation (wie bei T_c an amorphen Proben) mehr eintritt.

Eingehend untersucht wurde das thermische Verhalten von Poly(phenylensulfid) von Cheng et al. *[41]*. Aus ihren Untersuchungen des Glasüberganges und des Schmelzverhaltens geht hervor, daß sich mit zunehmender Kristallisation der Glasübergang verbreitert und zu höheren Temperaturen ausdehnt, maximal um 36 K. Die Glastemperatur selbst steigt dabei bis zu 15 K an.

Wird eine aus der Schmelze abgekühlte, kristalline Probe bei Temperaturen oberhalb der Glastemperatur ($T_{temp.}$ in Abb.7.2, Kurve C) eine gewisse Zeit (eine halbe bis mehrere Stunden) getempert (isotherme Kristallisation), so entstehen neben bereits normal ausgebildeten Kristalliten solche, die weniger perfekt und kleiner sind. Diese nachträgliche Kristallisation findet zwischen den vorhandenen Kristalliten statt. Sie ist stark behindert und führt deshalb zu defektreichen, labilen Kristallstrukturen. Nach dem Tempern und Abkühlen findet man beim Aufheizen in der DSC ein Thermogramm, wie in Abb.7.2 unter C schematisch dargestellt. Vor der eigentlichen Kristallitschmelztemperatur T_m, bei der die normal ausgebildeten Kristallite schmelzen, zeigen sich kleine Schmelzendotherme, die etwa 10 bis 15 K oberhalb ihrer entsprechenden Kristallisationstemperatur liegen. Hier schmelzen diese nachträglich beim Tempern entstandenen labilen Kristallite. Ein entsprechendes Verhalten ist auch an Poly(arylenetherketonen) beobachtet und beschrieben worden (siehe 5.2.1).

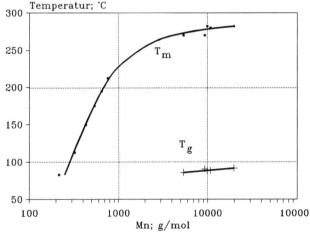

Abb.7.3: Schmelz- und Glastemperaturen in Abhängigkeit von der Molmasse für oligomere und polymere Arylensulfide (Daten nach [32,43]).

Die mittlere Molmasse unvernetzter technischer Produkte (Phillips-Verfahren) liegt bei M_n ~ 17.000 g/mol. Messungen an Laborproben mit Hilfe eines speziellen Hochtemperatur-Gelpermeationschromatographen mit 1-Chlornaphthalin als Lösungsmittel bei 210°C ergaben für die Uneinheitlichkeit Mw/Mn ~ 2 [33]. In Abb.7.3 sind Glastemperaturen und Schmelztemperaturen von oligomeren [32] und polymeren [43] Arylensulfiden über der mittleren Molmasse Mn wiedergegeben. Die technischen Produkte liegen mit 17.000 g/mol im rechten Teil der beiden Kurven, aber offensichtlich noch nicht in dem Bereich, in dem beide charakteristischen Temperaturen unabhängig von der Molmasse sind. Da diese Proben aber nicht thermisch nachbehandelt wurden, ergeben sich daraus keine Anhaltspunkte für die zur technischen Anwendung kommenden Materialien. Diese werden thermisch im sog. Curing-Prozeß teilweise vernetzt, insbesondere aber durch Verknüpfungsreaktionen in der Molmasse angehoben. Der Curing-Prozeß, der bei Temperaturen wenig unterhalb oder oberhalb der Schmelztemperatur durchgeführt wird, beeinflußt auch die Kristallinität, und zwar sinkt der erreichbare Kristallinitätsgrad mit steigender Curing-Temperatur und -Dauer. Wird die thermische Nachbehandlung dagegen bei tiefen Temperaturen (175°C) an kristallinem Material durchgeführt, so beobachtet man kaum eine Änderung im Kristallinitätsgrad [29]. Längerkettiges, verzweigtes oder vernetztes PPS ist in seiner Kristallisation behindert, während Verknüpfungsreaktionen an teilkristallinem Material ohne Veränderung des Kristallinitätsgrades ablaufen. Der letztgenannte Effekt deutet daraufhin, daß die Reaktionen, die für die Änderung der Molmasse verantwortlich sind, in den amorphen Gebieten stattfinden.

7.2.2 Thermische Beständigkeit

In der TGA zeigt Poly(phenylensulfid), das durch Selbstkondensation von p-Bromthiophenolat hergestellt wurde, bis 410°C keinen erkennbaren Gewichtsverlust. Oberhalb dieser Temperatur setzt Abbau ein, der unter Stickstoff sowie an Luft bis 540°C gleichartig verläuft [45]. In beiden Fällen beträgt der Gewichtsverlust bei dieser Temperatur etwa 45%. Bei noch höheren Temperaturen verlangsamt sich der Abbau unter Stickstoff und ergibt bei 800°C einen Gewichtsverlust von 60%. Unter Luft erfolgt der Abbau bis etwa 650°C weiterhin rasch und führt bei 700°C zu einem Gewichtsverlust von 85%.

Diese Resultate aus der TGA sind allerdings nur bedingt auf die Praxis übertragbar. Unter anderen Versuchsbedingungen [46,47], bei denen der Gewichtsverlust nach 2-stündiger Lagerung der Proben bei konstanter Temperatur gemessen wird, zeigt sich ein deutlich anderes Verhalten (siehe Abb.7.4). Bei 410°C ist sowohl an Luft als auch unter Stickstoff bereits ein Gewichtsverlust von annähernd 10% zu beobachten. Der Abbau unter Stickstoff und in der Vakuumpyrolyse verläuft sehr schnell. Er führt schon bei 450°C zu Masseverlusten bis 56,5% im Vakuum und 43% unter Stickstoff. Der Abbau an Luft erfolgt dagegen deutlich langsamer und führt im günstigen Fall *[47]* bei 450°C nur zu 20% Gewichtsverlust. Der Grund für die höhere Stabilität an Luft wird auf die Verknüpfungsreaktionen durch Sauerstoff zurückgeführt.

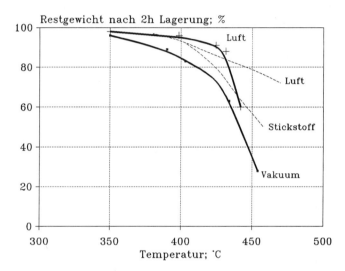

Abb.7.4: *Thermischer Abbau an PPS, nach zweistündiger Lagerung bei konstanter Temperatur unter verschiedenen Bedingungen (Daten nach [46,47]).*

Als hauptsächliche Spaltprodukte bei thermischer Belastung bis 450°C wurden Schwefelwasserstoff und Wasserstoff gefunden *[45]*. Der Anteil an Wasserstoff im Pyrolysegas nimmt mit steigender Temperatur stark zu. Der Anteil an Schwefeldioxid unter den Spaltprodukten ist sehr gering, obwohl in Datenblätter gerade diese Substanz neben Carbonylsulfid (COS) als hauptsächliches Abbauprodukt genannt wird. Im Kondensat der Vakuumpyrolyse finden sich verschiedenartige aromatische Schwefelverbindungen.

Der Abbau erfolgt vorwiegend durch Kettenspaltung der Schwefel-Kohlenstoffbindungen unter Bildung von Kettenenden mit Schwefel- und Phenylradikalen. Diese reagieren in mehreren Schritten weiter unter Abspaltung von Wasserstoff aus den Phenylenringen und Rekombinationsreaktionen. Übertragungsreaktionen zu noch intakten Ketten führen zu Verzweigungen und Vernetzen.

Die Tatsache, daß bei thermischer Belastung hochgiftiger Schwefelwasserstoff abgespalten wird, läßt auch kurzzeitige Anwendungen von PPS über 400°C nicht zu. Dies gilt in besonderem Maße für vernetztes Poly(phenylensulfid), das für korrosionsbeständige Überzüge auch bei erhöhten Temperaturen eingesetzt wird. Ebenso ist bei der Verarbeitung von thermoplastischem PPS, die nicht oberhalb 370°C durchgeführt werden sollte, für ausreichende Lüftung und Absaugung über den Maschinen zu sorgen.

Eine neuere Untersuchung *[39]* der Thermooxidation von PPS ergibt, daß schon bei Temperaturen zwischen 85 und 110°C innerhalb weniger Tage oberflächlich Oxidationsreaktionen ablaufen. Auch hierbei entstehen aus Mercapto-Endgruppen Schwefelradikale, die durch Übertragungsreaktionen zu Thionostrukturen (>C=S) führen. Diese beeinflussen den Kettenabbau bei hohen Temperaturen.

7.2.3 Mechanische Eigenschaften

Unverstärktes Poly(phenylensulfid) besitzt mit 110°C (HDT/A; gemessen an Fortron 0214 P1 *[48]*) bzw. 135°C (gemessen an Ryton) eine niedrige Wärmeformbeständigkeit und ist als solches mit Poly(acetal)-Copolymerisaten vergleichbar.

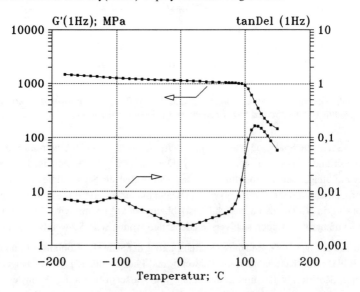

Abb.7.5: Verlauf des Schermoduls (G') und der mechanischen Dämpfung (tanDel) bei 1 Hz für ein unverstärktes Poly(p-phenylensulfid) [49].

Im unverstärkten Zustand wird es allerdings nur in ganz wenigen Sonderfällen verwendet. In Abb.7.5 ist der Verlauf des Schermoduls bei einer Schwingungsfrequenz von 1 Hz für ein unverstärktes PPS (Versuchsprodukt der Bayer AG) im Temperaturbereich von -180 bis 150°C wiedergegeben *[49]*.

In dieser Darstellung zeigt sich der Beginn des Glas-Kautschuk-Überganges bei etwa 100°C. Der Abfall des Moduls beträgt annähernd eine Dekade. Im Verlauf der Dämpfung sind zwei deutliche Maxima erkennbar. Bei -100°C erscheint ein kleines Dämpfungsmaximum, das vergleichbar dem Tieftemperaturmaximum anderer Phenylenringe enthaltender Polymere ist. Das zweite Dämpfungsmaximum liegt bei 115°C und gibt die Glastemperatur bei der Schwingungsfrequenz von 1 Hz an. Diese dynamisch gemessene Glastemperatur liegt über der Glastemperatur, die in der DSC an amorphen bzw. an teilkristallinem PPS bestimmt wird. Dieses Material wäre unter Belastung nur bis zu Temperaturen von etwa 100°C einzusetzen. Entsprechend unserer Abgrenzung der Hochtemperatur-Thermoplaste von technischen Thermoplasten, wie sie im einleitenden Kapitel vorgenommen wurde, gehört dieses Polymer nicht zu den HT-Thermoplasten.

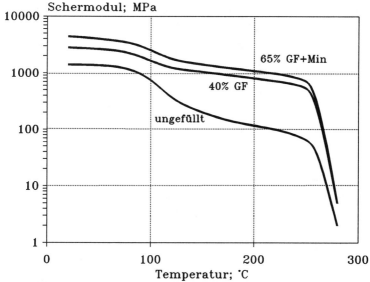

Abb.7.6: Verlauf des Schermoduls über der Temperatur für drei verschiedene PPS-Typen (Daten nach [48]).

Da es sich sehr gut mit Füllstoffen bzw. Verstärkungsmaterialien mischen läßt, können die Eigenschaften durch Variation der Zusatzstoffe verbessert und bestimmten Anwendungen angepaßt werden. Zur Anwendung als Konstruktionsmaterial kommt ausschließlich mit Glasfaser oder Glasfaser-Mineral-Mischungen gefülltes PPS. Dadurch ändert sich zwar nicht die Temperaturlage der Glastemperatur, aber der Modul wird etwa um den Faktor 2 bis 3 im Glas-Kautschuk-Übergang und bei höheren Temperaturen bis zu einer Dekade erhöht, wodurch die Wärmeformbeständigkeit auf etwa 240-260°C ansteigt. In Abb.7.6 sind neben der Temperaturabhängigkeit des Schermoduls von einem ungefüllten, die zweier verstärkten PPS-Typen wiedergegeben. Durch die Versteifung mit Füllstoffen erhöht sich die Wärmeformbeständigkeit von 110°C beim reinen auf etwa 260°C bei den gefüllten Typen *[48]*.Bei den im nachfolgenden aufgeführten Eigenschaftswerten handelt es sich, wenn nicht anders vermerkt, um Werte von mit 40% Glasfaser gefüllten PPS-Typen. Bei Poly(phenylensulfid) ist wie bei allen teilkristallinen Thermoplasten zu beachten, daß die mechanischen Eigenschaften von Formteilen oberhalb der Glastemperatur deutlich vom Kristallinitätsgrad, also von der thermischen Vorbehandlung abhängen. Ganz besonders werden die Eigenschaften von Spritzgußteilen von der Werkzeugtemperatur beeinflußt. In *[48]* ist ein Diagramm zu finden, das den Zusammenhang zwischen der Wärmeformbeständigkeit nach ISO 75A und der Werkzeugtemperatur wiedergibt (siehe Abb.7.7).

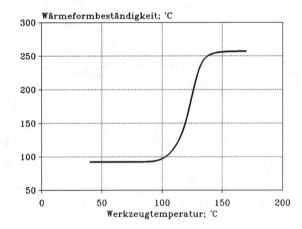

Abb.7.7: Abhängigkeit der Wärmeformbeständigkeit nach ISO 75A von der Werkzeug-temperatur, gemessen an einem mit 40% Glasfaser gefülltem PPS-Typ [48].

Bei Werkzeugtemperaturen unterhalb 100°C erstarrt das Material überwiegend amorph, die Wärmeformbeständigkeitstemperatur so hergestellter Teile reicht nicht über 90°C. Erst Werkzeugtemperaturen oberhalb 140°C führen zu hohen Kristallinitätsgraden und damit zu hoher Wärmeformbeständigkeit, entsprechend HDT/A etwa 260°C. Untersucht wurde dieser Zusammenhang an einem mit 40% Glasfaser gefülltem Typ.

Die Temperaturabhängigkeit anderer mechanischer Größen ist in Abb.7.8 dargestellt. Zug- und Biege-E-Modul, sowie Reißfestigkeit zeigen im Temperaturbereich zwischen 70 und 130°C einen deutlichen Abfall, der sich oberhalb 130°C verlangsamt. Das Festigkeitsniveau bei Raumtemperatur ist vergleichbar dem der Poly(arylenetherketone). Aufgrund ihrer höheren Glastemperatur von 145-170°C zeigen die PAEK den Abfall in der Festigkeit erst bei entsprechend höheren Temperaturen, etwa oberhalb 130°C.

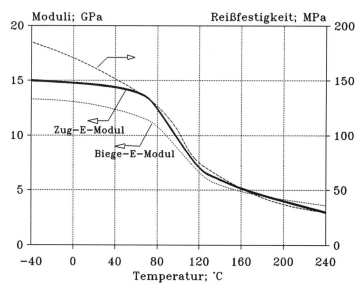

Abb.7.8: Temperaturabhängigkeit von Zug- und Biege-E-Modul sowie der Reißfestigkeit eines mit 40% Glasfaser gefüllten PPS-Typs [48].

Der Temperatur-Index nach Underwriters Laboratories (UL-RTI) wird für Probekörper mit einer Dicke von 0,81 mm und größer mit 200°C bei Schlagbeanspruchung und 200 bzw. 220°C ohne Schlagbeanspruchung angegeben. Bei elektrischen Anwendungen gilt 220 bzw. 240°C *[48]*.

Tab.7.2: Mechanische und thermische Eigenschaftswerte verschiedener PPS-Typen: A und C = Ryton® [12]; B,D und E = Fortron® [48].

Eigenschaft		ungefüllt		40% Glasfaser		65% Glasfaser/Mineral
		A	B	C	D	E
Dichte	g/cm³	1,35	1,35	1,6	1,64	2,03
Wasseraufnahme(24h/23°C) %			0,01		0,02	0,02
Reißfestigkeit	MPa	65,5	86	121	166	114
Reißdehnung	%	1,6	3,0	1,25	1,5	1,0
Zug-E-Modul	GPa				14,2	19
Biege-E-Modul	GPa	3,8		12	12	17,2
Biegefestigkeit	MPa	96		160		
Schlagzähigkeit (Izod) gekerbt ASTM D256 J/m		16	27	58	87	43
ungekerbt " J/m		100		175		
Schlagzähigkeit (Charpy) ISO 179/1D kJ/m²					30	21
Kerbschlagzähigkeit (Izod) ISO 180/1A J/m					8	6
Kerbschlagzähigkeit (Charpy) ISO 179/1A kJ/m²					9	7
Wärmeformbeständigkeit ISO 75 HDT/A 1,8 MPa °C		135	110	243-260	>260	>260
lin. Ausdehnungskoeff. 10⁻⁶/K		49		40		
-50 - 90°C längs/quer					14/40	14/25
90 - 250°C längs/quer					10/90	13/60
Wärmeleitfähigkeit W/(mK)		0,288		0,288		
Entflammbarkeit UL94		V-0		V-0 5V	V-0 5VA	V-0 5VA
Sauerstoff-Index		44		46,5		

Die mechanischen und thermischen Eigenschaften von ungefüllten und verstärkten Poly(p-phenylensulfiden) sind in Tab.7.2 zusammengefaßt. Die Eigenschaftswerte wurden an Spritzgußteilen ermittelt, zu deren Herstellung Werkzeugtemperaturen von 135°C (Ryton®, Phillips Petroleum Comp.) bzw. 140°C (Fortron®, Hoechst AG) angewandt wurden. Bei niedrigeren Werkzeugtemperaturen ergeben sich deutlich schlechtere Eigenschaftswerte aufgrund des geringeren Kristallinitätsgrades der Formteile. Verglichen mit dem Glasfaser/Mineral-Typ besitzt das mit 40% Glasfaser verstärkte Material eine niedrigere Dichte, aber höhere Festigkeit und Zähigkeit. Die Kriechneigung ist bei beiden verstärkten PPS-Typen vergleichsweise gering; der Zug-Kriechmodul, wie er bei Raumtemperatur im Zeitstand-Zugversuch bestimmt wird, sinkt unter einer angelegten Spannung von 30 MPa nach 1000 h, gemessen an einem mit 40% Glasfaser verstärkten Typ, von anfänglich 9,65 GPa auf 9,29 GPa ab.

7.2.4 Elektrische und sonstige Eigenschaften

In Tab.7.3 sind die elektrischen Eigenschaften verschieden gefüllter PPS-Typen zusammengefaßt. Dabei zeigt das nur mit Glasfaser gefüllte Material die günstigsten Eigenschaften. Die Temperaturabhängigkeit der dielektrischen Eigenschaften von mit Glasfaser gefülltem PPS ist bis 100°C sehr gering, ab 140°C steigt der Verlustfaktor deutlich an.

Durch "Dotieren" mit Arsenpentafluorid (AsF_5) läßt sich die Leitfähigkeit bei Raumtemperatur auf 1 S/cm anheben [51-53]. Durch Bestrahlen mit hochenergetischen Ionen, wie Fluorionen, ist eine maximale Leitfähigkeit von 0,5 S/cm zu erreichen [35]. Diese um mehr als den Faktor 1000 geringere Leitfähigkeit gegenüber "dotierten" Poly(acetylen) und Poly(p-phenylen) lassen das leicht verfügbare und einfach zu verarbeitende Poly(phenylensulfid) dennoch als wenig geeigneten Kandidaten für die Anwendung als elektrisch leitfähiges Polymer erscheinen.

Poly(phenylensulfid) ist schwerentflammbar, in der Flamme brennt es gelb-orange, und ist selbstverlöschend. Es tropft nicht beim Brennen. Der Flammpunkt von mit Glasfaser verstärkten Typen liegt bei 540°C. Der Sauerstoffindex (LOI) wird mit 46 angegeben und liegt damit höher als bei anderen aromatischen Thermoplasten. Für Glasfaser/-Mineral-Typen ergeben sich mit 50 bis 53 noch höhere Werte.

Tab.7.3: Elektrische Eigenschaftswerte gefüllter Poly(phenylensulfid)-Typen [12,48].

		40 % Glasfaser		65% GF+Min
		Ryton®	Fortron®	Fortron®
Dielektrizitätszahl	50 Hz		4,24	4,3
	1 kHz	3,9		
	1 MHz	3,8	4,20	4,14
Dielektischer Verlust	50 Hz		0,001	0,0024
	1 kHz	0,0014		
	1 MHz	0,0014	0,0021	0,0023
spez. Oberflächenwiderstand Ω			10^{16}	10^{16}
spez. Durchgangswiderstand Ωcm		$4,5 \cdot 10^{16}$	10^{16}	10^{16}
Durchschlagfestigkeit kV/mm		17,7	22	18

Die Rauchgasdichte ist mit 232 (Maximalwert der spez. optischen Dichte, gemessen an einer 3,2 mm dicken Probe) vergleichbar der von Poly(carbonat) und niedriger als die von Poly(arylensulfonen).

Die chemische Beständigkeit von PPS ist sehr gut, bei Raumtemperatur wird es von keinem Lösungsmittel angegriffen. Säuren und Laugen (HCl, 10%ige HNO_3, 30%ige H_2SO_4, 30%ige NaOH) zersetzen die gefüllten Typen bei erhöhten Temperaturen (80-90°C) und länger andauernder Einwirkung (>3 Monate). Gegenüber Kraftstoffen und Ölen ist es beständig. Tetrachlorkohlenstoff, Chloroform, Nitrobenzol, Benzonitril und Toluol führen bei langanhaltender Einwirkung (>3 Monate) zu einer deutlichen Abnahme der Festigkeit.

Die Wasseraufnahme ist gering, die Hydrolysebeständigkeit gut. Nach sechsmonatiger Lagerung bei 93°C ist an reinem PPS noch keine Änderung der mechanischen Eigenschaften festzustellen. Gefüllte Typen sind dagegen weniger beständig. Diese verminderte Beständigkeit, besonders bei Glasfaser verstärkten Typen, ist darauf zurückzuführen, daß Wasser zwischen den an der Formteil-Oberfläche austretenden Glasfasern und der Polymermatrix eindringen kann. Die effektive Oberfläche ist durch die austretenden Glasfasern vergrößert und größere Oberfläche bedeutet in diesem Zusammenhang vermehrte Angriffsfläche, demnach stärkerer hydrolytischer Abbau. Ein Effekt, der bei allen faserverstärkten, hydrolyseempfindlichen Polymeren zu beobachten ist.

Die Beständigkeit gegenüber Neutronen- und Gammastrahlung ist sehr gut, wogegen UV-Strahlung an unstabilisiertem PPS zu Veränderungen führt. Bei Außenanwendungen sind deshalb entsprechend stabilisierte Einstellungen zu verwenden.

7.3 Verarbeitung und Anwendungen

Die hauptsächlich angewandte Verarbeitungsmethode gefüllter PPS-Typen ist der Spritzguß. Nur in geringem Umfang werden Formteile durch Pressen oder Sintern hergestellt.

Obwohl ungefülltes PPS nur wenig Feuchtigkeit aufnimmt, sollten die mit Glasfasern und mineralischen Stoffen verstärkten Einstellungen vor der Verarbeitung etwa 4 bis 6 Stunden bei 150°C getrocknet werden.

Als Massetemperaturen empfehlen die Hersteller 300 bis 360°C. Über 370°C sollte PPS nicht erhitzt werden, da bei der thermischen Zersetzung giftiger Schwefelwasserstoff freigesetzt wird. Die höheren Temperaturen (> 340°C) werden bei der Verarbeitung der mineralhaltigen Typen und ungünstiger Formteilgeometrie (geringe Wanddicken) gewählt. Der Einfluß der Massetemperatur auf die physikalischen Eigenschaften der Fertigteile ist gering. Allerdings zeigen Teile, die mit hoher Massetemperatur gespritzt wurden, höheren Schrumpf als entsprechende Teile, die bei niedrigerer Massetemperatur geformt wurden.

Alle PPS-Compounds zeigen nur geringe Schwindung, und zwar im Bereich von 1 bis 0,2%. Dabei wird der Schrumpf vom Formteilgewicht, von der Wanddicke, von der Werkzeugtemperatur, dem Spritzdruck und durch Tempern beeinflußt. Anwachsender Spritzdruck vermindert die Schwindung. Bei den mit Glasfasern gefüllten Typen ist die Schwindung in Fließrichtung, aufgrund der Faserorientierung, geringer als quer dazu. Auch beim nachträglichen Tempern der Formteile bei Temperaturen oberhalb 90°C steigt der Kristallisationsgrad an und damit die Schwindung.

Bei den Spritzgußwerkzeugen ist auf ausreichende Entlüftung der Formnester zu achten. Eingeschlossene Luft kann zu Verbrennungen an den PPS-Teilen führen.

Von entscheidender Bedeutung für die Formteil-Eigenschaften ist die Werkzeugtemperatur. Sie läßt sich im weiten Bereich von 40 bis 150°C variieren. Formteile, die bei niedrigen Werkzeugtemperaturen (40-90°C) gespritzt werden, besitzen niedrige Kristallisationsgrade. Zwar lassen sich zu ihrer Herstellung kurze Zykluszeiten anwenden, aber die Oberfläche so gespritzter Teile ist rauh und marmoriert.

Hohe Werkzeugtemperaturen (90-150°C) erfordern geringfügig längere Zykluszeiten, führen aber zu hohen Kristallinitätsgraden und glatten, glänzenden Teileoberflächen. Alle mit dem Kristallinitätsgrad verknüpften Eigenschaften, wie Festigkeit und Wärmeformbeständigkeit (siehe Abb.7.7), um nur zwei zu nennen, lassen sich über die Werkzeugtemperatur beeinflußen.

In hohem Maße amorphe Fertigteile lassen sich mit Werkzeugtemperaturen unterhalb 40°C erhalten. Durch nachträgliches Tempern z.B. bei 200-230°C über zwei bis vier Stunden kristallisiert das Material und schrumpft dabei.

Zur Formteilherstellung durch Pressen oder Sintern setzt man reines Poly(phenylensulfid) ein, wie es bei der Synthese anfällt. Vor der eigentlichen Formgebung wird das Polymer mit den Füll- oder Verstärkungsstoffen trocken gemischt und anschließend einer ersten "Curing"-Behandlung unterworfen. Diese wird unterhalb der Schmelztemperatur bei etwa 270°C über 12-16 Stunden in einem Umluft-Trockenschrank ausgeführt. Schon nach dieser ersten thermischen Aufarbeitung ist das Material zur Herstellung kleiner, dünnwandiger und flacher Teile geeignet. Zur Herstellung stärkerer Teile muß das Material in einer zweiten "Curing"-Stufe bei 325-360°C über eineinhalb bis zwei Stunden weiterbehandelt werden. Dabei schmilzt das Compound auf und liegt nach dem Abkühlen als Platte vor, die zur Weiterverarbeitung gemahlen und granuliert werden muß.

Beim Pressen wird mit Drücken von 15-20 MPa kalt vorverdichtet und auf mindestens 305°C aufgeheizt, was etwa 1-3 Stunden dauert. Danach wird das heiße Material unter Druck (7-30 MPa) mit einer Kühlgeschwindigkeit von 2 K/min auf 232°C kontrolliert abgekühlt. Unterhalb dieser Temperatur kann beliebig schnell auf 140°C abgekühlt und im Anschluß daran entformt werden. Diese Technik wird zur Herstellung von Stäben, Rohren und Halbzeug angewendet.

Hochgradig ausgehärtete Poly(phenylensulfid)-Formteile lassen sich durch Freiform-Sintern herstellen. Dabei wird das frische, thermisch unbehandelte PPS, wie beim Pressen, mit dem Füllstoff trocken gemischt und bei 260°C über 16 Stunden einer ersten "Curing"-Behandlung unterworfen. Aus diesem Material werden unter Drücken von 70 MPa Grünlinge gepreßt und im Werkzeug langsam mit 33 K/min auf 360-370°C aufgeheizt. Die Sinterdauer ergibt sich aus der Dicke des Formteiles, üblich sind 20-30 Min pro Zentimeter Wandstärke. Zusätzlich wird eine Stunde bei 370°C gehärtet. Danach wird wiederum langsam mit 33 K/min abgekühlt und unterhalb 175°C entformt. Bei diesem Verarbeitungsprozeß ist die sorgfältige Kontrolle der Heiz- und Kühlgeschwindigkeit sehr wichtig, um den Temperaturgradienten im Formteil während der einzelnen Schritte so gering wie möglich zu halten und so Risse im Fertigteil zu vermeiden.

Überzüge aus PPS können auf Stahl, Aluminium und andere Metalle aufgebracht werden. In der Anwendung sind lösungsmittelfreie Verfahren, wie das Auftragen wässriger Suspensionen von PPS und Additiven, elektrostatisches Pulverlackieren und Wirbelsintern. Bei diesen Verarbeitungsmethoden wird PPS eingesetzt, das nicht oder nur wenig thermisch behandelt wurde. Um optimale Eigenschaften der Überzüge zu erzielen, müssen diese nachträglich durch "Curing" gehärtet werden.

Poly(phenylensulfid)-Teile können mit Epoxidharz- oder Cyanacrylatkleber untereinander oder mit Metallen verklebt werden.

Glasfaserverstärktes und mit Glasfaser/Mineral gefülltes Poly(phenylensulfid) wird vorwiegend in der Elektro-/Elektronikindustrie, daneben im Automobil- und Apparatebau eingesetzt. Bei den vielfältigen Anwendungen kommen im wesentlichen die hohe Wärmeformbeständigkeit bis zu Temperaturen über 200°C, die guten elektrischen Eigenschaften und die ausgezeichnete chemische Beständigkeit zum Tragen. Aus PPS-Compounds werden Stecker, Sockel, Spulenkörper, Relais-Gehäuse und Schaltrelais gefertigt. Bei diesen elektrotechnischen Anwendungen ist auch die Flammwidrigkeit des PPS von Vorteil. Die hohe chemische Beständigkeit wird im Automobil- und Apparatebau genutzt. Teile des Kühlwassersystems lassen sich daraus herstellen und vor allem Pumpenteile, Rotoren und Ventilelemente, die in Kontakt mit aggressiven Medien stehen. Ebenfalls zum Korrosionsschutz werden metallische Teile mit PPS-Überzügen versehen.

Poly(phenylensulfid) wird z.B. von folgenden Firmen unter den aufgeführten Handelsnamen angeboten:

Phillips Petroleum Corp.: Ryton®

Hoechst AG: Fortron®

Solvay & Cie: Primef®

General Electric: Supec®

Literatur:

[1]   K. Idel:"Poly(sulfide) in H. Bartl, J. Falbe [Hrsg.]: Houben-Weyl "Methoden der
        organischen Chemie", Band E20: Makromolekulare Stoffe, Georg Thieme Verlag,
        Stuttgart 1987.

[2]   F.R. Geibel, R.W. Campbell:"Poly(phenylen sulfide)s in G. Allen, J.C. Bevington
        [Hrsg.]: Comprehensive Polymer Science, Band 5, Pergamon Press, Oxford 1989.

[3]   K.-U. Bühler, Spezialplaste, Akademie-Verlag, Berlin 1978

[4]   C. Friedel, J.M. Crafts, *Ann. Chem. Phys.* **14**, 433 (1888).

[5]   P. Grenvresse, *Bull. Soc. Chim. Fr.* **17**, 599 (1897).

[6]   J.C. Cleary, *Polym. Preprints* **25**, 36 (1984).

[7]   A.D. Macallum, *J. Org. Chem.* **13**, 154 (1948).

[8]   R.W. Lenz, C.E. Handlovits, *J. Polym. Sci.* **43**, 167 (1960).

[9]   R.W. Lenz, C.E. Handlovits, H.A. Smith, *J. Polym. Sci.* **58**, 351 (1962).

[10]   J.T. Edmonds, H.W. Hill (Phillips Petroleum Comp.) US.Pat. 3 354 129 (1967);
        CA **68**, 13598 (1967).

[11]   R.G. Rohlfing (Phillips Petroleum Comp.) US.Pat. 3 717 620 (1973); *CA* **78**,
        112277 (1973).

[12]   H.W. Hill, D.G. Brady:"Poly(arylene sulfide)s in H.F. Mark, N.M. Bikales, C.G.
        Overberger, G. Menges [Hrsg.]: Encyclopedia of Polymer Science and Engine-
        ering, Second Edition, John Wiley & Sons, New York 1988.

[13]   J.T. Edmonds, H.W. Hill (Phillips Petroleum Comp.) US.Pat. 3 524 835 (1970);
        CA **73**, 121201 (1970).

[14]   R.W. Campbell (Phillips Petroleum Comp.) US.Pat. 3 919 177 (1975); *CA* **83**,
        115380 (1975).

[15]   R.W. Campbell, J.T. Edmonds (Phillips Petroleum Comp.) US.Pat. 4 038 259
        (1977); *CA* **87**, 102854 (1977).

[16]   K. Idel, D. Freitag, L. Bottenbruch, O. Neuner (Bayer AG) DOS 3 120 538
        (1981); *CA* **98**, 72943 (1982).

[17]   K. Idel, D. Freitag, L. Bottenbruch (Bayer AG) US.Pat. 4 433 138 (1984).

[18]   K. Idel, E. Ostlinning, D. Freitag (Bayer AG) DOS 3 428 986 (1986); *CA* **105**,
        115583 (1986).

[19] Y. Iizuka, T. Iwasaki, T. Katto, Z. Shiiki (Kureha Kagaku Kabushiki Kaisha) US.Pat. 4 645 826 (1987); *CA* **104**, 169104 (1986).

[20] R.G. Sinclair, H.B. Benekay, S. Sowell (Idemitsu Petrochemicals Corp.) Jpn.Pat. 61 145 226 (1986); *CA* **105**, 173275 (1986).

[21] E. Tsuchida, K. Yamamoto, H. Nishide, S. Yoshida, M. Jikei, *Macromolecules* **23**, 2101 (1990).

[22] Z.Y. Wang, A.S. Hay, *Macromolecules* **24**, 333 (1991).

[23] S. Tsunawaki, C.C. Price, *J. Polym. Sci., Polym. Chem. Ed.* **2**, 1511 (1964).

A.B. Port, R.H. Still, *J. Appl. Polym. Sci.* **24**, 1145 (1979).

[24] Z. Binenfeld, A.F. Damanski, *Bull. Soc. Chim. France* (**1961**), 679.

[25] M. Poninski, M. Kryszewski, *Bull. Acad. Pol. Sci., Ser. Sci. Chim.* **13**, 49 (1965).

[26] B. Hordling, M. Söder, J.J. Lindberg, *Angew. Makromol. Chem.* **107**, 163 (1982). Siehe auch: T. Fujisawa, M. Kakutani, *J. Polym. Sci., Polym. Lett. Ed.* **8**, 19 (1970).

[27] D. Mukherjee, P. Pramanik, *Indian J. Chem., Sect. A* **21**, 501 (1982).

[28] R.W. Campbell (Phillips Petroleum Co.) US.Pat. 4 016 145 (1977); *CA* **86**, 190 850 (1977).

[29] D.G. Brady, *J. Appl. Polym. Sci.* **20**, 2541 (1976).

[30] B.J. Tabor, E.P. Magre, J. Boon, *Eur. Polym. J.* **7**, 1127 (1971).

[31] D.G. Brady, *J. Appl. Polym. Sci., Appl. Polym. Symp.* **36**, 231 (1981).

[32] W. Koch, W. Heitz, *Makromol. Chem.* **184**, 779 (1983).

[33] C.J. Stacy, *J. Appl. Polym. Sci.* **32**, 3959 (1986).

[34] J. Garbarczyk, *Makromol. Chem.* **187**, 2489 (1986).

[35] K.F. Schorch, J. Bartko, *Polymer* **28**, 556 (1987).

[36] P.L. Carr, I.M. Ward, *Polymer* **28**, 2070 (1987).

[37] L.C. Lopez, G.L. Wilkes, *Polymer* **29**, 106 (1988).

[38] A.J. Lovinger, F.J. Padden, D.D. Davis, *Polymer* **29**, 229 (1988).

[39] S.K. Brauman, *J. Polym. Sci., Polym. Chem. Ed.* **27**, 3285 (1989).

[40] M.F. Cheung, A.Golovoy, H.K. Plummer, H. van Oene, *Polymer* **31**, 2299 (1990).

[41] S.Z.D. Cheng, Z.Q. Wu, B. Wunderlich, *Macromolecules* **20**, 2802 (1987).

[42] M.A. Gomez, A.E. Tonelli, *Polymer* **32**, 796 (1991).

[43] Z.Y. Wang, A.S. Hay, *Macromolecules* **24**, 333 (1991).

[44] H. Domininghaus: Die Kunststoffe und ihre Eigenschaften, 4. Aufl., VDI-Verlag, Düsseldorf 1992.

[45] G.F.L. Ehlers, K.R. Fisch, W.R. Powell, *J.Polym. Sci., Polym. Chem. Ed.* **7**, 2955 (1969).

[46] N.S.J. Christopher, J.L. Cotter, G.J. Knight, W.W. Wright, *J. Appl. Polym. Sci.* **12**, 863 (1968).

[47] J.P. Critchley, G.J. Knight, W.W. Wright: Heat-Resistant Polymers, Plenum Press, New York 1983.

[48] Fortron, Datenblatt der Hoechst AG, April 1992.

[49] N. Hendel, Diplomarbeit, Erlangen 1991.

[50] D.G. Brady, H.W. Hill:"Polyphenylensulfide" in J.M. Margolis [Hrsg.]: Engineering Thermoplastics, Marcel Dekker, New York 1985.

[51] L.M. Shacklette, R.L. Elsenbaumer, R.R. Chance, H. Eckhardt, J.E. Frommer, R.H. Baughman, *J. Chem. Phys.* **75**, 1919 (1981).

[52] K.F. Schoch, J.F. Chance, K.E. Pfeiffer, *Macromolecules* **18**, 2389 (1985).

[53] J. Bartko, B.O. Hall, K.F. Schorch, *J. Appl. Phys.* **59**, 1111 (1986).

8 Poly(arylenethersulfone)

Für diese Familie aromatischer Polymere mit Sulfongruppen (-SO₂-) in der Hauptkette haben sich eine Reihe von unterschiedlichen Bezeichnungen eingeführt, wie etwa Polysulfon, Polyphenylsulfon, Polyarylsulfon, Polyethersulfon und Polyarylethersulfon, die zum Teil auch als Handelsnamen registriert wurden. Sie bezeichnen aber immer Polymere, die alle dieselben Strukturelemente in ihren Grundeinheiten aufweisen. Neben der namesgebenden Sulfongruppe sind dies in der Regel in 1,4-Stellung verknüpfte Phenylenringe und Ethersauerstoff-Brücken. Diese Bezeichnungen geben also keinen Hinweis auf die tatsächlich vorhandenen Unterschiede, die für die einzelnen Mitglieder dieser Familie charakteristisch sind. Die verschiedenen Strukturen in den Grundeinheiten ergeben sich vielmehr aus der unterschiedlichen Häufigkeit der drei typischen Strukturelemente, bzw. dem Einbau weiterer, andersartiger Gruppen, wie etwa dem Isopropyliden-, Biphenylen- oder Naphthylenrest.

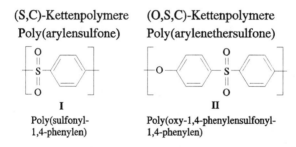

(S,C)-Kettenpolymere
Poly(arylensulfone)

I
Poly(sulfonyl-
1,4-phenylen)

(O,S,C)-Kettenpolymere
Poly(arylenethersulfone)

II
Poly(oxy-1,4-phenylensulfonyl-
1,4-phenylen)

Nach dem im einleitenden Kapitel dargestellten Einteilungsschema sind Polymere mit Sulfongruppen als Hauptkettenglieder in zwei verschiedenen Gruppen vertreten. In der Gruppe der Schwefel-Kohlenstoff-(S,C)-Kettenpolymere ist das Poly(sulfonyl-1,4-phenylen), PSP, aufgeführt, dessen Grundeinheit sich nur aus der SO₂-Gruppe und einem in 1,4-Stellung verknüpften Phenylenring zusammensetzt. In der nachfolgenden Gruppe der Sauerstoff-Schwefel-Kohlenstoff-(O,S,C)-Kettenpolymere sind drei verschieden strukturierte Poly(arylenethersulfone) genannt. Nur zwei dieser Vertreter haben technische Bedeutung erlangt und sind heute in zahlreichen Typen, sowohl unverstärkt, als auch verstärkt mit Glas- und Kohlefasern, mit mineralischem Mahlgut und auch mit Poly-(tetrafluorethylen) gefüllt, am Markt erhältlich.

Das Poly(sulfonyl-1,4-phenylen) hat keine technische Bedeutung erlangt. Seine Glastemperatur liegt bei 300°C und es zersetzt sich während des Schmelzens oberhalb 520°C. Vergleicht man diese hohe Glastemperatur mit der des reinen Poly(1,4-phenylens), die bei 283°C *[1]* liegt, so wird deutlich, daß die Sulfongruppe allein in Verbindung mit Phenylenringen sehr steife, starre Molekülketten ergibt. Diese Produkte besitzen zwar erstrebenswert hohe Glastemperaturen, damit verbunden aber auch hohe Fließtemperaturen, bzw. zersetzen sich noch vor dem Fließen bei Temperaturen oberhalb 500°C. Diese Produkte sind deshalb für eine thermoplastische Verarbeitung nicht geeignet. Erst der Einbau weiterer Strukturelemente, wie Sauerstoff und/oder Alkylgruppen führt zu hinreichend flexiblen Molekülketten und damit zu Materialien, die zwar niedrigere Glastemperaturen besitzen, sich aber thermoplastisch verarbeiten lassen.

Erste Untersuchungen zur Herstellung aromatischer Poly(sulfone) gehen in die 50iger Jahre zurück *[2]*. Das Bestreben war hydrolyse- und temperaturbeständige Polymere zu synthetisieren, allerdings wurden bei diesen ersten Versuchen lediglich Oligomere oder Produkte mit ungenügend hohen Molmassen erhalten. Das erste technisch einsetzbare Poly(arylenethersulfon) war das 1966 auf den Markt gekommene Udel® (eingeführt als Bakelite Polysulfon) der Union Carbide Corporation *[3]*. Dieses Udel Polysulfon, Kurzzeichen PSU, wird hergestellt aus dem Dinatriumsalz des Bisphenol A und 4,4'-Dichlordiphenylsulfon. Es enthält neben der Sulfongruppe, den Ethersauerstoff-Brücken und Phenylenringen den aliphatischen Isopropylidenrest. Seine systematische Bezeichnung ist Poly(oxy-1,4-phenylensulfonyl-1,4-phenylenoxy-1,4-phenylenisopropyliden-1,4-phenylen).

Das erste rein aromatische Poly(arylenethersulfon) war Astrel® 360, das die Firma 3M 1967 auf den Markt brachte, die Herstellung aber 1976 eingestellt und die Produktionsrechte an die Firma Carborundum verkauft hat. Dieses Poly(phenylensulfon), Kurzzeichen PPSU, enthält einen Ethersauerstoff, eine oder zwei Sulfongruppen und neben Phenylenringen einen Überschuß an Biphenyleinheiten in der Hauptkette *[4,5]*.

Das nächste im Jahr 1971 auf dem Markt erschienene Produkt war das Victrex® PES der ICI Plastics Division *[4]*. Auch dies ist ein rein aromatisches Poly(arylenethersulfon), eingeführt als Polyethersulfon, Kurzzeichen PES, von seiner Struktur her als Poly(oxy-1,4-phenylensulfonyl-1,4-phenylen) zu bezeichnen. Ein weiteres Produkt mit der Bezeichnung Victrex® 720 P wurde 1973 eingeführt. Es besitzt gegenüber dem PES eine höhere Wärmeformbeständigkeit. In seiner Struktur unterscheidet es sich von jenem durch den zusätzlichen Einbau von Biphenyleneinheiten. Inzwischen hat die ICI die Produktion ihrer Poly(arylenethersulfone) eingestellt.

Ein in der Struktur ähnliches Produkt wurde als Polyphenylsulfon, unter dem Handelsnamen Radel® R von der Union Carbide Corporation 1976 eingeführt *[6]*.

Tab. 8.1: Kommerzielle Poly(arylenethersulfone)

Struktur	Handelsname	Hersteller

Udel   Poly(sulfon)   PSU   Union Carbide Corp.   1966

Victrex PES
Poly(ethersulfon)
ICI   1971

Victrex 720P   Poly(phenylensulfon)   PPSU   ICI   1973

Radel R   Poly(phenylensulfon)   PPSU   Union Carb.   1976

Ultrason E
Poly(ethersulfon)   PES
BASF   1982

Ultrason S   Poly(sulfon)   PSU   BASF   1982

Im Jahr 1982 brachte auch die BASF zwei Poly(arylenethersulfon)-Typen als Ultrason®E und Ultrason®S auf den Markt *[7]*. Bei Ultrason®E (Polyethersulfon, PES) handelt es sich um das rein aromatische Poly(oxy-1,4-phenylensulfonyl-1,4-phenylen). Das Ultrason®S (Polysulfon, PSU) ist dagegen ein Polykondensat aus Bisphenol A und 4,4'-Dichlordiphenylsulfon, es enthält demnach die aliphatische Isopropylidengruppe in der Hauptkette.

Das zuletzt auf den Markt gekommene Produkt dieser Familie ist das 1983 als Polyarylsulfon (PAS) bezeichnete Radel®A der Amoco Performance Products. Seine Struktur ist nicht bekannt *[8]*.

8.1 Synthese von Poly(arylenethersulfonen)

Zur Synthese von Poly(arylenethersulfonen) gibt es zwei Möglichkeiten *[9,10]*, die sich dadurch unterscheiden, welche funktionelle Gruppe an der Verknüpfungsreaktion beteiligt ist:

- Polykondensation unter Verknüpfung über Sulfongruppen ⇒ **Sulfonierung**

- Polykondensation unter Verknüpfung über Etherbrücken ⇒ **Ether-Kondensation**

8.1.1 Sulfonierung

Sulfonierung heißt in diesem Fall, daß bei dieser Kondensationsreaktion das Sulfonylchlorid (I in Gl. *8.1*) in Anwesenheit eines Friedel-Crafts-Katalysators in Form des Sulfonylium-Kations (II) mit dem als Comonomer zugegebenen Aren (III) reagiert. In dieser elektrophilen, aromatischen Substitutionreaktion ersetzt das $Ar\text{-}SO_2^+$-Kation ein Wasserstoffatom am Aren (IV) und wird somit als Bindeglied zwischen zwei Phenylenringen in die Hauptkette des wachsenden Makromoleküls eingebaut (V).

Als Friedel-Craft-Katalysatoren werden neben Eisen(III)-chlorid, das sich als wirksamster erwiesen hat, auch Antimon(V)-, Molybdän(V)-, Indium(III)-chlorid und Trifluormethansulfonsäure *[11]*, eingesetzt. Aluminium-, Bor- und Zinkchloride führen nur zu niedrigen Molmassen und zu einem hohen Anteil unerwünschter Nebenreaktionen *[12]*.

Dabei ist die Menge des eingesetzten Katalysators, z.B. $FeCl_3$, in sofern von Bedeutung, daß bei äquimolaren Mengen oder leichtem Katalysatorüberschuß mehr, bis zur eineinhalbfachen, als die stöchiometrische Menge an Chlorwasserstoff freigesetzt wird. Diese

HCl-Abspaltung wird durch Reaktion des Katalysators mit dem Wasserstoff der Phenylenringe in Monomeren bzw. bereits gebildeten Makromolekülen erklärt *[13,14]*. Nebenreaktionen treten nicht auf, wenn nur geringe Katalysatormengen (0,3-2 Gew.%) eingesetzt werden *[15]*.

$$(8.1)$$

Voraussetzung für die erfolgreiche Polykondensation entsprechend diesem Mechanismus ist die ausreichende Reaktivität des als Reaktionspartner für das $Ar-SO_2^+$-Kation fungierenden Aromaten (III). Diese Kondensation erfolgt um so leichter, wenn Arene eingesetzt werden, deren Substituenten die Elektronendichte des aromatischen Ringes durch induktive und mesomere Effekte vergrößern. Dies ist der Fall bei Diphenylether, Biphenyl und Naphthalin. Wird als Arenkomponente dagegen Diphenylsulfon (C_6H_5-SO_2-C_6H_5) eingesetzt, dessen aromatische Ringe durch die elektronenziehenden Sulfonylgruppe desaktiviert sind, so entsteht auch unter drastischen Bedingungen ein Poly(arylensulfon) mit nur niedriger Molmasse.

Wie oben beschrieben, müssen aber nicht zwei Reaktanten mit unterschiedlichen funktionellen Gruppen (Polykondensation aromatischer Disulfonylchloride mit Arenen) zur Sulfonierung eingesetzt werden (siehe Gl. *8.2a*, bzw. *8.2b*), vielmehr ist auch die Selbstkondensation aromatischer Monosulfonylchloride, wie in Gl. *8.3* dargestellt, möglich.

Bei der Polykondensation aromatischer Disulfonylchloride mit geeigneten, d.h. dem elektrophilen Angriff des Sulfonylium-Kations gegenüber aktivierten Arenen, wie z.B. Diphenylether, werden höhere Anteile an ortho-Verknüpfungen in der Grundeinheit der resultierenden Poly(arylenethersulfone) gefunden als bei der Selbstkondensation aromatischer Monosulfonylchloride. Der Grund dafür ist die hohe Reaktivität des Diphenylethers, die zur Folge hat, daß neben Substitution in para-Stellung zum Ethersauerstoff

$$\text{n Cl–SO}_2\text{–}\langle\ \rangle\text{–O–}\langle\ \rangle\text{–SO}_2\text{–Cl} \ + \ \text{n H–}\langle\ \rangle\langle\ \rangle\text{–H}$$

$$\xrightarrow[\text{– 2 n HCl}]{\text{FeCl}_3 \quad 230\ ^\circ\text{C; 3 h}} \left[\text{O–}\langle\ \rangle\text{–SO}_2\text{–}\langle\ \rangle\langle\ \rangle\text{–SO}_2\text{–}\langle\ \rangle\right]_n \qquad (8.2\ a)$$

$$\text{n Cl–SO}_2\text{–}\langle\ \rangle\text{–O–}\langle\ \rangle\text{–SO}_2\text{–Cl} \ + \ \text{n H–}\langle\ \rangle\text{–O–}\langle\ \rangle\text{–H}$$

$$\xrightarrow[\text{– 2 n HCl}]{\text{FeCl}_3 \quad 150\ ^\circ\text{C; 3 h}} \left[\text{O–}\langle\ \rangle\text{–SO}_2\text{–}\langle\ \rangle\right]_{2\,n} \qquad (8.2\ b)$$

auch in deutlichem Maße Substitution in ortho-Stellung erfolgt. Nach dieser ersten Substitution ist die Aktivität des Ethersauerstoffes durch die benachbarte Ar-SO$_2$-Gruppe reduziert, wodurch der zweite Substitutionsschritt am anderen Ring des Diphenylethers nur noch in para-Stellung stattfindet.

Erster Substitutionsschritt durch Disulfonylchlorid an Diphenylether:

Bei der Selbstkondensation, z.b. des 4-Phenoxy-benzolsulfonylchlorids (siehe Gl. *8.3*), ist die Aktivität des Ethersauerstoffes von vorneherein durch die an einem der beiden Phenylringe gebunden Sulfonylgruppe reduziert. Man findet bei dieser Selbstkondensation praktisch keine ortho-Verknüpfungen, es entstehen strukturell einheitliche, in para-Stellung verknüpfte, reguläre Polymere *[16]*.

$$n\ H \ -\!\!\!\left\langle \bigcirc \right\rangle\!\!-O-\!\!\left\langle \bigcirc \right\rangle\!\!-SO_2\!-Cl \xrightarrow[-\ n\ HCl]{\substack{Fe\ Cl_3\ /\ Nitrobenzol \\ 120\ C;\ 22\ h}} \left[O-\!\!\left\langle \bigcirc \right\rangle\!\!-SO_2\!-\!\!\left\langle \bigcirc \right\rangle \right]_n \quad (8.3)$$

Ein weiterer Vorteil der Selbstkondensation aromatischer Monosulfonylchloride besteht darin, daß die notwendigen äquimolaren Verhältnisse der miteinander reagierenden funktionellen Gruppen von vorneherein gegeben ist. Beide, der Sulfonylchloridrest und der zu substituierende Wasserstoff sind in ein und dem selben Molekül gebunden und die geforderte Stöchiometrie hängt nur noch von der Reinheit des eingesetzten Monosulfonylchlorids ab.

Die Durchführung dieser Polykondensationen unter Sulfonierung ist sowohl in der Schmelze als auch in Lösung möglich. Schmelzkondensationen (siehe Gl. *8.2*) werden in aller Regel bei höheren Temperaturen, in diesem Fall bei 230°C und 150°C, ausgeführt *[15]*. Bei der ersten Synthese wird nach einer Reaktionszeit von 3 Stunden ein Poly(arylenethersulfon) in etwa 92%iger Ausbeute erhalten, das bis zu 10% unlösliche Anteile aufweist. Diese unlöslichen Produkte entstehen bevorzugt bei hohen Reaktionstemperaturen, da die Substitution am Aren hierbei nicht mehr ausschließlich in para-Stellung, sondern auch in unspezifischer Weise in den anderen Ringpositionen erfolgt. Durch Mehrfachsubstitution an ein und demselben Ring entstehen so verzweigt und schließlich vernetzte Produkte, die den unlöslichen Rückstand bei dieser Synthesevariante bilden. Tiefere Reaktionstemperaturen und längere Reaktionszeiten führen dagegen zu Produkten mit nahezu ausschließlicher para-Verknüpfung *[9,17]*.

Bevorzugt wird die Lösungskondensation in Nitrobenzol, Dimethylsulfon, chloriertem Biphenyl, Acetonitril oder Schwefelkohlenstoff bei Temperaturen von 120 bis 140°C durchgeführt. Bei der Verwendung von Nitrobenzol (siehe Gl. *8.3* und *8.4*) wird die Reaktion bei 120°C und einer Dauer von über 20 Stunden ausgeführt, wobei keine unlöslichen, also keine vernetzten Produkte entstehen *[16]*.

$$n\ Cl-SO_2-\langle\bigcirc\rangle-O-\langle\bigcirc\rangle-SO_2-Cl\ +\ n\ H-\langle\bigcirc\rangle-O-\langle\bigcirc\rangle-H$$

$$\xrightarrow[\text{- 2 HCl}]{\text{Fe Cl}_3/\ \text{Nitrobenzol}\quad 120\ ^\circ C;\quad 22\ h}\left[O-\langle\bigcirc\rangle-SO_2-\langle\bigcirc\rangle\right]_{2\ n}\quad(8.4)$$

Die Menge an notwendigem Katalysator ist gering, im allgemeinen werden 0,05-0,15 Gew. % eingesetzt.

Die Synthese von Poly(arylenethersulfonen) über Sulfonierung kann, wie oben dargestellt, in vier Varianten ausgeführt werden. Die Selbstkondensation von Monosulfonylchloriden liefert dabei im allgemeinen strukturell reguläre Polymere mit para-verknüpften Grundeinheiten. Die Polykondensation von Disulfonylchloriden mit Arenen ergibt dagegen merkliche Anteile an ortho-Verknüpfungen. Verzweigungen und Vernetzungen, die zu unlöslichen Produkten führen, entstehen durch Mehrfachsubstitution an ein und demselben Phenylenring. Diese Strukturen bilden sich bevorzugt bei höheren Temperaturen, wie sie bei der Schmelzkondensation notwendig sind. Bevorzugte Synthesevariante ist deshalb die Lösungskondensation bei niedrigeren Temperaturen, aber auch längeren Reaktionszeiten. Weiterhin führen äquimolare Katalysatormengen, bzw. leichter Überschuß, ebenfalls zu unerwünschten Nebenreaktionen, wie Mehrfachsubstitution und Bindung von Katalysatorresten an das Polymer.

Anstelle der Disulfonylchloride können auch Schwefelsäure *[18]*, Chlorsulfonsäure *[19]* oder aromatische Disulfonsäuren *[20,21]* eingesetzt werden. Bei der Umsetzung von Schwefelsäure (Gl. *8.5*) oder Chlorsulfonsäure mit Diphenylether in Gegenwart von Polyphosphorsäure, Phosphorpentoxid bzw. Trifluormethansulfonsäure entstehen als Zwischenstufen die entsprechenden Arylsulfonsäuren, die direkt, ohne weiteren Zwischenschritt, polykondensiert werden.

$$n\ H-\langle\bigcirc\rangle-O-\langle\bigcirc\rangle-H\ +\ n\ H_2\ SO_4\ \xrightarrow[100\ ^\circ C;\ 3,5\ h]{CF_3\ SO_3\ H}\qquad(8.5)$$

$$\left[H-\langle\bigcirc\rangle-O-\langle\bigcirc\rangle-SO_3H\right]\longrightarrow\left[O-\langle\bigcirc\rangle-SO_2-\langle\bigcirc\rangle\right]_n\ +\ 2\ H_2\ O$$

Auch die Selbstkondensation des Natriumsalzes der 4-Phenoxy-benzolsulfonsäure (Gl. 8.6) wird beschrieben *[22]*.

$$n\,H\text{—}\langle\!\bigcirc\!\rangle\text{—}O\text{—}\langle\!\bigcirc\!\rangle\text{—}SO_3Na \xrightarrow[-\text{ Na-Salze}]{\begin{array}{c}(CH_3)_2SO_3H\,/\,P_2O_5\\ 120\,°C;\ 12\,h\end{array}} \left[O\text{—}\langle\!\bigcirc\!\rangle\text{—}SO_2\text{—}\langle\!\bigcirc\!\rangle\right]_n \quad (8.6)$$

8.1.2 Ether-Kondensation

Die zweite Möglichkeit und gleichzeitig die in der Technik am häufigsten angewandte zur Synthese von Poly(arylenethersulfonen) ist die Polykondensation unter Verknüpfung über Etherbrücken *[15,17,23,24]*. Bei dieser Ether-Kondensation werden Monomere eingesetzt, die die Sulfonylgruppe bereits vorgebildet tragen. An der eigentlichen Polykondesationsreaktion ist sie nicht beteiligt. Vielmehr fungieren bei dieser Synthese Halogene und der Sauerstoff in Phenolen bzw. Phenolaten als funktionelle Gruppen.

Man setzt bei dieser nucleophilen Substitution aromatische Halogenide (I) (siehe Gl. 8.7) ein, deren halogentragender Ring in para- oder ortho-Stellung durch elektronenziehende Substituenten, in diesem Fall $-SO_2-C_6H_4-$, aktiviert ist.

$$(8.7)$$

In stark polaren Lösungsmitteln erfolgt die Substitution des Halogenatoms durch das Phenolat-Anion (II) unter Bildung des durch mesomere Effekte stabilisierten Komplexes (III). Es resultieren Polymerketten, in denen die Monomere über Etherbrücken verknüpft sind (IV). Die Darstellung von Poly(arylenethersulfonen) entsprechend diesem Mechanismus kann als Polykondensation mit zwei Komponenten und auch als Selbstkondensation durchgeführt werden.

Bei der Zweikomponenten-Polykondensation werden als Monomere Bis-[halogenaryl]-sulfone und Bisphenole eingesetzt. Als Dihalogenkomponente kommt dabei vor allem das Bis-[chlorphenyl]-sulfon (I in Gl. *8.8*) zur Anwendung, ebenfalls geeignet aber weniger reaktiv ist das entsprechende Dibromid. Sehr viel reaktiver dagegen ist das Difluorid, mit dem unter gleichen Reaktionsbedingungen Polymere mit höhere Molmassen bei deutlich kürzeren Reaktionszeiten erzielt werden können *[23]*.

Als phenolischer Reaktionspartner wird bevorzugt das 2,2-Bis-[4-hydroxyphenyl]-propan (Bisphenol A; II in Gl. *8.8*) in Form des Dinatrium- oder Dikaliumphenolats eingesetzt. Anstelle der zur Phenolatbildung normalerweise verwendeten Alkalilauge lassen sich Alkalimetallcarbonate, vor allem Kaliumcarbonat, benutzen *[25,26]*.

$$(8.8)$$

Die Reaktivität des Kaliumphenolats ist dabei höher als die des entsprechenden Natriumderivates. Neben diesen Bisphenolaten hoher Basizität können auch weniger reaktive, wie z.B. das Bis-[4-hydroxyphenyl]-sulfon (I in Gl. *8.9*), umgesetzt werden. Hierbei verringert die elektronenziehende Sulfongruppe durch Delokalisation der negativen Ladung des Phenolat-Anions dessen Basizität. Um mit diesem Phenolat, das geeigneterweise als Dikaliumphenolat zugegeben wird, hohe Molmassen zu erhalten, sind drastischere Reaktionsbedingungen notwendig.

Um bei den beiden genannten Polykondensationsvarianten hohe Molmassen zu erzielen, muß das stöchiometrische Verhältnis von Dichlorid zu Bisphenol sehr genau eingehalten werden. Schon kleine Abweichungen von 1:1-Verhältnis führen zu abnehmenden Molmassen. Auch die Anwesenheit von Wasser in solchen Reaktionsansätzen beeinflußt die

Molmasse nachteilig, indem das Dichlorid hydrolysiert und das entsprechende Natriumphenolat gebildet wird. Dadurch verschiebt sich das stöchimetrische Gleichgewicht hin zu einem Überschuß an Phenolat-Anionen und es bilden sich nur niedrigmolekulare Produkte.

$$n\ Cl-\!\!\bigcirc\!\!-\!\!\overset{\overset{O}{\|}}{\underset{\underset{O}{\|}}{S}}\!\!-\!\!\bigcirc\!\!-Cl\ +\ n\ K\ O-\!\!\bigcirc\!\!-\!\!\underset{\underset{O}{\|}}{\overset{\overset{O}{\|}}{S}}\!\!-\!\!\bigcirc\!\!-O\ K$$

I

$$\xrightarrow[-\ 2n\ KCl]{\text{Sulfolan; 240 °C, 5h}} \left[O-\!\!\bigcirc\!\!-\!\!\underset{\underset{O}{\|}}{\overset{\overset{O}{\|}}{S}}\!\!-\!\!\bigcirc\!\!-\right]_{2n}$$

II

(8.9)

Normalerweise sind bei diesen Ether-Kondensationen unter Verwendung reaktiven Komponenten keine Katalysatoren notwendig. Bei Komponenten mit abgeschwächter Reaktivität (z.B. dem Bis-[brom-phenyl]-sulfon) wird Kupfer(II)-oxid benutzt. Auch der Einsatz von Phasen-Transfer-Katalysatoren in zweiphasigen Lösungsmittelsystemen ist beschrieben *[9]*.

Die Wahl des Lösungsmittels richtet sich in erster Linie nach der Reaktionstemperatur. Bis 180°C wird Dimethylsulfoxid (DMSO), bis 240°C Sulfolan (Tetrahydrothiophen-1,1-dioxid) und bei noch höheren Temperaturen Diphenylsulfon verwendet. Das am häufigsten eingesetzte Lösungsmittel ist DMSO.

$$n\ Cl-\!\!\bigcirc\!\!-\!\!\underset{\underset{O}{\|}}{\overset{\overset{O}{\|}}{S}}\!\!-\!\!\bigcirc\!\!-Cl\ \xrightarrow[\substack{-\ KCl \\ -\ H_2O}]{+\ 2\ KOH}\ n\ Cl-\!\!\bigcirc\!\!-\!\!\underset{\underset{O}{\|}}{\overset{\overset{O}{\|}}{S}}\!\!-\!\!\bigcirc\!\!-O\ K$$

(8.10 a)

$$\xrightarrow[\substack{\text{Sulfolan; 230 °C, 12h} \\ -\ KCl}]{}$$

$$\xrightarrow[\substack{\text{Sulfolan; 150°C, 0,5h} \\ -\ KF}]{} \left[O-\!\!\bigcirc\!\!-\!\!\underset{\underset{O}{\|}}{\overset{\overset{O}{\|}}{S}}\!\!-\!\!\bigcirc\!\!-\right]_{n}$$

$$n\ F-\!\!\bigcirc\!\!-\!\!\underset{\underset{O}{\|}}{\overset{\overset{O}{\|}}{S}}\!\!-\!\!\bigcirc\!\!-F\ \xrightarrow[\substack{-\ KF \\ -\ H_2O}]{+\ 2\ KOH}\ n\ F-\!\!\bigcirc\!\!-\!\!\underset{\underset{O}{\|}}{\overset{\overset{O}{\|}}{S}}\!\!-\!\!\bigcirc\!\!-O\ K$$

(8.10 b)

Die Polykondensation von Bis-[halogen-aryl]-sulfonen mit Bisphenolaten ist auch in der Schmelze möglich, allerdings müssen dazu Temperaturen zwischen 200 und 400°C angewandt werden.

Eine weitere, elegante Variante dieser Ether-Kondensation stellt die Selbstkondensation von (4-Halogen-phenyl)-(4-hydroxy-phenyl)-sulfonen dar. Dabei geht man z.B. vom Bis-[4-chlor-phenyl]-sulfon (Gl. *8.10 a*) aus, hydrolysiert zum Chlor-hydroxy-sulfon, das nach sorgfälltiger Abtrennung des Wassers direkt bei erhöhter Temperatur zum entsprechenden Poly(arylenethersulfon) polykondensiert *[27,28]*. Mit dem entsprechenden Difluorid gelingt diese Synthese bei sehr viel günstigeren Bedingungen (Gl. *8.10 b*). Selbstkondensationen von Halogen-hydroxy-sulfonen sind ebenfalls in der Schmelze möglich *[17,24, 28]*. Aber auch hier müssen höhere Temperaturen (bis über 300°C) angewandt werden, wodurch wieder Verzweigungen gebildet werden.

$$n\,Cl\text{—}\langle\bigcirc\rangle\text{—}\overset{O}{\underset{O}{S}}\text{—}\langle\bigcirc\rangle\text{—}Cl \;+\; 2\,KOH \xrightarrow[\substack{-\,KCl\\-\,H_2O}]{\substack{DMSO\\100-180°C;\ 26\ h}} n\,Cl\text{—}\langle\bigcirc\rangle\text{—}\overset{O}{\underset{O}{S}}\text{—}\langle\bigcirc\rangle\text{—}O\ K$$

$$\xrightarrow[-\,KCl]{300\ °C;\ 30\ min} \left[O\text{—}\langle\bigcirc\rangle\text{—}\overset{O}{\underset{O}{S}}\text{—}\langle\bigcirc\rangle\right]_n \qquad (8.11)$$

Bei Ether-Kondensationen treten hydrolytische Nebenreaktionen auf, die entweder den Aufbau hochmolekularer Produkte verhindern oder den Abbau bereits gebildeter Poly(arylenethersulfone) durch Spaltung der Etherbindungen bewirken. Freie Alkalimetallhydroxide, deren Überschuß zu vermeiden ist, führen zu einer drastischen Erniedrigung der Molmassen durch folgende Reaktion:

$$\sim\langle\bigcirc\rangle\text{—}\overset{O}{\underset{O}{S}}\text{—}\langle\bigcirc\rangle\text{—}O\text{—}\langle\bigcirc\rangle\text{—}Ar\sim \;+\; {}^-OH \;\rightleftharpoons$$

$$\sim\langle\bigcirc\rangle\text{—}\overset{O}{\underset{O}{S}}\text{—}\langle\bigcirc\rangle\text{—}O^- \;+\; HO\text{—}\langle\bigcirc\rangle\text{—}Ar\sim \qquad (8.12)$$

Dieser nachteilige Effekt beim Einsetzen von Alkalilaugen läßt sich durch Alkalicarbonate, bzw. -hydrogencarbonate, unterdrücken *[25,29]*, denn diese schwachen Laugen sind in aprotischen Lösungsmitteln nicht in der Lage Halogen aus Bis-[halogen-aryl]-sulfonen zu ersetzen.

Eine weitere Nebenreaktion, die allerdings kaum Einfluß auf die Molmasse hat, stellt die nucleophile Spaltung einer Etherbindung durch die Phenolatendgruppe einer wachsenden Polymerkette dar (Gl. *8.13*). Bei dieser Austauschreaktion können aber irreguläre Strukturen und auch Verzweigungen entstehen *[17,29]*.

$$\sim\!\!\langle\bigcirc\rangle\!-\!\!\overset{O}{\underset{O}{\overset{\parallel}{S}}}\!-\!\langle\bigcirc\rangle\!-O\!-\!\langle\bigcirc\rangle\!-\!\overset{O}{\underset{O}{\overset{\parallel}{S}}}\!-\!\langle\bigcirc\rangle\!\sim \ + \ ^-O\!-\!\langle\bigcirc\rangle\!-Ar^I\!\sim \ \Longrightarrow$$

$$\sim\!\!\langle\bigcirc\rangle\!-\!\overset{O}{\underset{O}{\overset{\parallel}{S}}}\!-\!\langle\bigcirc\rangle\!-O\!-\!\langle\bigcirc\rangle\!-Ar^I\!\sim \ + \ ^-O\!-\!\langle\bigcirc\rangle\!-\!\overset{O}{\underset{O}{\overset{\parallel}{S}}}\!-\!\langle\bigcirc\rangle\!\sim \qquad (8.13)$$

Untersuchungen der Molmassenverteilungen verschieden hergestellter Poly(arylenethersulfone) mit Hilfe der Gelpermeationschromatographie zeigen, daß bei Verwendung von Chlorderivaten als Halogenidkomponente in merklichen Anteilen verzweigte Polymere gebildet werden. Nahezu keine Verzweigungen sind beim Einsatz von Fluorderivaten nachzuweisen.

Neben diesen beiden hier ausgeführten Methoden, der Sulfon- und der Ether-Kondensation mit ihren Varianten, sind in der Literatur eine ganze Reihe weiterer Möglichkeiten zur Synthese von Poly(arylensulfonen) und Poly(arylenethersulfonen) beschrieben *[9,10]*. Synthesemethoden für aliphatisch-aromatische Poly(ethersulfone) *[30]*, Poly-(arylensulfidsulfone) *[12,23]*, Poly(amidsulfone) *[31]*, Poly(arylenetherketonsulfone) *[32]*, um nur einige zu nennen, aber auch Methoden mit andersartigen Monomeren *[33]* sind publiziert.

8.2 Eigenschaften von Poly(arylenethersulfonen)

Von der Vielzahl der in der Literatur beschriebenen Poly(arylenethersulfone), bei Bühler *[34]* sind 30 verschiedene Polymere mit Strukturen und Glastemperaturen zu finden, haben lediglich eine Handvoll technische Bedeutung erlangt. Dies ist einmal das Poly(sulfon), Kurzzeichen PSU (siehe Tab.8.1: Udel® und Ultrason®S), das in seiner Grundeinheit den Bisphenol-A-Rest enthält und mit 185-187°C die niedrigste Glastemperatur besitzt. Zum anderen ist dies das Poly(ethersulfon), PES (siehe Tab.8.1: Ultrason® E), das keine aliphatischen Gruppen enthält und eine deutlich höhere Glastemperatur mit 225-230°C aufweist. Schließlich sind noch zwei Poly(phenylensulfone) zu nennen, deren exakte Struktur unbekannt ist und deren Glastemperaturen mit 220°C angegeben werden. Sie werden von Amoco Performance Products unter den Handelsnamen Radel® A und Radel® R vertrieben.

Der Zusammenhang zwischen Struktur und Glastemperatur T_g wurde schon frühzeitig an einer ganzer Reihe unterschiedlich strukturierter Poly(arylenethersulfone) untersucht *[23,38,39]*. Bei den Poly(ethersulfonen) vom Typ

steigt die Glastemperatur mit sperriger und steifer werdenden Arylenresten -Ar- von 220°C für Ar = -C_6H_4- auf 250 und 275°C an, wenn Naphthylen- und Biphenylenreste in der Grundeinheit gebunden sind *[38,39]*.

Bei Poly(sulfonen) des allgemeinen Typs

nimmt die Glastemperatur je nach Art des Brückengliedes X und der Substituenten R bei X = -CR_2- von etwa 175 bis 230°C zu *[23]*. Schwefel und Sauerstoff als Brückenglieder X ergeben amorphe Polymere mit Glastemperaturen von 175 bzw. 180°C. Durch Einbau der Carbonylgruppe >C=O erhöht sich die Glastemperatur auf 205°C. Mit Wasserstoff als Substituent in X = -CR_2- liegt T_g bei 180°C und steigt bei R = -CH_3 auf 185-188°C an. Methyl- und Phenylrest als Substituenten ergeben ein gemischt-substituiertes Polymer mit T_g = 200°C, während zwei Phenylreste als Substituenten am Brücken-C-Atom die Glastemperatur auf 230°C erhöhen. Mit R = -CF_3 resultiert ein teilkristallines Polymer mit T_g = 205°C und einer Kristallitschmelztemperatur von 255°C.

In ihrer Publikation *[23]* geben Johnson et al. für das Bisphenol-A-Poly(sulfon) eine Glastemperatur von 195°C an. Dieser Wert liegt etwa 10 K über den Werten, die andere Autoren in späteren Untersuchungen mit 185 *[40]* bzw. 188°C *[41]* bestimmen. Der Grund für diesen deutlichen Unterschied liegt in der Bestimmungsmethode. Johnson et al. wählten die Temperaturabhängigkeit des Sekantenmoduls aus Zug-Dehnungsmessungen um die Glastemperatur zu bestimmen. Dabei ergibt sich die Schwierigkeit, an welcher Stelle des Modulabfalls im Glas-Kautschuk-Übergangs die Glastemperatur zu finden ist, soll der Beginn oder die Mitte der Dispersionsstufe gewählt werden. Um die Mitte genau festzulegen muß die gesamte Stufenhöhe erkennbar sein. Die Bedeutung der Untersuchungen von Johnson et al. *[23]* liegt aber weniger in der Bestimmung der Absolutwerte als vielmehr in der relativen Änderung der Glastemperatur an den von ihnen untersuchten Poly(arylenethersulfonen). Diese Schwierigkeiten werden umgangen, wenn in dynamisch-mechanischen Experimenten der Verlustmodul in Abhängigkeit von Frequenz und Temperatur gemessen wird, wie von Fried et al. *[41]* ausgeführt. Hierbei läßt sich aus der Temperatur- und Frequenzlage des Verlustmodulmaximums im Glas-Kautschuk-Übergang die Glastemperatur sehr genau bestimmen. Cheung et al. *[40]* ermittelten $T_g = 185°C$ mit Hilfe der DSC. Gleichermaßen unterschiedliche Angaben sind bei der Glastemperatur von Poly(ethersulfon) zu finden. Eingehend untersucht wurden verschiedene Typen von Victrex® PES der ICI mit Hilfe dynamisch-mechanischer Messungen und der DSC, wobei für T_g Werte zwischen 218 *[42]* und 232°C *[43]* angegeben werden. Der Grund für diese unterschiedlichen Werte dürfte darin liegen, daß die untersuchten Typen sowohl in ihrer chemischen Struktur als auch in ihrer Zusammensetzung, in Bezug auf beigemischte Zusatzstoffe, nicht vollkommen gleich waren.

Für das Poly(ethersulfon) der BASF (Ultrason® E) wird eine Glastemperatur von 225°C *[35]*, für die Poly(phenylensulfone) der Amoco Performance Products (Radel® A und R) eine von 220°C *[44]* angegeben.

In der nachfolgenden Darstellung der Eigenschaften werden wir auf die beiden zuerst genannten Polymere, also die Poly(sulfone) und Poly(ethersulfone), näher eingehen und das Radel-A bei den Poly(ethersulfonen) in den Eigenschaftstabellen aufführen.

8.2.1 Eigenschaften von Poly(sulfonen)

Poly(sulfon), PSU, ist ein amorpher Thermoplast mit leicht bräunlicher, bernsteinartiger Eigenfarbe und im ungefüllten Zustand transparent. Für die Glastemperatur werden Werte zwischen 185 und 188°C angegeben *[40,41]*.

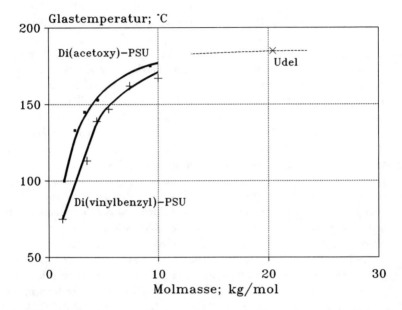

Abb.8.1: *Zusammenhang zwischen Molmasse und Glastemperatur bei oligomeren Poly(sulfonen) [46,47] und dem technischen Produkt Udel® [49]. Als Molmasse wurde der Zahlenmittelwert gewählt.*

Die Molmasse technischer Produkte liegt etwa bei M_w = 40.000 und M_n = 20.400 g/mol *[49]*. Diese Werte wurden mit Lichtstreumessungen und Osmometrie bestimmt. Die Uneinheitlichkeit M_w/M_n ergibt sich daraus zu 1,98 und aus Untersuchungen mit Hilfe der GPC zu etwa 2,3. Diese GPC-Messungen werden in der Regel an Säulen ausgeführt, die mit Poly(styrol)-Standards kalibriert wurden. Diese Messungen liefern zwar Informationen über die Breite der Verteilung, aber keine Absolutwerte der Molmassenmittelwerte von Poly(sulfon). Angaben von Molmassen aus solchen Messungen besitzen deshalb nur vergleichenden Charakter (siehe hierzu die Werte bei *[41,45]*).

Von Oligomeren mit 2 bis etwa 22 Monomereinheiten und unterschiedlichen Endgruppen wurde die Glastemperatur bestimmt *[46,47]*. In Abb.8.1 sind diese Ergebnisse dargestellt. Di(acetoxy)-PSU bezeichnet hierbei oligomere Arylensulfone mit zwei Essigsäureresten an den Kettenenden, Di(vinylbenzyl)-PSU solche mit p-Vinylbenzyl-Endgruppen. Auffallend an diesen Ergebnissen ist, daß für die Oligomere mit verschiedenartigen Endgruppen auch noch bei hohen Polykondensationsgraden in T_g ein Unterschied von annähernd 10 K gefunden wird. Vielmehr wäre zu erwarten gewesen, daß der Einfluß der unterschiedlichen Endgruppen mit zunehmender Kettenlänge verschwindet. In Hinblick auf die hier vorliegenden Endgruppen sind diese Ergebnisse nicht ohne weiteres auf technische Poly(sulfone) zu übertragen, da letztere Methoxy-Endgruppen aufweisen. Zum Vergleich ist in Abb.8.1 der Zahlenmittelwert der Molmasse von Udel® eingetragen.

Dieses technische Produkt wurde in osmometrischen, Viskositäts- und Lichtstreumessungen eingehend untersucht [49]. Ein thermodynamisch gutes Lösungsmittel ist Chloroform bei 25°C; der Exponent a in der Mark-Houwink-Sakurada Gleichung wurde für diese Kombination mit 0,72 bestimmt. Schlechte Lösungsmittel sind Dimethylformamid und Tetrahydrofuran bei 25°C. Theta-Bedingungen sind in Dimethylsulfoxid bei 105,5°C gegeben.

Tab.8.2: Koeffizienten der Mark-Houwink-Sakurada Gleichung für Poly(sulfon) [49].

Lösungsmittel	Temp.; °C	$K \cdot 10^3$; ml/g	a
Chloroform	25	24	0,72
Tetrahydrofuran	25	79	0,58
Dimethylformamid	25	103	0,55
Dimethylsulfoxid	105,5	145	0,50

$[\eta]$ in ml/g; M_w in g/mol. $[\eta] = K \, M_w^a$

Bei Raumtemperatur ist Poly(sulfon) darüberhinaus in Acetophenon, Cyclohexanon, Dioxan, Methylenchlorid, Tetrachlorethan, Chlorbenzol, Dimethylacetamid und N-Methylpyrrolidon löslich. Besonders Ketone und chlorierte Kohlenwasserstoffe wirken spannungsrißauslösend. Die hydrolytische Beständigkeit ist gut, auch nach 10.000 h Wasserlagerung wurde kein Molmassenabbau beobachtet.

Die thermische und thermooxidative Beständigkeit von Poly(sulfon) ist aufgrund der in den Molekülen gebundenen Sulfongruppe, die von zwei Phenylenringen flankiert wird, sehr gut. Durch Resonanzstabilisierung kann einwirkende Energie in diesem System verteilt und so die Kettenspaltung vermindert werden. Kommt es zum Kettenbruch, so erfolgt dieser in erster Linie an den Schwefel-Ringkohlenstoff-Bindungen. Dies führt zur Abspaltung von Schwefeldioxid, das den größten Anteil innerhalb der Spaltgase bildet.

In der Vakuumpyrolyse werden bei 450°C 56% Schwefeldioxid und 14% Methan gefunden *[52]*. Die Abspaltung von Methan erfolgt durch homolytische Spaltung der vergleichsweise schwachen C-C-Einfachbindungen zwischen den quartären und den Methyl-Kohlenstoffatom in der Isopropylidengruppe.

An Luft, wie auch unter Inertgasatmosphäre ist Poly(sulfon) bis etwa 400°C ohne Gewichtsverlust beständig *[36,11,51]*. Oberhalb 380°C erfolgt teilweise Vernetzung, die aus der Reaktion radikalischer Kettenbruchstücke resultiert. Mit steigender Temperatur überwiegt Kettenabbau, der nach zweistündiger isothermer Exposition bei 420°C zu 10% Gewichtsverlust führt. Wird dagegen mit einer konstanten Heizgeschwindigkeit von 10 K/min gemessen, so werden 10% Gewichtsverlust erst bei 500°C gefunden.

An Luft erfolgt mit steigender Temperatur sehr rasch Abbau, der bei 650°C zu nahezu vollständiger Zersetzung führt *[51]*. Oberhalb 500°C entstehen als Spaltgase neben den oben genannten noch Wasserstoff, Kohlendioxid, Schwefelwasserstoff, Benzol und geringe Anteile an Toluol.

Als Dauergebrauchstemperatur wird nach UL für elektrische Anwendungen ohne Schlagbelastung 160°C angegeben. Die Wärmeformbeständigkeit (HDT-ISO 75A) liegt zwischen 164 und 174°C für die unverstärkten Typen. Durch zweistündiges Tempern bei 160°C kann die Wärmeformbeständigkeit von Spritzgußproben, die mit Werkzeug-temperaturen von 60°C hergestellt wurden und eine Formbeständigkeitstemperatur von 167°C zeigten, bis 179°C erhöht werden *[40]*. Glasfaserverstärkte Typen besitzen Formbeständigkeitstemperaturen bis 185°C.

Die Beständigkeit gegenüber Röntgen-, Beta- und Gammastrahlen ist gut. Das Zug-Dehnungsverhalten von bestrahltem Poly(sulfon) wurde von T. Sasuga et al. *[55]* untersucht, mit dem Ergebnis, daß die Reißdehnung von Proben, die mit einer Energie-dosis von 3 MGy bestrahlt wurden, von 135% beim unbehandelten Material auf 15% absinkt. Die Streckspannung wird nur geringfügig beeinflußt. An Poly(ethersulfon), Victres PES, ist der schädigende Einfluß energiereicher Strahlung wesentlich stärker; schon eine Energiedosis von 1,64 MGy führt zu Reißdehnungen von nur noch 5%. Die Bestrahlung mit einer Energiedosis von 5 MGy führt bei Poly(sulfon) zu einer Ver-schiebung des Tieftemperatur-Dämpfungsmaximums von -110 nach etwa -90°C *[54]*. Die Glastemperatur verschiebt sich dabei nur wenig zu tieferen Temperaturen. Hohe Dosen führen zu Kettenbruch an der Sulfon-Ringkohlenstoff-Bindung *[53,54,55]*.

Von Nachteil ist allerdings die geringe Beständigkeit des Poly(sulfons) gegenüber ultravioletter Strahlung. Unter ihrem Einfluß vergilben nichteingefärbte Formteile und verspröden. Der Abbau erfolgt hierbei durch Spaltung der Phenylen-Sauerstoffbin-dungen. Durch Zusatz von Ruß, durch Lackieren oder Metallisieren läßt sich der Abbau zurückdrängen.

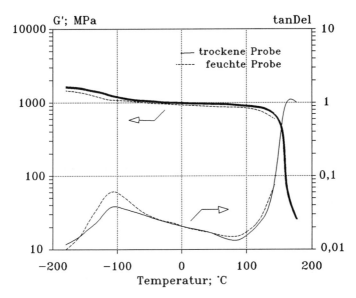

Abb.8.2: Temperaturabhängigkeit von Schermodul (G´) und mechanischer Dämpfung (TanDel) bei etwa 1 Hz für Poly(sulfon) Udel® P1700 [44].

In Abb.8.2 ist die Temperaturabhängigkeit von Schermodul (G') und mechanischer Dämpfung (tanDel) von Poly(sulfon) wiedergegeben [44]. Aus der Lage des Dämpfungsmaximums im Glas-Kautschuk-Übergang ergibt sich hierbei eine Glastemperatur von 184°C. Bei -100° zeigt sich ein deutlich ausgeprägtes Dämpfungsmaximum, das mit der auch bei tiefen Temperaturen hohen Schlagzähigkeit in Beziehung steht. Als molekulare Bewegungsmechanismen, die diesem Relaxationsprozeß zugrunde liegen, werden Drehbewegungen der verschiedenen Phenylenringe, sowie der Methylgruppen in der Isopropylideneinheit diskutiert [41]. Die Energiebarriere dieser Drehbewegungen wurde aus quanten- und molekularmechanischen Rechnungen mit 42 kJ/mol berechnet. Diese Tieftemperatur-Relaxation wird durch Feuchtigkeit beeinflußt, mit steigendem Feuchtegehalt steigt die Dämpfung hierbei an. Auch andere mechanische Eigenschaften werden durch aufgenommenes Wasser, das in geringem Maße als Weichmacher wirkt [51], beeinflußt. Bei erhöhten Temperaturen (kochendes Wasser oder Dampf) kann es an spritzgegossenen Formteilen unter Zugbelastung zur Ausbildung von Spannungsrissen kommen.

Die mechanischen Eigenschaften von zwei verschiedenen, unverstärkten Poly(sulfone), dem Udel® P1700 *[44]* und dem Ultason® S2010 *[35]*, sowie von einem mit 30% glasfaserverstärkten Typ (S2010G6) sind in Tab.8.3 wiedergegeben.

Tab.8.3: *Thermische und mechanische Eigenschaftswerte von Poly(sulfonen)*

	Einheit	Udel®	Ultason®	Ultason® 30% GF
Dichte	g/cm³	1,24	1,24	1,49
Wasseraufnahme, 23°C 50% rel.F. % 23°C Sättigung %		0,62	0,2 0,8	0,1 0,5
Glastemperatur	°C	185	187	
Formbeständigkeitstemp. HDT/A 1,8 MPa	°C	174	176	185
Längenausdehnungskoeffizient	10⁻⁶/K	56	55	20
Brennbarkeit UL94	Brandklasse	V-2 (V-0)	V-2 (V-0)	V-0
Sauerstoffindex LOI	%	30	30	35
Reißfestigkeit Reißdehnung	MPa %	75	40-70	125 1,8
Streckspannung Streckdehnung	MPa %	70,3 5-6	80 5,7	
Zug-E-Modul	GPa	2,48	2,7	9,9
Biegefestigkeit Biege-E-Modul	MPa GPa	2,69		
Schlagzähigkeit, Izod ISO180 Izod ASTM D 256	kJ/m² J/m	kein Br.	kein Br.	24
Kerbschlagzähigkeit, Izod ISO180 Izod ASTM D 256	kJ/m² J/m	69	5 70	7 69

Poly(sulfon) ist ein hartes Material mit hoher Reißdehnung und hoher Schlagzähigkeit bis hin zu tiefen Temperaturen (-100°C). Von Nachteil ist seine Kerbempfindlichkeit. Dies muß bei der Konstruktion von Teilen berücksichtigt und hierbei alle scharfkantigen Übergänge und Durchbrüche vermieden werden. Nur bei Teilen, die mit ausreichenden

Rundungen gestaltet wurden, läßt sich die hohe Zähigkeit von Poly(sulfon) optimal ausnutzen.

Die Kerbschlagzähigkeit (Izod-ISO180) von unverstärktem Poly(sulfon) ist unabhängig von der Temperatur und liegt im Temperaturbereich zwischen -50 und + 150°C bei etwa 5 kJ/m². In diesem Temperaturgebiet fällt die Zugfestigkeit von etwa 90 MPa (-50°C) nahezu linear ab auf etwa 40 MPa bei + 150°C. Der Zug-E-Modul sinkt hierbei von 3,2 auf 2,5 GPa ab.

Formteile aus Poly(sulfon) zeigen, wie solche aus anderen Poly(arylenethersulfonen) auch, nur eine geringe Kriechneigung. In Abb.8.3 sind die Kriechkurven von Ultrason® (Typ S2010) bei Spannungen zwischen 10 und 70 MPa wiedergegeben [63].

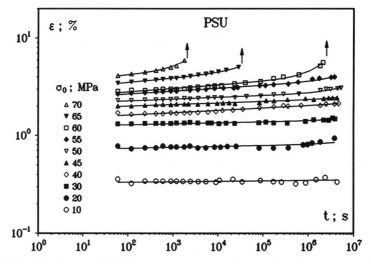

Abb.8.3: Kriechkurven (Zeitdehnlinien) von unverstärktem Poly(sulfon), gemessen bei Raumtemperatur an unbehandelten Proben [63].

Die 1-Minuten-Dehnungen liegen zwischen 0,3 % (10 MPa) und 4,2 % (70 MPa), die Restdehnungen nach 1000 h zwischen 0,3 % (10 MPa) und 3 % (50 MPa). Höhere Spannungen (60, 65, 70 MPa) führen vor Ablauf von 1000 h zum Bruch, bei Bruchdehnungen von etwa 6%. In diesem Zeitstand-Zugversuch zeigten die Proben nach etwa 270 h Crazes.

Die Kriechneigung verringert sich bei Proben, die einer Wärmelagerung unterworfen werden. Die Kriechkurven von drei Proben, die 3 Tage lang bei 137°C an Luft gelagert und anschließend bei Raumtemperatur untersucht wurden, sind in Abb.8.4 wiedergegeben. Zum Vergleich sind die Kriechkurven der unbehandelten Proben bei den entsprechenden Zugspannungen eingetragen.

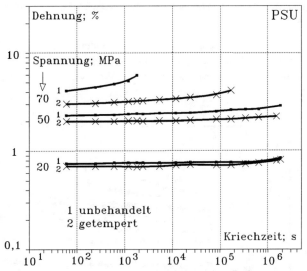

Abb.8.4: *Kriechkurven von getemperten und unbehandelten Proben aus unverstärktem Poly(sulfon) (Daten nach [63]).*

Durch diese Wärmelagerung verfestigt sich das Material, die Dehnungen sind geringer und die Zeit bis zum Bruch vergrößert sich, beispielsweise wie hier gezeigt unter der Spannung von 70 MPa um 2 Dekaden. Auch bei diesen Proben zeigen sich Crazes und zwar nach 500 h.

In Abb.8.5 sind die Kriechmoduli (aus den entsprechenden isochronen Spannungs-Dehnungs- Linien bei 10 MPa berechnet) für die unbehandelten und die getemperten Poly(sulfon)-Proben den Kriechmoduli von Bisphenol-A-Poly(carbonat) (BPA-PC) gegenübergestellt. Auch dieses Material wurde einmal im unbehandelten und zum anderen im getemperten Zustand (3 Tage bei 90°C an Luft) untersucht [64].

Bei unbehandeltem PSU ist der Kriechmodul nach 1000 h um 8 % gegenüber dem Wert bei 1 Minute abgesunken. Durch die Wärmelagerung wird der Modul erhöht (im Kurzzeitbereich um 10%) und auch nach 1000 h ist er bei dieser getemperten Probe erst auf den Wert abgesunken, den die unbehandelte Probe bei 1 Minute zeigt.

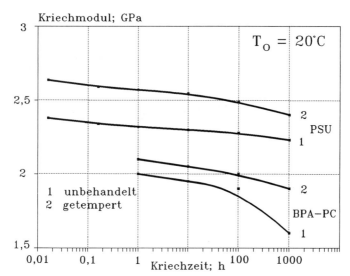

Abb.8.5: *Kriechmoduli von unbehandeltem und getempertem Poly(sulfon) im Vergleich zu entsprechend behandeltem Bisphenol-A-Poly(carbonat); siehe Text.*

Auch bei erhöhter Temperatur ist die Kriechneigung von PSU gering. Bei 100°C ergeben sich auch nach 1000 h unter einer angelegten Zugspannung von 20 MPa Dehnungen von 1,5 - 1,6 %, bei 140°C unter entsprechenden Bedingungen 4,2%. Glasfasergefülltes PSU (20% GF) zeigt unter diesen Bedingungen bei 100°C 1,6 % und bei 140°C 3,2 % Dehnung.

Die Temperaturabhängigkeit des Kriechmoduls, gemessen in Luft als Umgebungsmedium, ist in Abb.8.6 dargestellt *[44]*. Bei der Lagerung in Wasser bzw. Heißdampf nimmt der Kriechmodul im Laufe der Beanspruchungsdauer sehr viel schneller ab als bei Lagerung in Luft. Von anfänglich 2,4 GPa bei 1 Stunde fällt der Modul nach 1000 h auf 1,5 GPa. Bei 115 °C beträgt der 1-Stunden-Wert 0,69 GPa, der nach 1000 h 0,34 GPa *[44]*.

Die dielektrischen Eigenschaften von Poly(sulfon) sind bis 150°C nahezu unabhängig von der Temperatur. Mit Werten von 3 bzw. 10^{-3} liegen Dielektrizitätszahl bzw. dielektrischer Verlustfaktor für ein polares Polymer vergleichsweise niedrig. Mit steigender Frequenz, von 10^2 bis 10^7 Hz, wächst der dielektrische Verlustfaktor um eine Dekade auf etwa 0,008 an. Mit weiter steigender Frequenz fällt er wieder ab und erreicht bei etwa 1 GHz den Wert 0,004. Die Dielektrizitätszahl ist bis zu 1 GHz konstant.

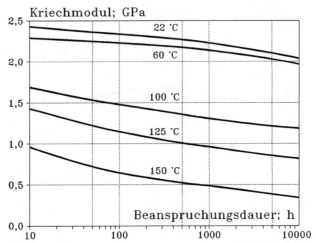

Abb.8.6: *Kriechmodul von unverstärktem PSU unter einer Zugspannung von 7 MPa an Luft für verschiedene Temperaturen (Daten nach [44]).*

Tab.8.4: *Elektrische Eigenschaften von Poly(sulfon) [35,44]*

		Einheit	Udel® P1700	Ultrason® S2010	Ultrason® S 30 % GF
Dielektrizitätszahl	50 Hz			3,2	3,7
	60 Hz		3,0		
	1 MHz		3,1	3,2	3,7
Dielektrischer Verlustfaktor	50 Hz			0,0008	0,001
	60 Hz		0,001		
	1 MHz		0,005	0,0055	0,006
spez. Oberflächenwiderstand		Ω		$> 10^{14}$	$> 10^{14}$
spez. Durchgangswiderstand		Ωcm	$> 10^{16}$	$> 10^{16}$	$> 10^{16}$
Durchschlagfestigkeit		kV/mm	16,7	31	31

8.2.2 Eigenschaften von Poly(ethersulfonen)

Das amorphe Poly(ethersulfon), PES, ist im ungefärbten und ungefüllten Zustand transparent mit gelb-bräunlicher Eigenfarbe, im gefüllten Zustand opak. Formteile aus PES sind bei Temperaturen unterhalb der Glastemperatur von 218-232°C fest, steif und zäh.

Die Unterschiede bei den in der Literatur für Poly(ethersulfon) angegebenen Glastemperaturen lassen sich mit Unterschieden in der mittleren Molmasse, aber auch mit Unterschieden im chemischen Aufbau der untersuchten Proben erklären. Attwood et al. [56] haben die Glastemperaturen an Laborproben bestimmt, die sich in der reduzierten Viskosität von 1%igen Lösungen in Dimethylformamid deutlich unterscheiden. Der dabei gemessene Zusammenhang zwischen Lösungsviskosität und Glastemperatur ist in Abb. 8.7 wiedergegeben.

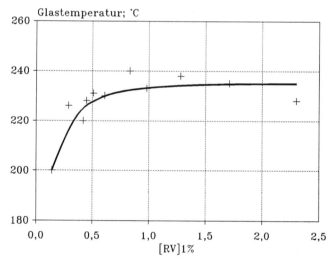

Abb.8.7: *Zusammenhang zwischen Glastemperatur und reduzierter Viskosität* $[RV]^{1\%}$ *von Poly(ethersulfon), Daten nach [56].*

Die aus DSC-Messungen ermittelten Werte für Tg schwanken im Bereich zwischen 228 und 240°C. Gelpermeationschromatographische Untersuchungen dieser Proben ergaben bimodale Molmassenverteilungen, die mit Verzweigungen erklärt werden [57]. Eine Umrechnung der reduzierten Viskosität in Molmassenmittelwerte gelingt mit den in

dieser Publikation enthaltenen Daten nicht, obschon eine Beziehung zwischen reduzierter Viskosität und Grenzviskosität angegeben wird *[57]*. Benutzt man diese Beziehung und versucht für eine Probe, die von Attwood et al. auch in der Lichtstreuung
vermessen wurde, eine Berechnung des Massenmittelwertes mit Hilfe der unten angegebenen Mark-Houwink-Sakurata-Gleichung *[50]*, so erhält man einen deutlich
niedrigeren Wert für M_w als den, den die Autoren mit der Lichtstreuung bestimmten.

Andere Autoren geben als Glastemperaturen 220 *[38]* bzw. 230°C *[39]* an. Für die
verschiedenen technischen PES-Typen, die am Markt erhältlich sind, wurden Glastemperaturen zwischen 218 *[42]* und 232°C *[43]* gemessen. Die Glastemperatur des Poly-
(ethersulfons) der BASF wurde mit 230°C *[7]* bestimmt. Für die Unterschiede bei
diesen technischen PES-Typen sind in erster Linie Abweichungen in der chemischen
Struktur verantwortlich. Durch den Einsatz unterschiedlicher Mengen verschiedenartiger
Comonomere bei der Herstellung läßt sich die Glastemperatur der technischen Produkte
variieren. So erniedrigt die Zugabe von Hydrochinon die Glastemperatur, während
Biphenylen- und Naphthylenderivate sie erhöhen. Vernetzungen und sterische Irregularitäten, wie ortho- und meta-Substitution beeinflußen ebenfalls die Glastemperatur.

Für erschiedene Victrex® PES-Typen werden mittlere Molmassen M_n zwischen 18.000
und 22.000 g/mol sowie M_w zwischen 47.000 und 88.000 g/mol bestimmt. An reinen
Poly(ethersulfon)-Laborproben wurden mit Hilfe von Viskosimetrie und Lichtstreuung
die Parameter der Mark-Houwink-Sakurata-Gleichung in N,N-Dimethylformamid bei
25°C ermittelt *[50]*:

$$[\eta]\ (ml/g) = 0,033\ M_w^{0,64} \qquad M_w\ in\ g/mol$$

Weitere Lösungsmittel für Poly(ethersulfon) sind Dimethylsulfoxid, Sulfolan, Nitrobenzol, Dimethylacetamid, Anilin, Pyridin, Dichlormethan und Chloroform. Benzin und
die meisten Motorenöle greifen PES nicht an. Ketone, Ester und Dichlormethan wirken
spannungsrißauslösend. Glasfasergefüllte Typen zeigen verringerte Spannungsrißbildung.
Die hydrolytische Stabilität ist sehr gut. Formteile zeigen nach Lagerung in überhitztem
Wasser und Dampf bis 140°C keine nachteiligen Veränderungen. Konzentrierte Schwefelsäure löst und zersetzt PES, nichtoxidierende Säuren, Eisessig und Alkalilaugen
greifen es bei Raumtemperatur nicht an.

Die Beständigkeit gegenüber energiereicher Strahlung ist ebenfalls im Vergleich zu
anderen Thermoplasten sehr gut. Bestrahlungsdosen über 1,5-2 MGy führen zu einer
deutlichen Abnahme der Reißdehnung *[55]*, Poly(ethersulfon) zeigt sich damit weniger
beständig als Poly(sulfon). Unter der Einwirkung solcher Strahlung vernetzt Poly(ethersulfon) anfänglich, was die gute Beständigkeit erklärt, und zersetzt sich daraufhin unter
Kettenspaltung der Schwefel-Kohlenstoff- und Sauerstoff-Kohlenstoff-Bindungen *[58]*.
Auch die Reduktion der Sulfongruppe zum Sulfid wird als möglicher Mechanismus bei
der Strahleneinwirkung auf PES diskutiert *[59]*.

Im gleichen Maße wie Poly(sulfon) ist Poly(ethersulfon) empfindlich gegenüber UV-Strahlung, was die Außenanwendung von PES, auch im stabilisierten Zustand, stark einschränkt.

Die thermische und thermooxidative Beständigkeit von Poly(ethersulfon) ist sehr gut und aufgrund des Fehlens aliphatischer Gruppen in der Grundeinheit zeigt es im Vergleich zu Poly(sulfon) erhöhte thermooxidative Stabilität. In der TGA wird unter Stickstoff bis 440°C (Heizgeschwindigkeit 10 K/min) ein Gewichtsverlust von 0,2% gemessen *[43]*. Erst oberhalb 500°C tritt hierbei Abbau ein. Auch an Luft zeigt sich in der TGA erst oberhalb 500°C ein deutlicher Masseverlust (bei 530°C sind etwa 10% erreicht), der mit steigender Temperatur rasch zunimmt. Ein 10%iger Masseverlust tritt nach 2-stündiger isothermer Lagerung bereits bei 450°C auf *[34]*.

Bei etwa 700°C ist vollkommene Zersetzung erreicht *[38]*. Als wesentliche Spaltgase beim oxidativen Abbau werden oberhalb 500°C Schwefeldioxid und verschiedene aromatische Verbindungen, wie Biphenyl, Benzol etc., gefunden.

Als obere Temperaturgrenze für Langzeitanwendungen wird 180°C angegeben (UL-746) *[35,44]*. Nach 20-jähriger Lagerung bei dieser Temperatur soll die Zugfestigkeit von PES noch 50% des Wertes bei Raumtemperatur betragen *[60]*.

Die Temperaturabhängigkeit des Schermoduls (G'(1Hz)) und der mechanischen Dämpfung (tanDel(1Hz)) eines ungefüllten Poly(ethersulfons) *[62]* und eines mit 30% Glasfaser gefüllten Types *[61]* sind in Abb. 8.8 wiedergegeben. Die Temperaturabhängigkeit des Moduls zeigt den bei amorphen Thermoplasten typischen Verlauf; die Abnahme des Moduls mit steigender Temperatur ist bis zu Glas-Kautschuk-Übergang gering. Der Modul liegt im Temperaturgebiet von 0 bis 200°C bei bzw. wenig unterhalb 1 GPa, bei 217°C beträgt sein Wert 0,8 GPa. Die Glastemperatur, aus dem Maximum der Dämpfung bestimmt, ergibt sich in dieser Messung bei dem mit Glasfaser gefülltem Typ zu 230°C. Aus dieser Darstellung wird auch deutlich, daß die Verstärkung mit 30% Glasfaser zu einer Erhöhung des Moduls um weniger als den Faktor 2 führt, die Glastemperatur aber nicht beeinflußt wird. Durch das Füllen mit Glasfasern wird, wie bei anderen amorphen Thermoplasten auch, die Wärmestandfestigkeit, wenn überhaupt, nur geringfügig erhöht.

Auch Poly(ethersulfon) zeigt, wie die meisten anderen Phenylringe enthaltenden Thermoplaste, bei -100°C (1Hz) ein hohes Dämpfungsmaximum. Ein vergleichbar hohes Dämpfungsmaximum bei dieser Temperatur besitzt nur noch das Bisphenol-A-Poly(carbonat). Der Unterschied im chemischen Aufbau zwischen diesem BPA-PC und PES besteht darin, daß PES in der Grundeinheit jeweils zwischen zwei Phenylenringen einmal die Sulfongruppe und zum anderen einen Ether-Sauerstoff anstelle der Carbonat-

und der Isopropylidengruppe des PC besitzt. Bei Poly(carbonat) werden als die dieses Dämpfungsmaximum bestimmenden molekulare Prozesse Rotationsbewegungen um die C-O-Bindungen in der Carbonatgruppe angesehen. Vergleichbare Rotationsbewegungen sind bei PES an den Ether-Sauerstoffen möglich, die zu Umlagerungen mehrerer Grundeinheiten, ähnlich den Crankshaft-Bewegungen bei Poly(ethylen), führen. Diese Drehbewegungen bzw. Umlagerungen sind wohl auch die Ursache der hohen Zähigkeit des PES bei höheren Temperaturen.

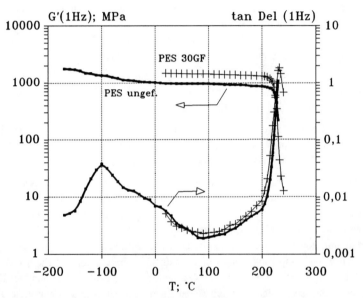

Abb.8.8: *Temperaturabhängigkeit von Schermodul (G') und mechanischer Dämpfung (TanDel) bei 1 Hz für ein ungefülltes und ein mit 30% Glasfaser gefülltes Poly(ethersulfon) [61,62].*

Typische mechanische und thermische Eigenschaftswerte eines ungefüllten und eines mit 30% Glasfaser gefüllten Poly(ethersulfon)-Types sind in Tab.8.5 aufgeführt [7,35]. Zum Vergleich sind in dieser Tabelle die entsprechenden Werte für ein ungefülltes "Poly(aryl-sulfon)" vom Typ Radel® A-200 der Amoco Performance Products wiedergegeben [8].

Durch das Füllen mit Glasfasern steigen die Steifigkeit und die Zugfestigkeit an, die Bruchdehnung nimmt ab und die Wärmeformbeständigkeitstemperatur (HDT/A) wird nur geringfügig erhöht.

Tab.8.5: Thermische und mechanische Eigenschaftswerte von Poly(ethersulfonen)

	Einheit	Ultrason E 2010	Ultrason E 30% GF	Radel A-200
Dichte	g/cm³	1,37	1,60	1,37
Wasseraufnahme, 23°C 50% rel.F. % 23°C Sättigung %	% %	0,7 2,1	0,5 1,5	0,4 1,85
Glastemperatur	°C	230		215
Formbeständigkeitstemp. HDT/A 1,8 MPa	°C	195	215	204
Längenausdehnungskoeffizient	10^{-6}/K	55	21	49
Brennbarkeit UL94	Brandklasse	V-0	V-0	V-0
Sauerstoffindex LOI	%	41	45	33
Reißfestigkeit Reißdehnung	MPa %	 15-40	152 2,1	 40
Streckspannung Streckdehnung	MPa %	90 6,7		82,7 6,5
Zug-E-Modul	GPa	2,9	10,6	2,66
Biegefestigkeit Biege-E-Modul	MPa GPa			110 2,75
Schlagzähigkeit, Izod ISO180 kJ/m² Izod ASTM D 256 J/m		o.B.	26-30	355 n.ASTM D1822
Kerbschlagzähigkeit, Izod ISO180 kJ/m² Izod ASTM D 256 J/m		7 84	8 83	 85

Die Schlagzähigkeit ist hoch, ungekerbte Proben aus reinem PES brechen bei Raumtemperatur nicht. Gekerbte Proben, Poly(ethersulfon) ist, wie auch Poly(sulfon), kerbempfindlich, zeigen in Abhängigkeit vom Kerbradius, Feuchtegehalt und auch der Molmasse Werte von 76 bis 120 J/m (n. Izod ASTM D256, ICI-Angaben für Victrex® PES). Für die Ultrason® E-Typen finden sich Werte von 7-8 kJ/m² (ISO 180) [35], bzw. 84 J/m (n. ASTM D256) [7]. Die Abhängigkeit der Schlagzähigkeit (n. Charpy) bei reinem PES vom Kerbradius ist ähnlich der von trockenem Poly(amid)-66 [60], sie nimmt mit wachsendem Kerbradius sehr rasch zu (5 kJ/m² bei 0,25 mm bis 40 kJ/m² bei 2 mm).

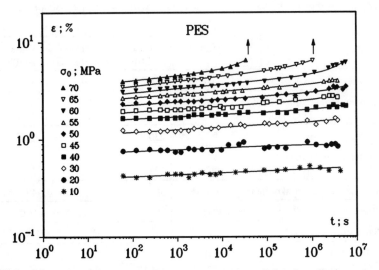

Abb.8.9: *Kriechkurven (Zeitdehnlinien) von unverstärktem Poly(ethersulfon), gemessen bei Raumtemperatur an unbehandelten Proben (Daten nach [63]).*

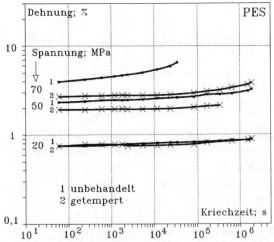

Abb.8.10: *Kriechkurven von getemperten (3 Tage bei 180°C) Proben aus unverstärktem Poly(ethersulfon) (Daten nach [63]).*

Die Kriechneigung von Poly(ethersulfon) ist noch geringer als die von Poly(sulfon). In Abb.8.9 sind die Kriechkurven von Ultrason®E2010 bei Spannungen zwischen 10 und 70 MPa wiedergegeben [63]. Die 1-Minuten-Dehnungen liegen zwischen 0,4 % (10 MPa) und 4 % (70 MPa), die Restdehnungen nach 1000 h zwischen 0,4% (10 MPa) und 6 % (60 MPa). Höhere Spannungen (65 und 70 MPa) führen vor Ablauf von 1000 h zum Bruch, bei Bruchdehnungen von etwa 7 %. Auch hier, wie bei Poly(sulfon), zeigten die Proben nach etwa 270 h Crazes.

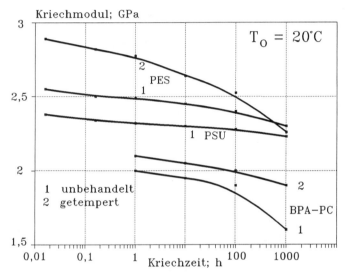

Abb.8.11: *Kriechmoduli von unbehandeltem und getempertem Poly(ethersulfon) im Vergleich zu Poly(sulfon) und Bisphenol-A-Poly(carbonat) (Daten nach [63,64]).*

Ebenso, wie bei Poly(sulfon), verringert sich die Kriechneigung von Poly(ethersulfon) bei Proben, die einer Wärmelagerung unterworfen werden. Die Kriechkurven von 3 Proben, die 3 Tage lang bei 180°C an Luft gelagert und anschließend bei Raumtemperatur untersucht wurden, sind in Abb.8.10 wiedergegeben. Zum Vergleich sind hierbei die Kriechkurven der unbehandelten Proben bei den entsprechenden Zugspannungen eingetragen. Durch diese Wärmelagerung verfestigt sich das Material, die Dehnungen nehmen ab und die Belastungszeit bis zum Bruch vergrößert sich. So bricht unter diesen Bedingungen die getemperte Probe unter der Zugspannung von 70 MPa auch nach 2000 h nicht mehr. Auch bei diesen Proben zeigten sich Crazes. In Abb.8.11 sind die Kriech-moduli für die unbehandelten und getemperten Poly(ethersulfon)-Proben über der Belastungszeit dargestellt. Zum Vergleich sind die Moduli von unbehandeltem Poly(sul-fon) und unbehandeltem sowie getempertem (3 Tage bei 90°C an Luft) Bisphenol-A-

Poly(carbonat) eingetragen *[64]*. Aus dieser Darstellung wird ersichtlich, daß durch die Wärmelagerung im Bereich kurzer Belastungszeiten eine deutliche Verfestigung eintritt, der Modul aber schneller abfällt als bei unbehandeltem Poly(ethersulfon) und dessen Wert bei etwa 700 h erreicht. Auch bei hohen Temperaturen verbessern sich die Festigkeitseigenschaften durch Tempern. So führt eine Wärmelagerung über 8 Stunden bei 200°C dazu, daß der Kriechmodul bei 150°C denselben Wert erreicht, wie bei Raumtemperatur ohne Tempern *[60]*.

Die Temperaturabhängigkeit der Festigkeitseigenschaften ergibt sich aus den in Abb.8.12 dargestellten isochronen Spannungs-Dehnungskurven (1000 h-Werte) für unverstärktes und mit 20% Glasfaser gefülltes Poly(ethersulfon) *[35]*.

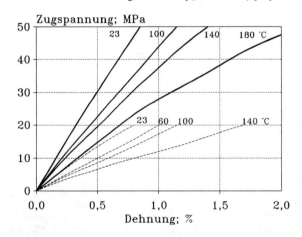

Abb.8.12: *Isochrone Spannungs-Dehnungskurven (1000 h-Werte) von unverstärktem (gestrichelt) und mit 20% Glasfaser verstärktem Poly(ethersulfon) (durchgezogene Linie) [35].*

Typische elektrische Eigenschaftswerte sind in Tab.8.6 zusammengefaßt. Die Temperaturabhängigkeit der dielektrischen Größen ist bis zur Glastemperatur gering. Die Dielektrizitätszahl ist im Temperaturbereich von -200°C bis zu T_g konstant. Sie nimmt mit steigender Frequenz leicht ab.

Der Verlustfaktor zeigt bei 10^7 Hz ein Maximum mit einem Wert von 0,02. In Abhängigkeit von der Temperatur wird bei -50°C ein Maximum mit Werten um 0,006 gemessen.

Poly(ethersulfon) ist schwer entflammbar, auch ohne Flammschutzmittel, selbstverlöschend und entwickelt im Brandfalle nur mäßig Rauch (Qualmentwicklungsgrad Q3).

Tab.8.6: Elektrische Eigenschaften von Poly(ethersulfon) [7,35,44]

	Einheit	Ultrason E2010	Ultrason E 30% GF	Radel A-200
Dielektrizitätszahl 50 Hz 60 Hz 1 MHz		3,6 3,5 3,5	4,2 3,9 3,9 - 4,1	 3,51 3,54
Dielektrischer Verlustfaktor 50 Hz 60 Hz 1 MHz		0,0017 0,011	0,002 0,01	 0,0017 0,0056
spez. Oberflächenwiderstand	Ω	$> 10^{14}$	$> 10^{14}$	$> 10^{14}$
spez. Durchgangswiderstand	Ωcm	$> 10^{16}$	$> 10^{16}$	$> 10^{16}$
Durchschlagfestigkeit	kV/mm	63	62	15,1 ASTM D149

8.3 Verarbeitung und Anwendungen

Sowohl unverstärkte als auch mit Glasfaser verstärkte und gefüllte Poly(sulfon)-Typen lassen sich nach allen für Thermoplaste üblichen Verfahren verarbeiten. Hauptsächlich angewandt wird die Spritzgußverarbeitung bei Massetemperaturen von 350-400°C und Werkzeugtemperaturen bis 150°C. Eine Trocknung des zur Verarbeitung eingesetzten Granulates (5 h bei 120°C oder 4 h bei 135°C) empfielt sich, um die Blasenbildung bzw. Streifen an der Oberfläche zu verhindern. Poly(sulfon) läßt sich aufgrund seiner thermischen Beständigkeit unproblematisch wiederaufarbeiten. Die mechanischen Eigenschaften werden durch Mehrfachverarbeitung nicht verschlechtert. Lediglich eine Verfärbung nach Dunkelbraun ist bei mehr als vierfacher Wiederaufarbeitung zu beobachten.

Poly(sulfon) ist charakterisiert durch seine Formbeständigkeitstemperatur bis 174°C, die guten elektrischen Eigenschaften bis in den Gigahertz-Bereich, Durchlässigkeit für Mikrowellen, gute chemische Beständigkeit und vor allem die hohe hydrolytische Stabilität. Dabei ist es ohne Zusatzstoffe schwer entflammbar, besitzt gute mechanische Eigenschaften und läßt sich unproblematisch verarbeiten. Von Nachteil sind die geringe UV-Stabilität und die Spannungsrißanfälligkeit gegenüber polaren, organischen Lösemitteln. Hauptsächliche Anwendungsgebiete für Poly(sulfon) liegen in der Elektrotechnik und Elektronik (Spulenkörper, Steckverbinder, Lampensockel, Sichtscheiben für

Signalleuchten und Schalttafeln), im Apparate- , Fahrzeug- und Flugzeugbaubau (ölbe-
rührende Teile, in Wärmetauschern, Füllkörper für Destillationskolonnen, Dichtungen,
Nadellagerkäfige, Teile der Flugzeuginnenausstattung), der Medizintechnik und im
Haushaltsgerätebau (Mikrowellengeschirr, Herdteile).

Poly(ethersulfon) läßt sich ebenfalls nach allen gängigen Verfahren für Thermoplaste
auf herkömmlichen Maschinen verarbeiten. Vor der eigentlichen Verarbeitung empfehlen die Hersteller das Granulat über 4 Stunden bei mindestens 130°C vorzutrocknen. Bei
der Spritzgußverarbeitung sollte die Zylindertemperatur zwischen 340 und 390°C, die
Werkzeugtemperatur zwischen 140 und 190°C gewählt werden. Bei Werkzeugtemperaturen unter 140°C ergeben sich Formteile mit hohen Eigenspannungen.

Die Wiederaufarbeitung von Poly(ethersulfon) ist sehr gut möglich. Untersuchungen des
mechanischen Verhaltens von PES-Teilen mit verschiedenen Mengen an Mahlgut
wurden mit dem Ergebnis durchgeführt, daß sich Teile von unverstärktem PES aus
100% Mahlgut in Hinblick auf Festigkeit und Zähigkeit nicht von Teilen aus jung-
fräulichem PES unterscheiden [65]. Bei der Wiederaufarbeitung von Glasfaser verstärktem Material macht sich in erster Linie die Faserverkürzung bemerkbar, Kerbschlagzähigkeit und Streckdehnung nehmen dadurch zu, die Streckspannung sinkt ab.

Halbzeug aus Poly(ethersulfon) kann durch Schneiden, besser aber Sägen, weiterbear-
beitet werden. Drehen, Fräsen und Bohren sind gut geeignet, wobei als Kühlmittel
Wasser eingesetzt werden sollte, da Emulsionen zur Spannungsrißbildung führen
können. Übliche Thermoplast-Schweißverfahren sind anwendbar, außer HF-Schweißen.
Zum Kleben können Lösungsmittel, wie N-Methylpyrrolidon, Dimethylformamid und
Dichlormethan, verwendet werden. Beim Lösungsmittelkleben ist allerdings darauf zu
achten, daß das eingesetzte Lösungsmittel nicht zu Spannungsrissen führt. Als Klebstoffsysteme kommen Epoxydharze, Poly(urethane), Phenolharze und Silikonharze zur
Anwendung. Zum Lackieren müssen spezielle 2-Komponenten-Lacksysteme verwendet
werden. Metallisieren und Laserbeschriften ist möglich.

Bei der Anwendung von Poly(ethersulfon) ist in erster Linie seine hohe Wärmeformbeständigkeit bei langdauernder Belastung bis 180°C (Temperaturindex nach UL 746), bei
kurzzeitigem Einsatz bis 220° bzw. 280°C (bei speziellen Lötverfahren ohne Belastung)
die gesuchte Eigenschaft. Gute elektrische Eigenschaften, Flammwidrigkeit und Chemikalienbeständigkeit kommen daneben bei Anwendungen in der Elektro- und Elektronik-
industrie, im Apparate-, Fahrzeug- und Flugzeugbau sowie in der Medizintechnik zum
Tragen. Im Haushaltsbereich werden Teile für Mikrowellengeschirr aus PES eingesetzt.

Literatur

[1]   D.G.H. Ballard, A. Courtis, I.M. Shirley, S.C. Taylor, *Macromolecules* **21**, 294 (1988).

[2]   J.F. Bunnett, R.E. Zahler, *Chem. Rev.* **49**, 273 (1951).

[3]   M.E. Sauers, L.A. McKenna, C.N. Merriam:"Polysulfone - Early Market Development Activities" in R.B. Seymour, G.S. Kirshenbaum [Hrsg.]: High Performance Polymers: Their Origin and Development, S. 159, Elsevier Science Publ., New York 1986.

[4]   J.B. Rose:"Discovery and Development of the "Victrex" Polyarylenethersulfones" in R.B. Seymour, G.S. Kirshenbaum, siehe [3], S. 169.

[5]   H.-G. Elias, F. Vohwinkel: Neue polymere Werkstoffe für die industrielle Anwendung, 2. Folge, Hanser Verlag, München 1983.

[6]   L.M. Robeson:"Poly(phenyl sulfone)" in I.I. Rubin [Hrsg.]: Handbook of Plastic Materials and Technology, S. 385, J. Wiley & Sons, New York 1990.

[7]   G. Blinne, M. Knoll, D. Müller, K. Schlichting, *Kunststoffe* **75**, 29 (1985).

[8]   L.M. Robeson, B.L. Dickinson:"Poly(aryl sulfone)" in I.I. Rubin, siehe [6], S. 205.

[9]   G. Blinne:"Aromatische Poly(sulfone)" in H. Bartl, J. Falbe [Hrsg.]: Houben-Weyl: Methoden der organischen Chemie, Band 20 E, Makromolekulare Stoffe, S. 1475, Thieme Verlag, Stuttgart 1987.

[10] F. Parodi:"Polysulfones" in G. Allen, J.C. Bevington [Hrsg.]: Comprehensive Polymer Science, Band 5, S. 561, Pergamon Press, Oxford 1989.

[11] J.P. Critchley, G.J. Knight, W.W. Wright: Heat Resistant Polymers, Plenum Press, New York 1983.

[12] M.E.A. Cudby, R.G. Feasey, B.E. Jennings, M.E.B. Jones, J.B. Rose, *Polymer* **6**, 589 (1965).

[13] S.M. Cohen, R.H. Young, *J. Polym. Sci. Polym. Chem. Ed.* **4**, 722 (1966).

[14] J.B. Rose, *Chem. Ind. (London)* **1968**, 461.

[15] B.E. Jennings, M.E.B. Jones, J.B. Rose, *J. Polym. Sci.* **C-16**, 715 (1967).

[16] M.E.A. Cudby, R.G. Feasey, S. Gaskin, V. Kendal, J.B. Rose, *Polymer* **9**, 265 (1968).

[17] J.B. Rose, *Polymer* **15**, 456 (1974).

[18] S.M. Cohen, R.H. Young, *J. Polym. Sci. Polym. Chem. Ed.* **4**, 722 (1966).

[19] M.E.B. Jones (ICI), GB.Pat. 1 166 624 (1965); *CA* **71**, 125 233 (1969).

[20] J.B. Rose (ICI), Eur. Pat. Appl. 49070 (1982); *CA* **97**, 6999 (1982).

[21] S.M. Cohen, R.H. Young (Monsanto Co.) US.Pat. 3 418 277 (1968); *CA* **70**, 48045 (1969).

[22] M. Ueda (Idemitsu Kosan Co.) Jpn.Pat. 85 228 541 (1985); *CA* **104**, 187100 (1986).

[23] R.N. Johnson, A.G. Farnham, R.A. Clendinning, W.F. Hale, C.N. Merriam, *J.Polym. Sci. A-1*, **5**, 2375 (1967).

[24] T.E. Attwood, D.A. Barr, T. King, A.B. Newton, J.B. Rose, *Polymer* **18**, 359 (1977).

[25] G. Blinne, C. Cordes (BASF), DE.Pat. 2 731 816 (1977); *CA* **90**, 138 421 (1979).

[26] M.B. Cinderey, J.B. Rose (ICI), DE.Pat. 2 803 873 (1978); *CA* **89**, 147 398 (1978).

[27] A.B. Newton, J.B. Rose, *Polymer* **13**, 465 (1972).

[28] J.B. Rose, *Chimia* **28**, 561 (1974).

[29] A.B. Newton, J.B. Rose, *Polymer* **13**, 465 (1972).

[30] W. Podkoscielny, M. Dethloff, J. Dethloff, A. Dawidowicz, *Angew. Makromol. Chem.* **69**, 67 (1978).

[31] C. Chiriac, J.K. Stille, *Macromolecules* **10**, 712 (1977).

[32] T.E. Attwood, P.C. Dawson, J.L. Freeman, R.L.J. Hoy, J.B. Rose, P.A. Staniland, *Polymer* **22**, 1096 (1981).

[33] H.R. Kricheldorf, G. Bier, *J. Polym. Sci. Polym. Chem. Ed.* **21**, 2283 (1983).

[34] K.-U. Bühler: Spezialplaste, Akademie-Verlag, Berlin 1978.

[35] Produktinformation der BASF zu Ultrason® S und Ultrason® E, März 1990.

[36] J.E. Harris:"Polysulfone (PSO)" in I.I. Rubin, siehe *[6]* Seite 487.

[37] R.A. Clendinning, A.G. Farnham, R.N. Johnson:"The Development of Polysulfone and other Polyarylethers" in R.B. Seymour, G.S. Kirshenbaum, siehe *[3]*, Seite 149.

[38] H.A. Vogel, *J. Polym. Sci., Part A-1* **8**, 2035 (1970).

[39] J.B. Rose, *Polymer* **15**,456 (1974).

[40] M.-F. Cheung, A. Golovoy, H.K. Plummer, H. van Oene, *Polymer* **31**, 2299

(1990).

[41] J.R. Fried, A. Letton, W.J. Welsh, *Polymer* **31**, 1032 (1990).

[42] C.J.G. Plummer, A.M. Donald, *J. Polym. Sci., Polym. Phys.* **27**, 325 (1989).

[43] K. Liang, J. Grebowicz, E. Valles, F.E. Karasz, W.J. MacKnight, *J. Polym. Sci., Polym. Phys.* **30**, 465 (1992).

[44] Produktinformationen der Amoco Performance Products.

[45] M.-F. Cheung, A. Golovoy, H. van Oene, *Polymer* **31**, 2307 (1990).

[46] B.C. Auman, V. Percec, H.A. Schneider, H.-J. Cantow, *Polymer* **28**, 1407 (1987).

[47] B.C. Auman, V, Percec, *Polymer* **29**, 938 (1988).

[48] A.K. Bulai, V.N. Klyuchnikov, Y.G. Urman, I.Y. Slonim, L.M. Bolotina, V.A. Kozhina, M.M. Gol'der, S.G. Kulichikhin, V.P. Beghishev, A.Y. Malkin, *Polymer* **28**, 1349 (1987).

[49] G. Allen, J. McAinsh, C. Strazielle, *Europ. Polym. J.* **5**, 319 (1969).

[50] G. Allen, J. McAinsh, *Europ. Polym. J.* **6**, 1635 (1970).

[51] J.E. Harris:"Polysulfone" in J.M. Margolis [Hrsg.]: Engineering Thermoplastics, Marcel Dekker, New York 1985.

[52] V.M. Laktionov, I.V. Zhuravleva, S.A. Pavlova, S.R. Rafikov, S.N. Salazkin, S.V. Vinogradova, A.A. Kul'kov, V.V. Korshak, *Vysokomol. soyed.* **A 18**: No 2, 330 (1976), translated in: *Polym. Sci. USSR* **18**, 379 (1976).

[53] J.R. Brown, J.H. O'Donell, *J. Appl. Polym. Sci.* **23**, 2763 (1979).

[54] T. Sasuga, N. Hayakawa, K. Yoshida, *Polymer* **28**, 236 (1987).

[55] T. Sasuga, N. Hayakawa, K. Yoshida, *J. Polym. Sci., Polym. Phys.* **22**, 529 (1984).

[56] T.E. Attwood, T. King, V.J. Leslie, J.B. Rose, *Polymer* **18**, 369 (1977).

[57] T.E. Attwood, T. King, I.D. McKenzie, J.B. Rose, *Polymer* **18**, 365 (1977).

[58] D.R. Coulter, M.V. Smith, F.-D. Tsay, A. Gupta, R.E. Fornes, *J. Appl. Polym. Sci.* **30**, 1753 (1985).

[59] G. Marletta, S. Pignataro, A. Tóth, I. Bertóti, T. Székely, B. Keszler, *Macromolecules* **24**, 99 (1991).

[60] R.B. Rigby:"Polyethersulfone" in J.M. Margolis [Hrsg.]: Engineering Thermoplastics, Marcel Dekker, New York 1985.

[61] S. Rott, Diplomarbeit, Erlangen 1988.

[62] J. Hummich, Diplomarbeit, Erlangen 1989.

[63] H.-H. Sandner, Diplomarbeit, Erlangen 1989.

[64] J. Kaschta in F. Zahradnik, J. Kaschta [Hrsg.]: Vorträge, 1. Erlanger Kunststoff-Tage, Erlangen 1989; K. Kuhn, Diplomarbeit (Betreuer J. Kaschta), Erlangen 1988.

[65] D. Bilwatsch in F. Zahradnik, J. Kaschta [Hrsg.]: Werkstoffcharakterisierung und Qualitätssicherung, 2. Erlanger Kunststoff-Tage, Erlangen 1991.

9 Poly(arylenamide)

Neben den Heterokettenpolymeren mit Sauerstoff und Schwefel stehen diejenigen mit Stickstoff als Hauptkettenelement. Diese Polymeren sind in den Familien der Poly-(amide) und Poly(imide) zusammengefaßt.

Nach dem im ersten Kapitel dargestellten Klassifizierungsschema sind zwei Unterklassen stickstoffhaltiger Polymere zu unterscheiden: Auf der einen Seite stehen diejenigen, die nur Stickstoff, auf der anderen diejenigen, die neben Stickstoff noch Sauerstoff als Heteroatom in ihrer Hauptkette enthalten. Erstere bilden Stickstoff-Kohlenstoff-(N,C)-Ketten, letztere Sauerstoff-Stickstoff-Kohlenstoff-(O,N,C)-Ketten. Die Hauptvertreter der ersten Unterklasse sind die Poly(amide). Aber auch Poly(imide) gehören dazu, wie etwa das in Kap. 10 beschriebene Poly(amidimid). Vertreter der zweiten Unterklasse sind z.b. das Poly(etherimid) und das Poly(etheramid), siehe Struktur V, Seite 236.

Zu den Poly(arylenamiden) zählen alle diejenigen Polymere, die neben Phenylenringen die charakteristische Amid-Gruppe (-NH-CO-) als Hauptkettenglied aufweisen:

In der Literatur sind eine Vielzahl aromatischer Poly(amide) beschrieben [1,2]; technische und wirtschaftliche Bedeutung haben allerdings nur ein knappes halbes Dutzend erlangt [3]. In der Literatur werden sie als Aramide, manchmal auch als Poly(aramide), bezeichnet. Dieser Ausdruck wurde 1974 von der US Federal Trade Commission geprägt und definiert solche synthetischen Fasern, deren faserbildende Substanzen Poly-(amide) sind, bei denen mindestens 85% aller Amid-Gruppen direkt mit zwei aromatischen Ringen verknüpft sind. In dieser Definition wird die ausschließliche Anwendung der Poly(arylenamide) als Fasermaterialien deutlich. Da sie nicht unzersetzt schmelzbar, aber in einigen organischen Lösungsmitteln bzw. Schwefelsäure löslich sind, werden sie in Naß- oder Trockenspinnverfahren zu Fasern verarbeitet.

Somit gehören sie nicht im engen Sinne zu den Thermoplasten. Da sie aber zu den Polymeren mit Phenylenringen in der Hauptkette gehören, hohe Gebrauchstemperaturen aufweisen und nicht vernetzt sind, darüberhinaus einige Vertreter die Fähigkeit zur Bildung flüssigkristalliner Lösungen besitzen, siehe *[17-27]*, sollen sie in diesem Zusammenhang nicht unerwähnt bleiben.

Struktur I   PMIA

Poly(imino-1,3-phenyleniminocarbonyl-1,3-phenylencarbonyl)

Struktur II   PBA   **Struktur III**   PMBA

Poly(imino-1,4-phenylencarbonyl)   Poly(imino-1,3-phenylencarbonyl)

Struktur IV   PPTA

Poly(imino-1,4-phenyleniminocarbonyl-1,4-phenylencarbonyl)

Als erstes aromatisches Poly(amid) kam 1967 das Poly(m-phenylenisophthalamid) (Struktur I) unter dem Handelsnamen Nomex® (DuPont) auf den Markt. Ab 1970 wurde, ebenfalls von DuPont, das Poly(p-benzamid) [Kurzzeichen: PBA] (Struktur II) produziert und als Fiber B® vermarktet. Dieses PBA war das erste, nicht peptidartige synthetische Polykondensat an dem die Ausbildung flüssigkristalliner Lösungen entdeckt wurde. Diese Eigenschaft besitzt auch das kurze Zeit später von DuPont unter dem Handelsnamen Kevlar® auf den Markt gebrachte Poly(p-phenylenterephthalamid) (Struktur IV).

Die neben den Strukturen stehenden Kurzzeichen sind noch in keiner Norm festgelegt, allerdings werden sie in dieser Form in der neueren Literatur benutzt. Sie werden dadurch gebildet, daß dem P für "Poly-" zwei Buchstaben folgen, die sich auf die Substitution der Phenylenringe in der Grundeinheit beziehen: MI steht für meta-Phenylen und Isophthalsäure, PT für para-Phenylen und Terephthalsäure. Das zuletzt stehend A deutet auf Amid. Für das Poly(p-benzamid) sind zwei Kurzzeichen, PBA und PPB, in Gebrauch. Wir werden im nachfolgenden das Kurzzeichen PBA verwenden, das zwar nicht konsequent ist, konsequent wäre PPBA um die 1,4-Verknüpfung zu verdeutlichen, aber dieses PBA hat sich in der neueren Literatur eingeführt. Entsprechend benutzen wir PMBA als Kurzzeichen für das Poly(m-benzamid) (Struktur III).

9.1 Synthese von Poly(arylenamiden)

Die vielseitigste und auch die in der Technik angewandte Methode zur Herstellung aromatischer Poly(amide) ist die Lösungs-Polykondensation aromatischer Diamine mit Dicarbonsäuredichloriden. Diese Synthese wird bei niedrigen Temperaturen zwischen 0 und 115°C ausgeführt. Als Lösungsmittel werden Dimethylacetamid (DMAC), N-Methyl-pyrrolidon (NMP), Hexamethylphosphorsäuretriamid (HMPT) und Tetramethylharnstoff (TMU) eingesetzt [5-8].

$$n\,H_2N-\langle\rangle-NH_2 \;+\; nCl-\underset{O}{\overset{}{C}}-\langle\rangle-\underset{O}{\overset{}{C}}-Cl \;\xrightarrow[-15\,-\,+20°C]{HMPT/NMP}$$

p-Phenylendiamin   Terephthalsäure   **(9.1)**

$$\left[\!-\underset{H}{\overset{}{N}}-\langle\rangle-\underset{H}{\overset{}{N}}-\underset{O}{\overset{}{C}}-\langle\rangle-\underset{O}{\overset{}{C}}-\!\right]_n \;+\; 2n\,HCl$$

PPTA

Bei diesem Verfahren fällt PPTA in hoher bis quantitativer Ausbeute an. Um Produkte mit hinreichend hohen Molmassen zu erhalten, müssen die aromatischen Poly(amide) in Lösung gehalten werden, was durch Zugabe von Lithiumchlorid oder Calciumchlorid gelingt. Auch die Einwirkung starker Scherung während der Polykondensation ist günstig und bei bestimmten System notwendig, um für den Spinnprozeß hinreichend hohe Molmassen zu erhalten. Nach Beendigung der Reaktion, die nur wenige Sekunden bis Minuten dauert, wird das Polymer mit Wasser gewaschen, filtriert und getrocknet. Zur Herstellung von Kevlar®-Fasern wird das PPTA in Schwefelsäure gelöst und im Naß-spinnverfahren versponnen. Ein weiteres Handelsprodukt auf der Basis von PPTA ist Twaron® von Akzo NV.

Nach dieser Methode lassen sich sehr viele Poly(arylenamide) synthetisieren, auch solche, die neben Stickstoff noch andere Heteroatome besitzen. Ein Beispiel dafür ist das Polykondensat aus Terphthalsäure und einem 1:1 Gemisch aus 3,4'-Diaminodiphe-nylether und p-Phenylendiamin, ein Poly(etheramid). Die Polykondensation wird in Lösung mit N-Methylpyrrolidon und Calciumchlorid ausgeführt. Die Fa. Teijin produziert dieses Polymer (Struktur V) und stellt daraus, durch Verstrecken bei 460-500°C, eine Hochmodulfaser mit dem Handelsnamen HMO-50® her.

Struktur V

Poly(m-phenylenisophthalamid) [Handelsnamen für Fasern: Nomex® von DuPont; Conex® von Teijin] läßt sich ebenfalls durch Lösungs-Polykondensation herstellen. Eine weitere Methode, die sich zur Herstellung meta-verknüpfter Poly(arylenamide) eignet, ist die Emulsions- oder "modifizierte Grenzflächen"-Polykondensation (engl.: interfacial polymerization). Zur Herstellung von PMIA entsprechend dieser Variante wird das m-Phenylendiamin in Wasser mit Natriumcarbonat vorgelegt und unter intensivem Rühren Isophthalsäuredichlorid und Tetrahydrofuran (THF) zugegeben [9-11].

Diese Methode liefert bei meta-substituierten Monomeren Produkte mit ausreichend hoher Molmasse, während bei para-substituierten Monomeren nur niedermolekulare Produkte gebildet werden. Der Grund liegt in der geringeren Löslichkeit der para-verknüpften Poly(arylenamide).

$$n\ H_2N{-}\text{(m-Ring)}{-}NH_2 \ + \ n\ Cl{-}\underset{O}{C}{-}\text{(Ring)}{-}\underset{O}{C}{-}Cl \ + \ Na_2CO_3 \xrightarrow[5°C\ /\ 10\ min]{H_2O\ /\ THF}$$

m-Phenylendiamin Isophthalsäurechlorid

(9.2)

$$\left[{-}N{-}\text{(Ring)}{-}\underset{H}{N}{-}\underset{O}{C}{-}\text{(Ring)}{-}\underset{O}{C}{-} \right]_n \ + \ 2n\ NaCl \ + \ H_2O \ + \ CO_2$$

PMIA

Poly(p-benzamid) PBA läßt sich in Lösung oder in fester Phase herstellen [10,12]. Dabei setzt man nicht die freie p-Aminobenzoesäure ein, sondern das 4-Aminobenzoylchlorid-Hydrochlorid, das in einer separaten Stufe mit Thionylchlorid synthetisiert wird.

$$H_2N{-}\text{(Ring)}{-}\underset{O}{C}{-}OH \xrightarrow[-\ SO_2]{+\ 2\ SOCl_2} \ O{=}S{=}N{-}\text{(Ring)}{-}\underset{O}{C}{-}Cl \ + \ 3\ HCl$$

p-Aminobenzoesäure 4-Sulfinylaminobenzoylchlorid

(9.3)

$$\left[H_3\overset{+}{N}{-}\text{(Ring)}{-}\underset{O}{C}{-}Cl \right] Cl^- \xleftarrow[-\ SOCl_2]{Ether}$$

4-Aminobenzoylchlorid-Hydrochlorid

Dieses Amino-Hydrochlorid wird in Tetramethylharnstoff (TMU) gelöst und der Selbstkondensation überlassen.

$$n\left[H_3\overset{+}{N}{-}\text{(Ring)}{-}\underset{O}{C}{-}Cl \right] Cl^- \xrightarrow[\substack{5\text{-}35°C \\ 30\text{-}90\ min}]{TMU} \left[{-}\underset{H}{N}{-}\text{(Ring)}{-}\underset{O}{C}{-} \right]_n \ + \ 2n\ HCl$$

(9.4)

PBA

Der Reaktionsansatz kann nach der Umsetzung direkt zur Spinnlösung aufgearbeitet werden, indem mit Lithiumhydroxid neutralisiert wird. Durch das dabei entstehende Lithiumchlorid wird die Löslichkeit des Poly(p-benzamids) verbessert.

9.2 Eigenschaften und Anwendungen von Poly(arylenamiden)

Poly(arylenamide), Kurzzeichen PAA, sind teilkristalline, an Luft nicht schmelzbare Polymere mit gelblicher Eigenfarbe. Einige dieser aromatischen Poly(amide) fallen bei der Synthese als amorphe Stoffe an, sie kristallisieren aber während der weiteren Aufarbeitung zu Fasern, entweder beim Verstrecken oder beim Tempern oberhalb ihrer Glastemperatur. Poly(p-terephthalamid), PPTA, und Poly(p-benzamid), PBA, bilden orthorhomische Einheitszellen, die von zwei Polymerketten durchlaufen werden. Bei PPTA betragen die Kantenlängen: a = 0,834 nm, b = 0,501 nm und c = 1,298 nm, bei PBA: a = 0,806 nm, b = 0,513 nm und c = 1,296 nm *[16]*.

Aufgrund der 1,4-verknüpften Phenylenringe und der in trans-Stellung angeordneten Amidgruppe liegen dies beiden aromatischen Poly(amide) in Lösungsmitteln, wie konz. Schwefelsäure, Fluorwasserstoff, N,N-Dimethylacetamid/LiCl oder Tetramethylharnstoff/LiCl, als gestreckte, stäbchenförmige Makromoleküle vor, die sich parallel ausrichten und eine flüssigkristalline, nematische Phase bilden; siehe Kapitel 6.4. In Abb.9.1 ist die molekulare Struktur von Poly(p-phenylenterephthalamid) wiedergegeben *[16]*.

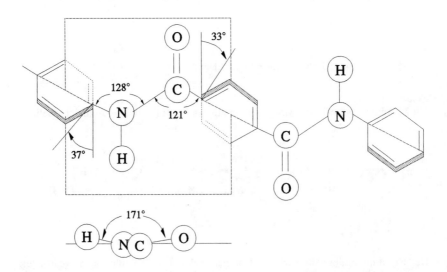

Abb.9.1: Molekulare Struktur von Poly(p-phenylenterephthalamid) [16].

In dieser Darstellung ist die gestreckte Kette mit den Bindungswinkeln am Stickstoff-
und am Kohlenstoffatom der Amidgruppe wiedergegeben. Wie aus der unteren Teil-
zeichnung ersichtlich, liegen die Imino- (N-H) und die Carbonylgruppe (C=O) nicht in
einer Ebene, sondern sind unter einem Winkel von 171° zueinander aus der Ebene
herausgekippt. Die Phenylenringe wiederum sind ebenfalls in Hinsicht auf diese Gruppen verdreht. Der der Iminogruppe benachbarte Phenylenring ist zur gedachten Ebene,
die aus Iminowasserstoff, Stickstoff und dem diesem benachbarten Ringkohlenstoff
gebildetet wird, um 37° nach vorne aus dieser Ebene gekippt. Der Phenylenring an der
Carbonylgruppe ist dagegen um 33° aus der Ebene von Sauerstoff, Carbonylkohlenstoff
und dem diesem benachbarten Ringkohlenstoff nach hinten verdreht. Die Bindungslängen zwischen Ringkohlenstoff und Stickstoff werden mit 0,1356 nm, zwischen Stickstoff und Carbonylkohlenstoff mit 0,1359 nm und zwischen Carbonylkohlenstoff und
Ringkohlenstoff mit 0,1410 nm angegeben.

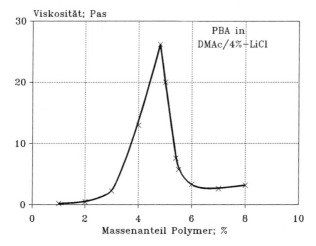

*Abb.9.2: Abhängigkeit der Viskosität vom Massenanteil an Poly(p-benzamid) in Dimethyl-
acetamid [12].*

PPTA und PBA gehören zu den lyotropen Flüssigkristall-Polymeren, d.h. sie bilden in
den genannten Lösungsmitteln oberhalb einer kritischen Konzentration eine flüssigkristalline Phase aus. Die flüssigkristalline Phase erkennt man unter anderem (optische
Anisotropie - Schlierenbildung) beim Auflösen des lyotropen LC-Polymeren in einem
geeigneten Lösungsmittel. Mit zunehmendem Gehalt an Polymer nimmt die Lösungsviskosität zu, fällt aber oberhalb der kritischen Konzentration stark ab, um dann bei noch

höheren Polymerkonzentrationen wieder anzusteigen. Oberhalb dieser kritischen Konzentration bewirken sterische Wechselwirkungen die spontane Parallelausrichtung der gestreckten Makromoleküle. Es entstehen hochgradig orientierte Domänen mit höherer Packungsdichte, die mit dem Lösungsmittel ein niedrigerviskoses System bilden. In Abb.9.2 ist der Verlauf der Viskosität in Abhängigkeit vom Polymeranteil am Beispiel von Poly(p-benzamid) in Dimethylacetamid, dem 4% Lithiumchlorid zugesetzt wurden, dargestellt.

Zur Herstellung von hochfesten Fasern setzt man solche flüssigkristallinen Lösungen ein. Durch das Verspinnen werden die Domänen untereinander in Faserrichtung orientiert, sodaß keine weiteren Arbeitsschritte, wie Verstrecken, notwendig sind um höchste Festigkeiten zu erreichen.

Die Glastemperaturen liegen im Bereich von 250 bis 400°C. Das Poly(p-phenylenterephthalamid) zeigt einen Glasübergang bei 285°C und beginnt unter Inertgasatmosphäre bei 500°C zu schmelzen. Nur wenig oberhalb dieser Temperatur, bei etwa 520°C, zersetzt es sich. An Luft ist es deutlich weniger stabil, bereits bei 450° tritt hierbei die Zersetzung ein.

Die Zersetzungstemperaturen sind von der Art der Substitution der Phenylenringe in der Hauptkette und von der Regelmäßigkeit der Kettenstruktur abhängig. Die höchsten Zersetzungstemperaturen zeigen Poly(arylenamide) mit ausschließlich para-verknüpften Phenylenringen. Solche mit ortho-verknüpften Ringen sind am wenigsten stabil und zersetzen sich auch unter Inertgas bereits bei 250°C. Die thermische und thermooxidative Beständigkeit nimmt mit dem Einbau von meta- und para-substituierten Ringen zu. Technische Anwendung haben deshalb nur solche Poly(arylenamide) gefunden, die vorwiegend aus meta- und para-verknüpften Phenylenringen in der Hauptkette bestehen. Ihre Zersetzungstemperaturen liegen im Bereich von 350 bis 500°C.

Bei der Pyrolyse entstehen Kohlendioxid, Kohlenmonoxid, Wasserstoff und die hochgiftige Blausäure als Spaltgase. Als Rückstand verbleiben aromatische Amine und hochkondensierte aromatische Verbindungen. Poly(arylenamide) sind schwerentflammbar, nichttropfend und selbstverlöschend.

Auch die Löslichkeit der Poly(arylenamide) wird von ihrer Struktur bestimmt. Mit wachsendem Anteil an para-verknüpften Phenylenringen nimmt die Löslichkeit ab. Vertreter, die ausschließlich p-Phenyleneinheiten enthalten, sind ohne weitere Zusätze nur in konzentrierter Schwefelsäure oder Trifluoressigsäure löslich. Solche mit metasubstituierten Ringen lösen sich darüber hinaus in Dimethylformamid, Dimethylacetamid, Dimethylsulfoxid und m-Kresol. Anorganische Salze, wie Lithium- und Calciumchlorid erhöhen die Löslichkeit.

Die chemische Beständigkeit der Poly(arylenamide) ist höher als die der aliphatischen Poly(amide). Starken Laugen gegenüber verhalten sie sich etwa wie Poly(amid)-66, während sie gegenüber Säuren beständiger sind. Ihre hydrolytische Stabilität liegt über der der aromatischen Poly(ester). Gegenüber den meisten organischen Lösungsmitteln, Treibstoffen, Ölen und Fetten sind sie inert. Sie besitzen eine hohe Beständigkeit gegenüber Gamma- und Röntgenstrahlen. Allerdings sind sie empfindlich bei der Einwirkung von UV-Strahlen. Aus diesem Grund müssen Aramidfasergewebe bei Außenanwendungen mit UV-stabilen Materialien imprägniert oder beschichtet werden. Zu diesem Zweck werden PVC, Nitrilkautschuk, Poly(urethane), Poly(vinylidenfluorid)-Folien und auch Poly(tetrafluorethylen) eingesetzt.

In Tab.9.1 sind typische Eigenschaften zweier im Handel befindlicher Aramidfasern auf der Basis des meta- (Nomex®) und des para-Isomeren (Kevlar®) aufgeführt und den Eigenschaften von E-Glasfasern sowie einer Ultrahochmodul-Carbonfaser aus Poly-(acrylnitril) gegenübergestellt [13,14]. Die hierbei angegebenen Festigkeitseigenschaften wurden in Faserrichtung bestimmt. In unidirektionalen Verbunden mit Kevlar (nach ASTM D2343) wurde der Modul in Faserrichtung zu 124 GPa, quer dazu mit 6,9 GPa bestimmt [15]. Der lineare Ausdehnungskoeffizient beträgt in Faserrichtung -5,2, in Querrichtung 41,4 10^{-6} K^{-1}.

Tab.9.1: *Eigenschaftswerte von zwei Aramidfasern im Vergleich zu E-Glas- und Carbonfasern [13,14].*

		Nomex®	Kevlar® 49	E-Glas	UHM-C-Faser
Dichte	g/cm³	1,38	1,44	2,60	1,9-2,1
Zugfestigkeit	MPa	540-675	2.700	3.450	1.900
Reißdehnung	%	20-30	2,8	4,8	0,4
Zug-E-Modul	GPa	8,5-10,9	131	72	520-550
Längenausdehnungskoef.	10^{-6}/K		-2	5	-0,9
Schmelztemperatur	°C	380	460 Zers.	1260	
Feuchtigkeitsaufnahme, 21°C, 65% rel. F.		8	4,5		

Als Dauergebrauchstemperatur wird für Kevlar 150-180°C angegeben. Aufgrund der geringen Reißdehnung, die bei erhöhten Temperaturen noch weiter abnimmt, ist eine Hochtemperaturanwendung dieser Aramidfaser nicht empfehlenswert, obschon die Zugfestigkeit auch bei 300°C noch 1,26 GPa beträgt.

Für die Anwendung bei höheren Temperaturen ist die Aramidfaser auf der Basis des m-Isomeren (Nomex) besser geeignet. Bei 177°C besitzt diese Faser auch nach mehreren tausend Stunden noch 80% ihrer ursprünglichen Festigkeit.

Hauptsächliche Anwendung finden diese Aramidfasern als Verstärkungsmaterialien in Laminaten mit Epoxidharzen. Laminate mit Kevlar besitzen hohe Festigkeit, gute Stoßdämpfung und gute elektrische Eigenschaften. Gegenüber Glasfaserlaminaten wird mit diesen hochbeanspruchbaren Strukturteilen eine Gewichtsersparnis bis zu 30% erreicht, was in der Luft- und Raumfahrt von besonderem Vorteil ist. Bei der Verwendung als Reifencord ist neben der Gewichtsersparnis gegenüber Stahl die höhere Flexibilität der Aramidfasern von Bedeutung, die eine deutliche Verminderung des Laufgeräusches zur Folge hat. Eine weitere Anwendung für Gewebe aus Kevlar sind kugel- und splitterfeste Anzüge, aber auch Auto- und Flugzeugpanzerungen. Für Anwendungen bei erhöhten Temperaturen, wie Flamm- und Hitzeschutzanzügen werden Gewebe aus Nomex-Fasern eingesetzt.

Literatur:

[1] K.-U. Bühler, Spezialplaste, Akademie-Verlag, Berlin 1978.

[2] J. Preston:"Polyamides, aromatic" in H.F. Mark, N.M. Bikales, C.G. Overberger, G. Menges [Hrsg.]: Encyclopedia of Polymer Science and Engineering, Second Edition, John Wiley & Sons, New York 1988.

[3] H.-G. Elias, F. Vohwinkel: Neue polymere Werkstoffe für die industrielle Anwendung, 2. Folge, Carl Hanser Verlag, München 1983.

[4] P. Matthies:"Aromatische Poly(amide)" in H. Bartl, J. Falbe [Hrsg.]: Houben-Weyl: Methoden der organischen Chemie, Band E20: Makromolekulare Stoffe, Georg Thieme Verlag, Stuttgart 1987.

[5] P.W. Morgan, S.L. Kwolek, *Macromolecules* **8**, 104 (1975).

[6] P.W. Morgan, *Macromolecules* **10**, 1381 (1977).

[7] T.I. Bair, P.W. Morgan, F.L. Killian, *Macromolecules* **10**, 1396 (1977).

[8] J.A. Fitzgerald, K.K. Likhyani (DuPont) US.Pat. 3 850 888 (1974); *CA* **82**, 99881 (1975).

[9] W. Sweeny (DuPont) US.Pat. 3 287 324 (1965); *CA* **66**, 66675 (1967).

[10] P.W. Morgan: Condensation Polymers: By Interfacial and Solution Methods, John Wiley & Sons, New York (1965).

[11] H.-H. Ulrich, J. Moskalenko, G. Reinisch, *Acta Polymerica* **31**, 734 (1980).

[12] S.L. Kwolek, P.W. Morgan, J.R. Schaefgen, L.W. Gulrich, *Macromolecules* **10**, 1390 (1977).

[13] L. Rebenfeld:"Fibers" in H.F. Mark, N.M. Bikales, C.G. Overberger, G. Menges [Hrsg.]: Encyclopedia of Polymer Science and Engineering, Second Edition, John Wiley & Sons, New York 1988.

[14] A.K. Dhingra, H.G. Lauterbach:"Fibers, engineering" in H.F. Mark, N.M. Bikales, C.G. Overberger, G. Menges [Hrsg.]: Encyclopedia of Polymer Science and Engineering, Second Edition, John Wiley & Sons, New York 1988.

[15] P. Langston, G.E. Zahr:"Reinforced Plastics, Aramid Fibers" in I.I. Rubin [Hrsg.]: Handbook of Plastic Materials and Technology, J. Wiley & Sons, New York 1990.

[16] X. Yang, S.L. Hsu, *Macromolecules* **24**, 6680 (1991).

Siehe auch: B. Erman, P.J. Flory, J.P. Hummel, *Macromolecules* **13**, 484 (1980).

[17]   L. Onsager, *Ann. N.Y. Acad. Sci.* **51**, 627 (1949).

[18]   P.J. Flory, *Proc. R. Soc. (London), Ser. A* **234**, 73 (1956).

[19]   P.J. Flory, *Macromolecules* **11**, 1141 (1978).

[20]   M.G. Northolt, J.J. van Aartsen, *J. Polym. Sci., Polym. Symp.* **58**, 283 (1978).

[21]   C. Balbi, E. Bianchi, A. Ciferri, A. Tealdi, W.R. Krigbaum, *J. Polym. Sci., Polym Phys. Ed.* **18**, 2037 (1980).

[22]   A. Ciferri, W.R. Krigbaum, R.B. Meyer [Hrsg]: Polymer Liquid Crystals, Academic Press, New York 1982.

[23]   A.R. Kokhlov, A.N. Semenov, *J. Stat. Phys.* **38**, 161 (1985).

[24]   T. Odijk, *Macromolecules* **19**, 2313 (1986).

[25]   E. Marsano, G. Conio, A. Ciferri, *Mol. Cryst. Liq. Cryst.* **154**, 69 (1988).

[26]   A. Ciferri:"Phase Behaviour of Rigid and Semirigid Mesogens" in A. Ciferri [Hrsg.]: Liquid Crystallinity in Polymers, VCH Publishers, New York 1991.

[27]   S.D. Lee, R.B. Meyer:"Elastic and Viscous Properties of Lyotropic Polymer Nematics" in A. Ciferri [Hrsg.]: Liquid Crystallinity in Polymers, VCH Publishers, New York 1991.

10 Thermoplastische Poly(imide)

Poly(imide) gehören zu den Polymeren mit heterocyclischen Ringen in der Hauptkette. Ihr charakteristisches Strukturelement ist ein fünfgliedriger Ring mit Stickstoff und zwei ihm benachbarten Carbonylgruppen:

Imidgruppe

Diese Poly(imide) besitzen große technische und wirtschaftliche Bedeutung als Duromere, die zur Herstellung von Folien, Fasern, Preßstoffen, als Matrixmaterialien in Verbundwerkstoffen und für Schaumstoffe genutzt werden. Sie nehmen in Hinblick auf die Produktionszahlen den ersten Platz unter den hitzebeständigen Kunststoffen ein *[1,2,5]*.

Die allgemein anwendbare Methode zur Herstellung von Poly(imiden) ist eine zweistufige Polykondensation des Dianhydrides einer Tetracarbonsäure, wie Pyromellit- oder Benzophenon-3,3',4,4'-tetracarbonsäure (siehe Schema 1). In der ersten Stufe entsteht durch Addition des Diamins an das Anhydrid die Poly(amidsäure). Bei der technischen Anwendung wird diese lösliche Poly(amidsäure) abgetrennt und formgebend verarbeitet. In der zweiten Stufe erfolgt bei Temperaturen oberhalb 280°C unter Wasserabspaltung die eigentliche Imidringbildung, die Imidierung. Dieses Reaktionswasser muß wegen möglicher Blasenbildung im Formteil sorgfältig entfernt werden. Nach dieser "Härtung" sind die Endprodukte unlöslich und nicht mehr schmelzbar.

Bei der anderen Synthesemethode, die in einem Schritt ausgehend von Dianhydrid und einem Diisocyanat ohne Abtrennen der Zwischenstufe (siehe Gl. *10.7*) ausgeführt wird, entsteht als Nebenprodukt Kohlendioxid. Hierbei wird das Poly(imid) mit Lösungsmittel verdünnt und zu Formteilen gegossen bzw. zu Fasern verarbeitet.

Als Aminkomponente können aliphatische, verschieden substituierte Phenylen- und Biphenylendiamine eingesetzt werden. Durch Verwendung von Biphenylendiaminen, die zwischen den beiden Phenylenringen entweder Sauerstoff, Methylen-, Carbonyl- oder

Sulfongruppen enthalten, lassen sich eine ganze Reihe unterschiedlich strukturierter Poly(imide) darstellen. Diese die Kettenbeweglichkeit erhöhenden Gruppen führen zu flexibleren Produkten mit verbesserter Löslichkeit und niedrigeren Glastemperaturen.

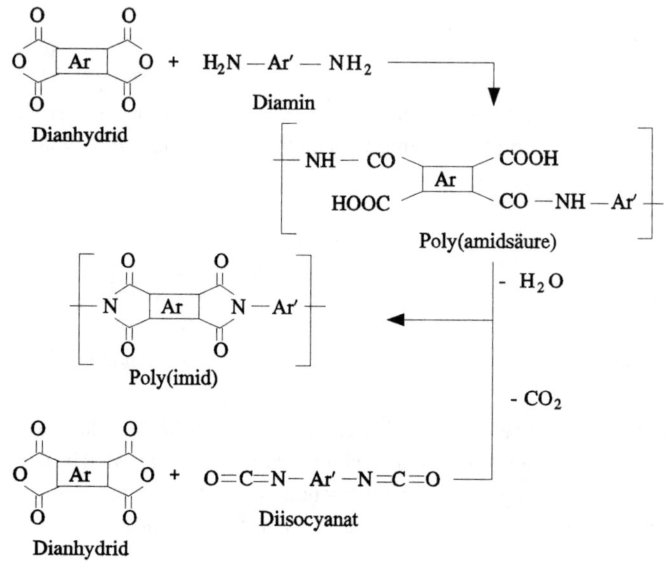

Schema 1: *Schematische Darstellung der Synthesemöglichkeiten von Poly(imiden). Die mit Ar bzw. Ar' bezeichneten Teile stellen unterschiedlich strukturierte, aromatische Einheiten dar.*

Die gehärteten Poly(imide) *[6-8,15]* sind auch bei langandauerndem Gebrauch bis etwa 260°C einsetzbar. Die Glastemperaturen der rein aromatischen Typen mit para-verknüpften Ringen liegen zwischen 270 und 300°C; für Typen mit meta-verknüpften Ringen werden Glastemperaturen zwischen 230 und 260°C angegeben. Poly(imide) mit aliphatischen Einheiten zeigen Glastemperaturen, die nur wenig über 100°C liegen.

Die thermische und die thermooxidative Beständigkeit sind abhängig von der chemischen Struktur der Grundbausteine und Endgruppen, vom Vernetzungsgrad und der Kristallinität. Von entscheidender Bedeutung ist der Anteil an Einfachbindungen im Makromolekül. Je mehr Einfachbindungen vorhanden sind, um so weniger stabil ist das Material. Rein aromatische Poly(imide) zeigen die höchste Beständigkeit, in Inertgasatmosphäre sind sie bis etwa 480-550°C stabil. Die Beständigkeit in Luft ist geringer, der thermooxidative Abbau beginnt zwischen 320 und 420°C. Poly(imide) mit aliphatischen und aromatischen Kettengliedern sind an Luft nur bis etwa 240°C beständig.

Einige wenige Vertreter dieser Kunststoffgruppe der Poly(imide) sind schmelzbar und lassen sich unterhalb ihrer Zersetzungstemperatur thermoplastisch verarbeiten. Zwei davon werden seit Jahren als Konstruktionsmaterialien in der Technik eingesetzt, einmal das **Poly(amidimid)** und zum anderen das **Poly(etherimid)** *[3-5]*. Diese beiden werden nach einer kurzen Darstellung der wichtigsten Poly(imid)-Typen eingehender besprochen. Eine übersichtliche Einteilung der Poly(imide) ergibt sich bei Berücksichtigung der zur Synthese eingesetzten Carbonsäuren.

Poly(pyromellitimide)

Die in der Technik am längsten eingesetzten Poly(imide) sind Derivate der Pyromellitsäure, die Poly(pyromellitimide). Sie werden durch Umsetzung von Pyromellitsäuredianhydrid mit Diaminen erhalten.

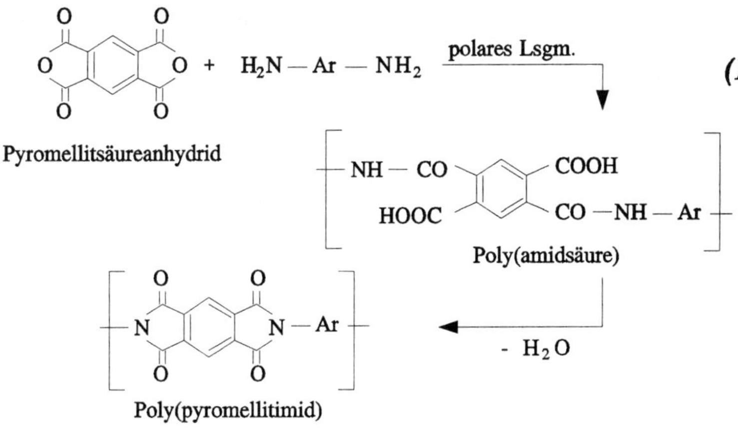

$$(10.1)$$

Pyromellitsäureanhydrid

Poly(amidsäure)

Poly(pyromellitimid)

$- H_2O$

Diese Reaktion wird in zwei Schritten ausgeführt. Der erste Schritt ist die Synthese der Poly(amidsäure), die aus dem Anhydrid und dem Diamin in aprotisch polaren Lösungsmitteln, wie Dimethylformamid (DMF), N-Methylpyrrolidon (NMP), Dimethylacetamid (DMAC) und Dimethylsulfoxid (DMSO) bei Raumtemperatur entsteht. Dieser Reaktionsansatz wird mit Lösungsmittel verdünnt und ist eine begrenzte Zeit lagerfähig. Da die eigentlichen Poly(pyromellitimide) nicht löslich und schmelzbar sind, muß die Formgebung auf der Stufe der Poly(amidsäure) erfolgen. Nach der Formgebung schließt sich die eigentliche Imidbildung an, bei der Wasser aus der Poly(amidsäure) abgespalten wird. Diese Cyclisierung, in der Technik als Härtung bezeichnet, kann entweder bei erhöhter Temperatur (250-300°C) oder chemisch mit wasserbindenden Mitteln und Abdampfen des Lösungsmittels erfolgen. Als Beispiele für die zahlreichen in der Technik angewandte Poly(pyromellitimide) sollen Kapton® (Struktur I und II) und Vespel® (Struktur II) von DuPont genannt sein.

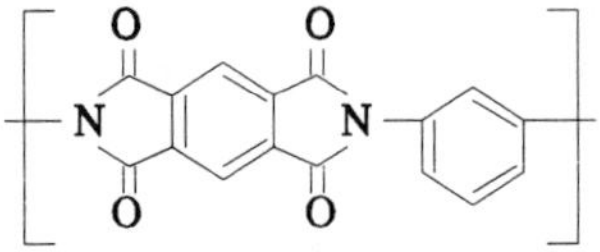

(I) 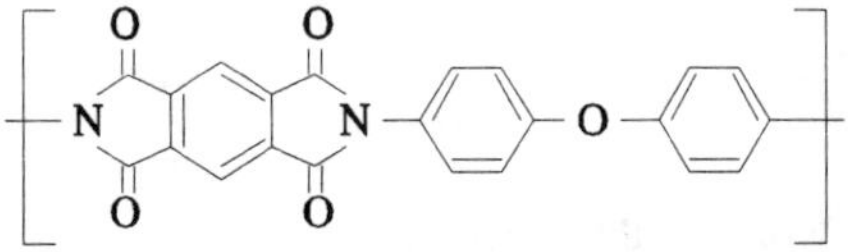   (II)

Poly(bismaleinimide)

Die zweite Untergruppe von Poly(imiden), sie werden auch als Poly(aspartimide) bezeichnet, lassen sich durch Umsetzung von zwei Mol Maleinsäureanhydrid mit einem Mol Diamin, z.B. 4,4′-Diaminodiphenylmethan, darstellen.

(10.2)

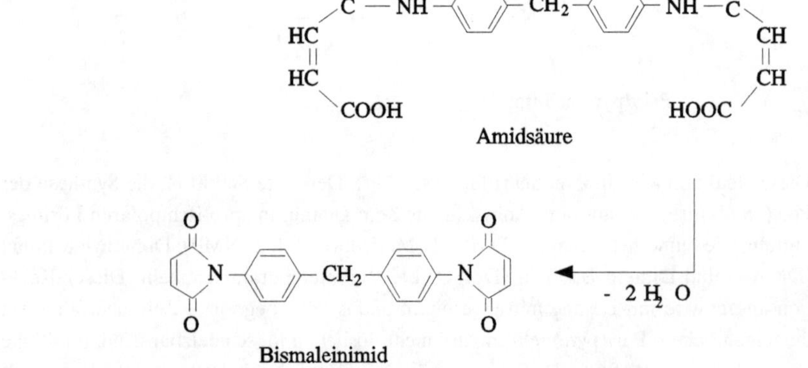

Maleinsäureanhydrid

Amidsäure

Bismaleinimid

– 2 H_2O

Hierbei wird nicht die entsprechende Amidsäure isoliert und verarbeitet sondern das resultierende Bismaleinimid. Da es pro Molekül zwei endständige Kohlenstoffdoppelbindungen trägt, kann es durch radikalische Initiatoren polymerisieren und so vernetzte Duromere bilden.

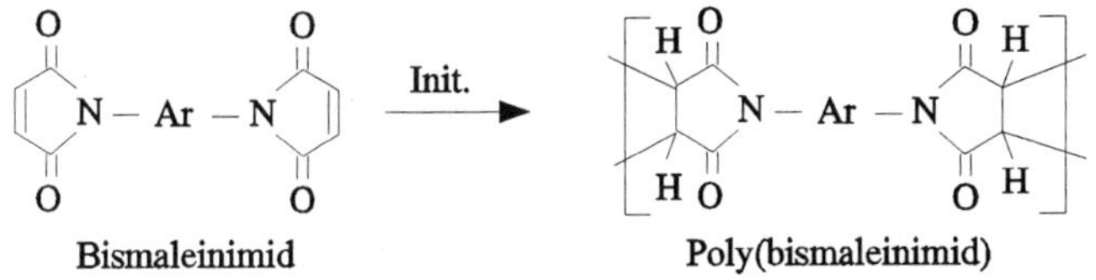

(10.3)

Bismaleinimid   Poly(bismaleinimid)

Der Vorteil dieser Härtungsreaktion gegenüber der bei den zuerst genannten Pyromellitimiden besteht darin, daß hierbei keine flüchtigen Nebenprodukte entstehen, die während der Aushärtung zur Blasenbildung führen.

Die im Handel befindlichen oligomeren Poly(bismaleinimide) sind löslich und schmelzbar. Sie werden als Bindemittel (Kerimid®, Rhône-Poulenc), als glas- bzw. graphitfaserverstärkte und auch als gefüllte Formmassen, wie etwa mit Poly(tetrafluorethylen), (z.B. Kinel®, Rhône-Poulenc) eingesetzt.

Poly(trimellitimide)

Diese weitere Untergruppe der Poly(imide) leitet sich von der Trimellitsäure ab.

Trimellitsäure

(10.4)

Trimellitsäureanhydrid-chlorid   Poly(trimellitimid)

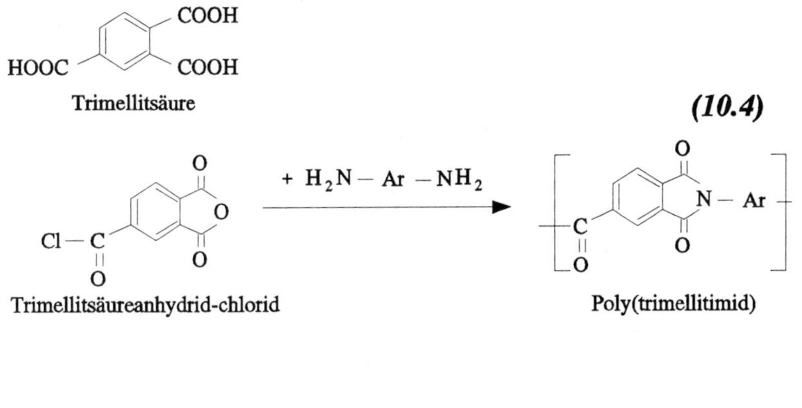

Zu dieser Untergruppe gehören die Poly(amidimide). Sie sind charakterisiert durch Imid- und Amidgruppen, die in der Hauptkette mit aromatischen Ringen verknüpft sind:

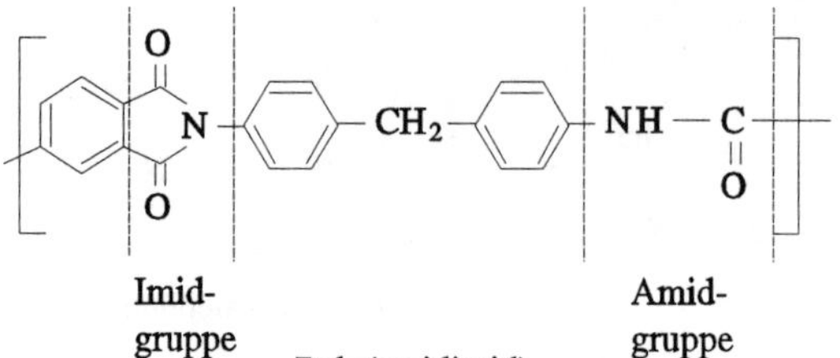
O
N
CH2
NH — C
O
O
O
Imid-
gruppe
Amid-
gruppe

Poly(amidimid)

Sowohl aufgrund dieser Struktur, als auch in Bezug auf ihre Eigenschaften stehen Poly(amidimide) zwischen den Poly(amiden) und den Poly(imiden). Im Gegensatz zu den letzteren schmelzen sie und sind in polaren Lösungsmitteln löslich. An Luft beginnt der thermische Abbau, je nach Art der eingesetzten Monomere, bei 350-450°C. Sie sind weniger oxydationsbeständig als aromatische Poly(imide), was auf die geringe Beständigkeit der Amidgruppe gegenüber Oxydation zurückzuführen ist.

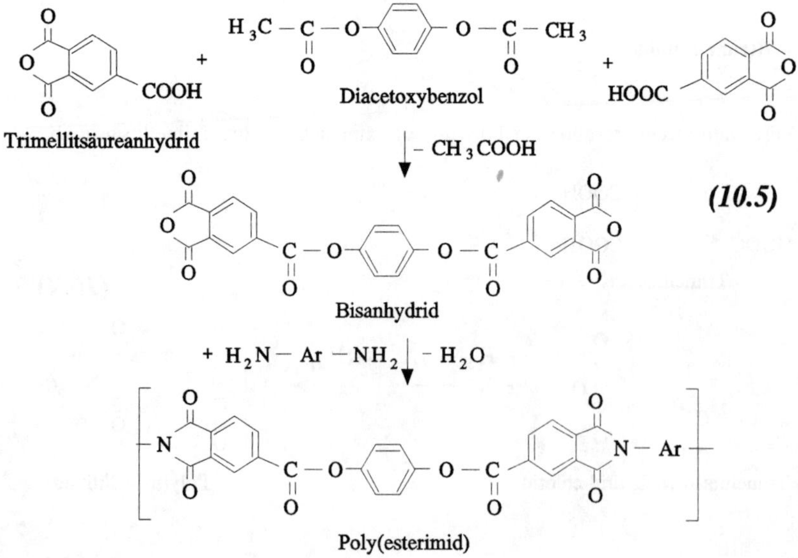
COOH
Trimellitsäureanhydrid
H3C — C — O — O — C — CH3
Diacetoxybenzol
HOOC
- CH3COOH
Bisanhydrid
+ H2N — Ar — NH2
- H2O
N
N — Ar
Poly(esterimid)

(10.5)

Eine weitere Untergruppe, die sich von Trimellitsäure ableitet, sind die Poly(ester-imide). Zu ihrer Darstellung werden Trimellitsäureanhydrid mit Diolen oder Diestern, wie z.b. dem Diacetoxybenzol, zu einem Bisanhydrid umgesetzt (siehe Gl. *10.5*). Zu dieser Reaktionsmischung wird ein Diamin gegeben, wobei zuerst die entsprechende Poly(amidsäure) entsteht, die abschließend unter Wasserabspaltung zum Poly(esterimid) cyclisiert. Poly(esterimide) sind löslich und werden als Lösung, z.b. als Drahtlacke, verarbeitet.

Poly(phthalimide)

Poly(imide) dieses Types enthalten die Phthalimidgruppe als Hauptkettenglied:

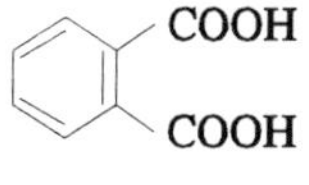

Phthalsäure 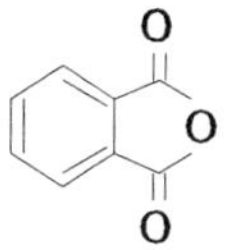   Phthalsäureanhydrid 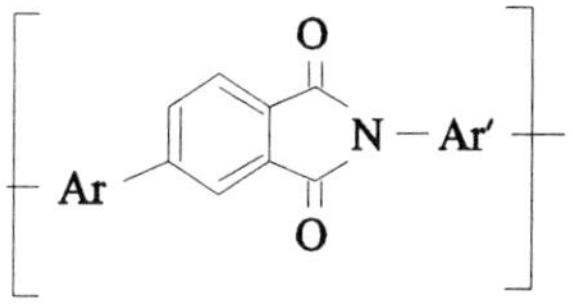   Poly(phthalimid)

Technische Bedeutung als thermoplastischer Kunststoff besitzt das zu dieser Unter-gruppe gehörende Poly(etherimid), bei dem der aromatische Rest Ar über Sauerstoff mit den Phthalimidgruppen verknüpft ist.

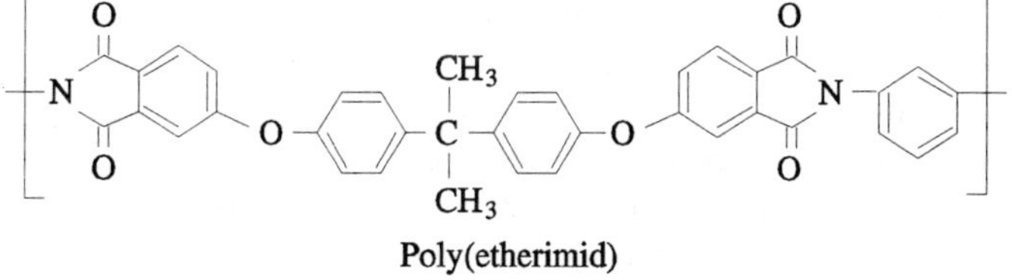

Poly(etherimid)

Zwei weitere lösliche und auch thermoplastisch verarbeitbare Poly(imide), die zur Gruppe der Poly(phthalimide) gehören, sind das LARC-TPI® der NASA und das Poly(imid)® 2080 von Upjohn. Bei beiden wird als Dianhydrid das Benzophenon-3,3',4,4'-tetracarbonsäureanhydrid eingesetzt. Das NASA-Produkt entsteht durch Umsetzung des Dianhydrids mit 3,3-Diaminobenzophenon.

Zur Herstellung des PI-2080 wird das Dianhydrid mit Bis-(4-isocyanatophenyl)-methan in N-Methylpyrrolidon als Lösungsmittel umgesetzt. Diese Polymerlösung wird direkt zu Fasern versponnen, entweder nach dem Trocken- oder Naßspinnverfahren.

10.1 Herstellung von Poly(amidimiden)

Die technische Herstellung von Poly(amidimiden) (Torlon®, Amoco) für Formmassen geht von Trimellitsäureanhydrid-chlorid aus, das mit 4,4'-Diaminodiphenylmethan in N-Methylpyrrolidon (NMP) bei Raumtemperatur umgesetzt wird, siehe Gl. *10.6 [4,5,8,9]*. Dabei reagiert das Diamin einerseits mit der Anhydridgruppe unter Abspaltung und Bildung des Säureamids, auf der anderen Seite mit der Säurechloridgruppe unter Chlorwasserstoff-Abspaltung. Dieser erste Schritt führt zur Poly(amidsäure), die nachfolgend entweder thermisch bei Temperaturen von 200-280°C, oder chemisch durch wasserbindende Mittel zum Poly(amidimid) cyclisiert wird.

Poly(amidimide) sind auch durch Umsetzung von Trimellitsäureanhydrid mit Diisocyanaten zugänglich, siehe Gl. *10.7 [10]*. Diese Reaktion führt unter Kohlendioxid-

$$\text{(10.6)}$$

Abspaltung direkt zum entsprechenden Poly(amidimid). Die so gewonnene Poly(amid-imid)-Lösung kann direkt als Spinnlösung zur Faserherstellung (Kermel®, Phône-Poulenc) oder für Elektroisolier- und Einbrennlacke verwendet werden.

$$\text{(10.7)}$$

10.2 Eigenschaften und Anwendungen von Poly(amidimid)

Das als Formmasse am Markt erhältliche Poly(amidimid) *[16]*, PAI, ist ein harter, amorpher Thermoplast. Die Glastemperatur des zur Verarbeitung eingesetzten, nicht ausreagierten Produkts beträgt 230°C *[19]*. Nach der notwendigen thermischen Nachbehandlung liegt T_g bei 275°C. Der Vorteil dieser hohen Glasübergangstemperatur wird allerdings durch die aufwendige Verarbeitung dieses Materials geschmälert. Zur thermoplastischen Verarbeitung kann nur Material eingesetzt werden, das noch nicht vollkommen ausreagiert hat. Die Viskosität eines verarbeitungsfähigen, unverstärkten Typs fällt bei 340°C im Schergeschwindigkeitsbereich zwischen 1 und 1000 s^{-1} von 10^6 auf 10^4 Pas ab. Bei der Verarbeitung werden hohe Einspritzgeschwindigkeiten und Temperaturen bis 370°C angewandt, um auch filigrane Formnester füllen zu können.

Die notwendigen Verarbeitungstemperaturen liegen deutlich über der Temperatur von 250°C, bei der die Polykondensation bereits wieder einsetzt. Bei schneller Verarbeitung und Werkzeugtemperaturen von 220°C läuft diese Reaktion allerdings nicht so weit, daß ein Anstieg in der Schmelzviskosität und damit eine Verschlechterung der Verarbeitbarkeit zu beobachten wäre. Aus diesem Grund können Angüsse und andere Produktionsabfälle als Mahlgut einer erneuten Verarbeitung zugeführt werden.

Nach der Formgebung durch Spritzguß, Extrusion oder Pressen müssen die Teile thermisch nachbehandelt werden. Bei dieser "Härtung" kondensiert das Material aus, indem noch vorhandene Amidsäure unter Imidbildung cyclisiert. Die Molmasse steigt an und in geringem Umfang tritt auch Vernetzung ein. Da bei dieser Reaktion Wasser abgespalten wird, das aus dem Formteil diffundieren muß, sind in Abhängigkeit von der Wanddicke verschieden lange Härtungszeiten anzuwenden. Dünnwandige Teile (0,5-1,3 mm) werden jeweils nacheinander etwa 4 Stunden bei Temperaturen von 150, 220, 250 und 260°C gehärtet. Dickwandigere Teile, bis maximal 16 mm, müssen zur optimalen Härtung über 24 Stunden bei jeder dieser Temperaturen belassen werden. Bei zu schnellem Aufheizen reagiert die Oberfläche der Teile vorzeitig aus und verhindert den Wasseraustritt aus dem Inneren, wodurch Blasen im Teil entstehen. So gehärtete PAI-Formteile lassen sich nicht mehr zur Wiederverarbeitung einsetzen.

Die thermische und thermooxidative Beständigkeit ist hoch; in der TGA wird der Beginn des Abbaus sowohl unter Inertgas als auch an Luft etwa um 400°C beobachtet. An Luft schreitet die Zersetzung mit ansteigender Temperatur in zunehmendem Maße fort und führt bei 700°C zu 90% Gewichtsverlust (siehe Abb. 10.1).

Die chemische Beständigkeit ist ebenfalls sehr gut. Bei erhöhter Temperatur (93°C, 24 Std.) wird PAI von Benzolsulfonsäure und Ameisensäure angegriffen. Natronlauge (30%ig) führt unter diesen Bedingungen zu einem nahezu vollständigen Festigkeitsverlust. Ähnlich starke Schädigung bewirken Ethanolamin und Ethylendiamin. Wasserdampf führt bei Temperaturen oberhalb 160°C zum Abbau.

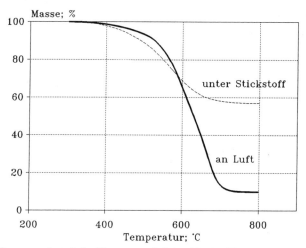

Abb.10.1: Thermogravimetrische Messung an Poly(amidimid), Torlon Typ 4203L, bei einer Heizgeschwindigkeit von 10 K/min [16].

PAI ist schwer entflammbar, der Sauerstoffindex liegt je nach Typ zwischen 43 und 52%. Bei der Verbrennung entsteht nur geringer Rauch, als toxische Gase werden im wesentlichen Kohlendioxid und Stickoxide gebildet.

Die wesentlichen Eigenschaftswerte eines unverstärkten, eines mit 30% Glasfaser und eines mit 30% Graphitfaser verstärkten PAI-Typs sind in Tabelle 10.1 zusammengefaßt. Der unverstärkte Typ enthält 0,5 Gew.% Poly(tetrafluorethylen) und 3 Gew.% Titandioxid. Dieser Typ zeigt die höchste Kerbschlagzähigkeit unter den Torlon®-Typen. Die höchste Steifigkeit besitzt der mit Graphitfaser verstärkte Typ.

Dieses Poly(amidimid) zeichnet sich dadurch aus, daß die mechanischen Eigenschaftswerte auch bei erhöhten Temperaturen noch relativ hoch liegen. Die Reißfestigkeit beträgt z.B. bei 149°C 100 MPa, bei 260°C noch 50 MPa. Für die zugehörigen Reißdehnungen ergeben sich Werte von 17 bzw. 22%.

Die Temperaturabhängigkeit des Schermoduls (G') und der mechanischen Dämpfung (tanDel) des unverstärkten Typs 4203L ist in Abb.10.2. wiedergegeben. Es ergibt sich der für amorphe Thermoplaste typische Verlauf des Moduls, der bis zur Glastemperatur nur wenig abfällt. Bis 260°C ergeben sich Modulwerte, die oberhalb 1 GPa liegen. Die mechanische Dämpfung zeigt zwei ausgeprägte Maxima im Glaszustand, ein hohes, schmales bei -85°C und ein breites, weniger hohes bei etwa 110°C. Das Tieftemperatur-maximum wird auf Drehbewegungen der in der Hauptkette gebundenen Phenylringe zurückgeführt. Mit dieser molekularen Bewegung, die bei der Meßfrequenz von 1 Hz in diesem Temperaturbereich um -85°C angeregt wird, läßt sich die hohe Schlagzähigkeit dieses Polymeren bei Raumtemperatur erklären.

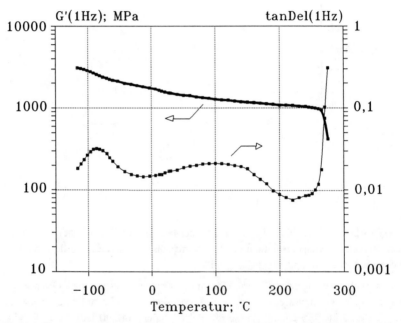

Abb.10.2: *Temperaturabhängigkeit des Schermoduls (G') und der mechanischen Dämpfung (tanDel) bei der Meßfrequenz von 1 Hz für ein ungefülltes Poly(amidimid) [17,18].*

Anwendung findet das PAI in der Elektrotechnik zur Herstellung von Steckern, Spulen-körper, Montageplatten, Funkenschutzkappen etc., die bis zu Temperaturen von 220°C dauernd (UL-Index für elektrische Anwendungen) beansprucht werden. Mechanisch beansprucht Teile sind dauernd bis zu Temperaturen von 200-210°C (UL-Index mit Schlagbeanspruchung bzw. ohne) einsetzbar. Im Motor und Apparatebau werden Lager, Gleitringe, Gehäuse- und Ventilteile aus PAI gefertigt.

Tab.10.1: *Eigenschaftswerte von unverstärktem und mit Glas- bzw. Graphitfasern verstärktes Poly(amidimid) (Torlon®-Typen; Amoco Perf. Prod.) [16,19].*

	Einheit		4203L unverst.	5030 30% Glasfaser	7130 30% Graphitfaser
Dichte	g/cm^3		1,40	1,57	1,42
Wasseraufnahme	23°C 24h	%	0,33	0,24	0,22
Glastemperatur	°C		275		
Formbeständigkeitstemp.	1,82MPa °C		260	274	275
Therm. Längenausdehnungskoeffizient	10^{-6}/K		30,6	16,2	9
Wärmeleitfähigkeit	W/(mK)		0,26	0,37	0,53
Brennbarkeit UL 94	Klasse		V-0	V-0	V-0
Sauerstoffindex	%		45	51	52
Reißfestigkeit	MPa		152	221	250
Reißdehnung	%		7,6	2,3	1,2
Zug-E-Modul	GPa		4,5	14,6	24,6
Zugkriechmodul	100h 1000h	GPa	2,65 2,2		
Biegefestigkeit	MPa		244	338	355
Schlagzähigkeit, Izod	J/m		1062	504	340
Kerbschlagzähigkeit,Izod	J/m		142	79	47
Dielektrizitätszahl	1 kHz 1 MHz		4,2 3,9	4,4 4,2	
Dielektrischer Verlust	1 kHz 1 MHz		0,026 0,031	0,022 0,050	
Oberflächenwiderstand	Ω		5 10^{18}	10^{18}	
Durchgangswiderstand	Ωcm		2 10^{17}	2 10^{17}	
Durchschlagfestigkeit	kV/mm		23,6	32,6	

Weitergehende Anwendung findet nicht ausreagiertes, in N-Methylpyrrolidon gelöstes PAI als Klebstoff und zur Herstellung von hochtemperaturfesten Drahtüberzügen.

10.3 Herstellung von Poly(etherimid)

Die Herstellung von Poly(etherimiden) *[4,5]* kann nach zwei Methoden ausgeführt werden: Einmal durch Umsetzung eines Ethergruppen enthaltenden Dianhydrids mit einem Diamin (Methode A) *[11]*, die unter Imidierung zum Poly(etherimid) polykondensieren, oder zum anderen durch Umsetzung eines Bis-nitrophthalimids mit einem Bisphenolat (Methode B) *[12-14]*.

(10.8)

Die als Methode A dargestellte Variante wird zur Produktion des Poly(etherimids) der General Electric mit Handelsnamen Ultem® angewandt *[11,20]*. Das als Monomer eingesetzte Dianhydrid wird aus N-Phenyl-4-nitrophthalimid und dem Natriumsalz des Bisphenol A hergestellt. Nach der Kondensation zum Diether erfolgt die Hydrolyse des N-Phenylimides unter Abspaltung von Anilin und Bildung der freien Tetracarbonsäure. Ihr Anhydrid wird schließlich mit dem Diamin zum Poly(etherimid) polykondensiert.

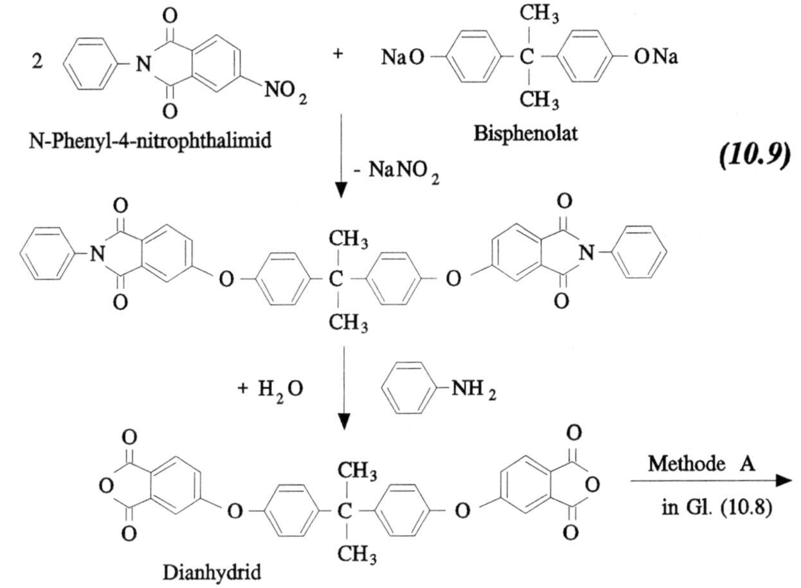

N-Phenyl-4-nitrophthalimid Bisphenolat

$$(10.9)$$

Dianhydrid

Methode A
in Gl. (10.8)

10.4 Eigenschaften und Anwendungen von Poly(etherimid)

Das unter dem Handelsnamen Ultem® erhältliche Poly(etherimid), PEI, ist im ungefüllten Zustand ein transparenter, amorpher Thermoplast, mit leicht brauner Eigenfarbe. Seine Glastemperatur beträgt 217°C. Als Wärmeformbeständigkeitstemperatur nach ISO 75/A wird 200°C angegeben.

Diese gegenüber Poly(amidimid) niedrigere Glastemperatur von PEI ist eine Folge der zwei pro Grundeinheit enthaltenen Sauerstoffatome. Dieser Ether-Sauerstoff erhöht als flexibles Kettenglied die molekulare Beweglichkeit. Auch die Isopropylidengruppe trägt zu dieser Flexibilität bei. Diese Struktur bewirkt darüber hinaus eine deutlich leichtere Verarbeitbarkeit von PEI. Im Gegensatz zu Poly(amidimid) wird PEI im ausreagierten Zustand verarbeitet und muß nicht nachträglich gehärtet werden. Seine Schmelzviskosität ist um mehr als eine Dekade niedriger als die von verarbeitbarem PAI, bei 345°C und einer Schergeschwindigkeit von 1000 s⁻¹ beträgt sie etwa 1000 Pas [23].

Die thermische Beständigkeit ist sehr gut; bei 400°C werden unter Inertgas etwa 1% Masseverlust gemessen. Wie in Abb.10.3 gezeigt, ist der Abbau von PEI bis 550°C deutlich geringer als der bei Poly(amidimid). In dieser Darstellung sind Ergebnisse von Messungen mit unterschiedlicher Heizgeschwindigkeit wiedergegeben. Unter gleichen Meßbedingungen würde sich ein Bild mit noch größeren Unterschieden ergeben, da der Abbau bei jeweils höherer Heizgeschwindigkeit in zunehmendem Maße verzögert zu beobachten ist. So erscheint das Poly(amidimid) in dieser Darstellung beständiger als bei der Heizgeschwindigkeit von 5 K/min, mit der das PEI vermessen wurde.

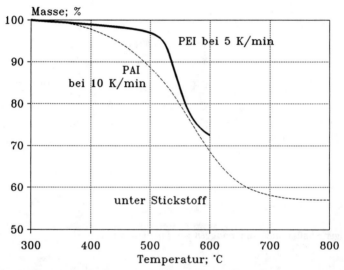

Abb.10.3: *Thermogravimetrische Messung an Poly(etherimid) unter Inertgas bei einer Heizgeschwindigkeit von 5 K/min [24], zum Vergleich Poly(amidimid), siehe Abb.10.1.*

Die chemische Beständigkeit von PEI ist dagegen deutlich geringer als die von PAI. Bei Raumtemperatur wird PEI von oxidierenden Säuren und vor allem von Alkalilaugen angegriffen. Die Beständigkeit gegenüber Wasser wird in der Literatur mit gut bis ausgezeichnet beschrieben [21,22]. Bei Raumtemperatur zeigt in Wasser gelagertes PEI auch nach 10000 Stunden kaum eine Abnahme der Streckspannung. Auch in kochendem Wasser fällt die Streckspannung nach dieser Zeitspanne nur um etwa 10% ab. Allerdings sinkt unter diesen Bedingungen die Reißdehnung sehr rasch auf niedrige Werte [23]. Wohl aus diesem Grund stuft der Hersteller die Beständigkeit von Poly-

(etherimid) gegenüber heißem Wasser mit mäßig gut bis schlecht (fair/poor) ein. Löslich ist PEI in chlorierten Kohlenwasserstoffen, wie Chloroform, Dichlormethan und o-Dichlorbenzol sowie in Phenolen, Ketonen, N-Methylpyrrolidon und Dimethylacetamid. Auch ohne Stabilisatorzusatz ist PEI gegenüber UV-Strahlung sehr gut beständig. In Bewitterungsversuchen (Xenon- und Quarzlampe, 60°C) beträgt die Schlagzähigkeit nach 2500 Stunden noch 70% des Ausgangswertes und das Material ist oberflächlich nur wenig zersetzt. Die Beständigkeit gegenüber Gamma-Strahlung ist hoch; eine Energiedosis von 5 MGy einer Kobalt-60-Quelle (Energiedosisrate: 2,8 Gy/s) bewirkt eine Abnahme der Reißfestigkeit um 5-6% [22,23].

Poly(etherimid) ist auch ohne Zusätze schwerentflammbar und besitzt mit 47 % einen hohen Sauerstoffindex. Die Rauchgasdichte ist verglichen mit anderen HT-Thermoplasten sehr gering (ASTM E662); lediglich Poly(etheretherketon) zeigt eine noch geringere maximale Rauchgasdichte, Poly(ethersulfon) und Poly(sulfon) ergeben höhere Werte.

Die mechanischen Werte sind im Vergleich zu denen anderer HT-Thermoplasten sehr gut; bei Raumtemperatur sind die Festigkeitswerte denen von Poly(arylenetherketonen) ähnlich, Poly(ethersulfon) und Poly(sulfon) zeigen weniger günstige Werte. Auch bei erhöhter Temperatur bleiben die mechanischen Werte auf hohem Niveau. Die Streckspannung beträgt bei 180°C noch 41 MPa, der Biegemodul 2,1 GPa. Auch die Schlagzähigkeit bei Raumtemperatur ist hoch, die Kerbschlagzähigkeit vergleichsweise niedrig. In Tab.10.2 sind typische Eigenschaftswerte eines unverstärkten und eines mit 30% Glasfaser verstärkten Types aufgeführt.

In Abb.10.4 sind die Temperaturabhängigkeit von Schermodul G' und mechanischer Dämpfung bei der Meßfrequenz von 1 Hz dargestellt. Der Modulverlauf ist typisch für amorphe Thermoplaste, bis zur Glastemperatur ist nur ein geringfügiger Abfall mit steigender Temperatur zu beobachten. Bis etwa 160°C werden Modulwerte gefunden, die über 1 GPa liegen. Die mechanische Dämpfung zeigt neben dem scharfen und hohen Maximum im Glas-Kautschuk-Übergang zwei niedrige Maxima, eines bei -100°C und ein breites bei 70°C.

Die dielektrischen Eigenschaften sind sehr gut. Sowohl die Dielektrizitätszahl als auch der dielektrische Verlustfaktor zeigen nur geringe Änderungen mit steigender Temperatur. Der dielektrische Verlust zeigt in Abhängigkeit von der Frequenz im Bereich um 1 MHz ein Maximum mit Werten von 0,007, bei niedrigeren Freuenzen liegen die Werte um 0,001 und bei höheren Freuqenzen um 0,003. Im Vergleich zu anderen HT-Thermoplasten sind diese niedrigen Werte sehr günstig für die Anwendung in der Elektronik.

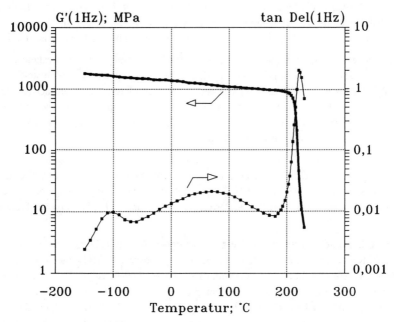

Abb.10.4: *Temperaturabhängigkeit von Schermodul (G') und mechanischer Dämpfung (tanDel) bei 1 Hz für ein ungefülltes Poly(etherimid) [17,18].*

Poly(etherimid) läßt sich nach allen gängigen Verarbeitungsverfahren für Thermoplaste verarbeiten. Vor der Verarbeitung muß das Granulat bei 150°C über 4 Stunden getrocknet werden. Als geeignete Schmelzetemperaturen werden für die verschieden Typen 340 bis 427°C angegeben. Die Werkzeugtemperatur sollte zwischen 63 und 177°C liegen, wobei Temperaturen um 150°C als optimal in Hinblick auf möglichst spannungsfreie Formteile und Oberflächengüte angegeben werden. Die Schwindung liegt zwischen 0,5 und 0,7 %.

Halbzeug aus PEI kann spanend bearbeitet werden, Trennen und Bohren mit dem Laserstrahl ist möglich. Zum Verkleben von Poly(etherimid)-Teilen untereinander kann eine Lösung von PEI in Dichlormethan verwendet werden. Zum Fügen von PEI mit anderen Materialien eignen sich Adhäsionskleber auf Basis von Silikon und Epoxidharzen, wobei letztere keine Amin-Härter enthalten sollten. Die Anwendung von Poly-(amid)-Schmelzklebern ist ebenfalls möglich.

Tab.10.2: Eigenschaftswerte von ungefüllten und mit 30% Glasfaser verstärkten Poly(etherimid), Ultem®-Typen [22,23,26]

	Einheit		1000 unverst.	2300 30% Glasfaser
Dichte	g/cm^3		1,27	1,51
Wasseraufnahme	23°C 24h	%	0,25	0,18
	23°C Sättig.	%	1,25	0,90
Glastemperatur	°C		217	217
Formbeständigkeitstemp. HDT/A 1,8MPa	°C		200	210
Therm. Längenausdehnungskoeff.	10^{-6}/K		56	20
Wärmeleitfähigkeit	W/(mK)		0,22	0,23
Brennbarkeit	Klasse		V-0	V-0/5VA
Sauerstoffindex	%		47	50
Reißfestigkeit	MPa		83	169
Streckspannung	MPa		105	
Reißdehnung	%		60	3
Streckdehnung	%		6-8	
Zug-E-Modul	GPa		3	8,97
Biegefestigkeit	MPa		144	228
Schlagzähigkeit, Izod	kJ/m^2		kB	40
Kerbschlagzähigkeit,Izod	kJ/m^2		5,34	
Dielektrizitätszahl	60 Hz		3,15	3,7
	1 kHz		3,15	3,7
	100 kHz		3,13	
Dielektrischer Verlust	60 Hz		0,0013	
	1 kHz		0,0012	0,0015
	100 kHz		0,005	
	1 MHz		0,007	0,007
Oberflächenwiderstand	Ω		10^{17}	> 10^{13}
Durchgangswiderstand	Ωcm		10^{17}	3 10^{16}
Durchschlagfestigkeit Öl-Luft	kV/mm		24-33	25-30

Anwendung findet PEI dort, wo seine hohe Wärmeformbeständigkeit, seine Festigkeit und die Beständigkeit gegenüber Treibstoffen und Motorölen zum Tragen kommen, wie etwa im Automobilbau in Motornähe als elektrischer Stecker, mechanische Komponente und als Wärmetauscher. In der Elektrotechnik und Elektronik bieten sich vielfälltige Einsatzmöglichkeiten aufgrund seiner guten dielektrischen Eigenschaften und Flamm-widrigkeit an, z.B. als Chip-Träger, als Leiterplatten, als Bauteile für Mikrowellenherde etc. Im Flugzeugbau werden besonders wegen der niedrigen Rauchgasdichte Innenteile gefertigt.

Literatur

[1]   C.E. Sroog, *J. Polym. Sci., Macromol. Reviews* **11**, 161 (1976).

[2]   K.L. Mittal [Hrsg.]: Polyimides, Synthesis, Characterization and Applications, 2 Bde, Plenum Press, New York (1984).

[3]   P. Matthies: "Poly(imide), -(amid-imide) und -(ether-imide)" in H. Bartl, J. Falbe [Hrsg.]: Houben-Weyl: Methoden der organischen Chemie, Band E20: Makromolekulare Stoffe, Georg Thieme Verlag, Stuttgart 1987.

[4]   F. Jonas, R. Merten: "Spezielle Polymere: Polymere mit kondensierten, heterocyclischen Ringen: Poly(imide)" in Houben-Weyl, siehe [3].

[5]   H.-G. Elias, F. Vohwinkel: Neue polymere Werkstoffe für die industrielle Anwendung, 2. Folge, Carl Hanser Verlag, München 1983.

[6]   J.P. Critchley, G.J. Knight, W.W. Wright: Heat-Resistant Polymers, Plenum Press, New York 1983.

[7]   P.E. Cassidy: Thermally Stable Polymers, Syntheses and Properties, Marcel Dekker, New York 1980.

[8]   K.-U. Bühler, Spezialplaste, Akademie-Verlag, Berlin 1978.

[9]   E. Lavin, H.A. Markhart, J.O. Sauter (Monsanto Chem. Co.) US.Pat. 3 260 691 (1966).

[10] S. Terney, J. Keating, J. Zielinski, J. Hakala, H. Sheffer, *J. Polym. Sci., A-1*, **8**, 683 (1970).

[11] J.G. Wirth, D.R. Heath (General Electric) US.Pat. 3 730 946 (1973).

      D.R. Heath, J.G. Wirth (General Electric) DOS 2 341 226 (1974); *CA* **82** 98716 (1975).

      D.R. Heath, T. Takekoshi (General Electric) DOS 2 412 466 (1974); *CA* **82** 31155 (1975).

[12] D.M. White, T. Takekoshi, F.J. Williams, H.M. Relles, P.E. Donahue, H.J. Klopfer, G.R. Loucks, J.S. Manello, R.O. Matthews, R.W. Schluenz, *J.Polym. Sci., Polym. Chem. Ed.* **19**, 1635 (1981).

[13] T. Takekoshi, J.E. Kochanowski, J.S. Manello, M.J. Webber, *J. Polym. Sci., Polym. Chem. Ed.* **23**, 1759 (1985).

[14] T. Takekoshi, *Polym. J.* **19**, 191 (1987).

[15] B. Sillion: "Polyimides and Other Heteroaromatic Polymers" in G. Allen, J.C.

Bevington [Hrsg.]: Comprehensive Polymer Science, Band 5, Pergamon Press, Oxford 1989.

[16]   TORLON, Produktinformation der Amoco Performance Products.

[17]   S. Rott, Diplomarbeit, Erlangen 1988.

[18]   J. Hummich, Diplomarbeit, Erlangen 1989.

[19]   J.L. Throne: "Polyamide-imide" in I.I. Rubin [Hrsg.]: Handbook of Plastic Materials and Technology, J. Wiley & Sons, New York 1990.

[20]   J.G. Wirth:"Discovery and Development of Polyetherimides" in R.B. Seymour, G.S. Kirshenbaum [Hrsg.]: High Performance Polymers: Their Origin and Development, Elsevier Science Publ., New York 1986.

[21]   I.W. Serfaty: "Polyetherimide: A Versatile, Processable Thermoplastic" in K.L. Mittal siehe [2], Band 1.

[22]   I.W. Serfaty: "Polyetherimide" in I.I. Rubin, siehe [19].

[23]   R.O. Johnson, H.S. Burlhis, *J. Polym. Sci., Polym. Symp.* **70**, 129 (1983).

[24]   J.S. Furno, E.B. Naumann, *Polymer* **32**, 88 (1991).

[25]   J.W. Verbicky: "Polyimides" in H.F. Mark, N.M. Bikales, C.G. Overberger, G. Menges [Hrsg.]: Encyclopedia of Polymer Science and Engineering, Second Edition, John Wiley & Sons, New York 1988.

[26]   ULTEM, Produktinformation der General Electric Plastics.

11 Anhang

11.1 Verwendete Kurzzeichen

BPA-PC   Bisphenol-A-Poly(carbonat), übliches Kurzzeichen ist PC. Diese Bezeichnung wird benutzt um das klassische Poly(carbonat) von andersartig
strukturierten Poly(carbonaten), den modifizierten Poly(carbonaten), zu
unterscheiden.

BPA-PEEK   Bisphenol-A-Poly(etheretherketon)

LCMP   Flüssigkristallines Hauptketten-Polymer

LCP   Flüssigkristallines Polymer

LCSP   Flüssigkristallines Seitenketten-Polymer

PAA   Poly(arylenamide) - Gruppenbezeichnung = Aramide

PA-MPDI   Poly(m-phenylenisophthalamid) siehe PMIA

PA-PPDT   Poly(p-phenylenterephthalamid) siehe PPTA

PAE   Poly(arylenether) - Gruppenbezeichnung

PAEK   Poly(arylenetherketone) - Gruppenbezeichnung

PAES   Poly(arylenethersulfone) - Gruppenbezeichnung

PAI   Poly(amidimid)

PAR   Poly(arylate) - Gruppenbezeichnung = aromatische Poly(ester)

PAS   Poly(arylensulfide) = Gruppenbezeichnung

PASU   Poly(arylensulfone) = Gruppenbezeichnung

PBA   Poly(p-benzamid)

PBAI   Poly(arylat) aus Bisphenol-A und Isophthalsäure - Poly(bisphenoliso-
phthalat)

PBAT   Poly(arylat) aus Bisphenol-A und Terephthalsäure - Poly(bisphenoltere-
phthalat)

PBBT	Flüssigkristallines Poly(arylat) aus Dihydroxybiphenyl, Hydroxy-benzoesäure und Iso/Terephthalsäure
PBIT	Poly(bisphenol-iso/terephthalat), Poly(arylat) aus Bisphenol-A und einem Gemisch aus Iso- und Terephthalsäure
PC	Poly(carbonat)
PEEK	Poly(etheretherketon)
PEEKK	Poly(etheretherketonketon)
PEI	Poly(etherimid)
PEK	Poly(etherketon)
PEKEKK	Poly(etherketonetherketonketon)
PEKK	Poly(etherketonketon)
PES	Poly(ethersulfon), anderes Kurzzeichen: PESU
PESC	Poly(estercarbonat); anderes Kurzzeichen: PEC, was aber zu Verwechslungen mit chloriertem Poly(ethylen) führen kann!
PESI	Poly(esterimid)
PHB	Poly(4-hydroxybenzoat) siehe POB
PI	Poly(imide) - Gruppenbezeichnung
PMBA	Poly(m-benzamid)
PMIA	Poly(m-phenylenisophthalamid)
POB	Poly(4-hydroxybenzoat), anderes Kurzzeichen PHB
POBN	Flüssigkristallines Poly(arylat) aus p-Hydroxybenzoesäure und 2,6-Hydroxynaphthoesäure.
POP	Poly(p-phenylenoxid), unsubstituiert
PPE	Poly(phenylenether), 2,6-Dimethylderivat des Poly(p-phenylenoxids)
PPH	Poly(phenylene) = Poly(arylene) - Gruppenbezeichnung
PPM	Poly(benzyl)
PPP	Poly(p-phenylen)
PPS	Poly(p-phenylensulfid)
PPSU	Poly(phenylensulfon), anderes Kurzzeichen: PAS von Poly(arylsulfon)
PPTA	Poly(p-phenylenterephthalamid)

PPX   Poly(p-xylylen)

PSP   Poly(sulfonyl-1,4-phenylen)

PSU   Poly(sulfon), Bisphenol-A-Poly(ethersulfon), anderes Kurzzeichen: PSF

SBI-PC   Modifiziertes Poly(carbonat) auf der Basis von Spirobisindan-Bisphenol

TMBPA-PC Modifiziertes Poly(carbonat) auf der Basis von Tetramethyl-Bisphenol-A

TMC-PC   Modifiziertes Poly(carbonat) auf der Basis von Trimethylcyclohexan-Bisphenol

Vollständige Listen für international gebräuchliche und in der Literatur häufig benutzte Kurzzeichen finden sich bei:

H.-G. Elias: "Abbreviations for Thermoplastics, Thermosets, Fibers, Elastomers, and Additives" in J. Brandrup, E.H. Immergut [Hrsg]: Polymer Handbook, Third Edition, J. Wiley & Sons, New York 1989.

DIN 7728, Teil 1 (Jan.1988) - ISO 1043-1987 (E)

11.2 Eigenschaftswerte einzelner Hochtemperatur-Thermoplaste

Tab.11.2.1: Eigenschaftswerte von Poly(p-phenylenen)

Kurzzeichen: PPP   Systematischer Name: Poly(1,4-phenylen)
Struktur:

Eigenschaft	Einheit	H-Resin ungef.	PPP-gesint.	Carb.-Faser-lamin.	E-Glas-lamin.
Dichte	g/cm³	1,145	1,2	1,5	
Glastemperatur	°C	283			
Dauergebrauchstemperatur	°C	200			
Wärmeleitfähigkeit bei 100°C	W/(mK)	0,0028			
Biege-E-Modul	GPa				
23-25°C		4,8	3,9	110	21-34
230°C				100	
360°C		3,5			
Biegefestigkeit	MPa				
23-25°C		48-69	43	800	552
240°C				380	
360°C		41-55	25-30		
Dielektrischer Verlustfaktor 60Hz					
23°C		0,0025			
100°C		0,0008			
spez. Durchgangswiderstand	Ωcm	10^{17}			

Bemerkungen: H-Resin® ist der Handelsname dewr Hercules Inc. für ein gehärtetes, acetylenterminiertes Poly(phenylen). Das gesinterte PPP ist ein durch oxydative Polymerisation hergestelltes Poly(p-phenylen). Das Carbonfaser-Laminat enthält 45-55 Volumenprozent einer Hochmodul-C-Faser. Das E-Glas-Laminat enthält 60% Glasgewebe.

Tab.11.2.2: Elektrische Leitfähigkeiten von Poly(p-phenylen) mit verschiedenen Dotierungsmitteln

	Dotierungsmittel	Leitfähigkeit, S/cm
Poly(p-phenylen)	J_3^-	$< 10^{-5}$
	AsF_6^-	500
	BF_4^-	70
	K^+	20

Daten nach:

J.P. Critchley, G.J. Knight, W.W. Wright: Heat-Resistant Polymers, Plenum Press, New York 1983.

L.C. Cessna, H. Jabloner, *J. Elast. Plast.* **6**, 103 (1974).

D.M. Gale, *J. Appl. Polym. Sci.* **22**, 1971 (1978).

J.E. Frommer, R.R. Chance: "Electrically conductive Polymers" in H.F. Mark, N.M. Bikales, C.G. Overberger, G. Menges [Hrsg.]: Encyclopedia of Polymer Science and Engineering, Sec. Ed., J. Wiley & Sons, New York 1988.

Tab.11.2.3: Eigenschaftswerte von Poly(p-xylylenen)

Kurzzeichen: PPX   Systematischer Name: Poly(1,4-phenylenethylen)
Struktur:

$$\left[\!\!\left\langle\bigcirc\right\rangle\!-CH_2-CH_2\right]_n$$

		Parylen N Poly(p-xylylen)	Parylen C Monochlor- Derivat	Parylen D Dichlor-Deri- vat
Dichte	g/cm^3	1,11	1,29	1,42
Wasseraufnahme	%	<0,1	<0,1	<0,1
Zug-E-Modul	GPa	2,4	3,2	2,8
Reißfestigkeit	MPa	45	70	75
Reißdehnung	%	30	200	10
Streckspannung	MPa	42	55	60
Streckdehnung	%	2,5	2,9	3
Schmelzpunkt	°C	420 (N$_2$-Atm.)	290	380
Glastemperatur	°C	60-80	80-100	
Lin. Ausdehnungskoeffizient	10^{-6}/K	69	35	
Wärmeleitfähigkeit	W/(m K)	0,12	0,082	
Dielekt.-konstante	60Hz- 1MHz	2,65 2,65	3,15 2,95	2,84 2,80
Verlustfaktor	60Hz- 1MHz	0,0002 0,0006	0,020 0,013	0,004 0,002
Oberflächenwiderstand	Ω	10^{13}	10^{14}	5·10^{16}

Tab.11.2.4: Barriere-Eigenschaften von Poly(xylylene)

	Parylen N	Parylen C	Parylen D
Wasserdampfdurchlässigkeit bei 37°C 10^{-9}g/(msPa)	0,0012	0,0004	0,0002
Gasdurchlässigkeit bei 25°C 10^{-19}mol/(msPa)			
N_2	15,4	2,0	9,0
O_2	78,4	14,4	64,0
CO_2	429,0	15,4	26,0
H_2S	1590,0	26,0	2,9
SO_2	3790,0	22,0	9.53
Cl_2	148,0	0,7	1,1

Bemerkungen: Parylen® ist ein Handelsname der Union Carbide Corp..

W.F. Beach. C. Lee, D.R. Bassett, T.M. Austin, R. Olson: "Xylylene Polymers" in H.F. Mark, N.M. Bikales, C.G. Overberger, G. Menges [Hrsg.]: Encyclopedia of Polymer Science and Engineering, Sec. Ed., J. Wiley & Sons, New York 1988.

Tab.11.2.5: Eigenschaftswerte von Poly(phenylenether)

Kurzzeichen: PPE   Systematischer Name: Poly(oxy-2,6-dimethyl-1,4-phenylen)
Struktur:

Eigenschaft		Einheit	PPE, unverst.
Dichte		g/cm^3	1,06
Glastemperatur		°C	205
Kristallitschmelztemperatur		°C	267
Formbeständigkeit HDT B (0,45 MPa)		°C	179
Therm. Längenausdehnungskoeff.		10^{-6}/K	52
Wärmeleitfähigkeit		W/(mK)	0,192
Reißfestigkeit	23°C	MPa	80
	93°C		55
Reißdehnung	23°C	%	20-40
	93°C		30-70
Zug-E-Modul	23°C	GPa	2,69
	93°C		2,48
Biegefestigkeit	-17°C	MPa	134
	23°C		114
	93°C		87

Schlagzähigkeit Izod	ungekerbt		J/m	>2000
	gekerbt	-40°C		53
		23°C		64
		93°C		91
Dielektrizitätszahl	23°C	60 Hz		2,58
50% rel.F.		1 MHz		2,58
	66°C	60 Hz		2,56
		1 MHz		2,55
Dielektrischer Verlustfaktor				
50% rel.F.	23°C	60 Hz		0,00035
		1 MHz		0,0009
	66°C	60 Hz		0,00033
		1 MHz		0,0004
spez. Durchgangswiderstand			Ωcm	$>10^{15}$
Durchschlagfestigkeit			kV/mm	20

Daten nach: D. Aycock, V. Abolins, D.M. White: "Poly(phenylene ether)" in H.F. Mark, N.M. Bikales, C.G. Overberger, G. Menges [Hrsg.]: Encyclopedia of Polymer Science and Engineering, Second edition, John Wiley & Sons, New York 1988.

K.-U. Bühler, Spezialplaste, Akademie-Verlag, Berlin 1978.

Tab.11.2.6: Eigenschaftswerte von Poly(phenylenether)-Mischungen mit Poly(styrol)

Kurzzeichen: PPE/PS-Blend

Struktur:

Eigenschaft	Einheit	Noryl N110 unverst.	Noryl GFN3 30% Glas- faser	Noryl Xtra HH195 Hoch- Temp.
Dichte	g/cm³	1,06	1,27	1,04
Feuchtigkeitsaufnahme 23°C 24h Sättigung 23°C	%	0,07 0,15	0,06 0,12	0,13 0,30
Formbeständigkeit HDT A (1,8 MPa) B (0,45 MPa)	°C °C	95 105	145 155	180 195
Therm. Längenausdehnungskoeff.	10^{-6}/K	70-90	25-70	70-80
Wärmeleitfähigkeit	W/(mK)	0,16	0,28	
Brennbarkeit UL94/mm Dicke Sauerstoffindex LOI	Brandklas. %	HB/1,65 22	HB/1,47 27	25
Reißfestigkeit	MPa	40	105	55
Reißdehnung	%	50	1,5	30
Streckspannung	MPa	45		65
Streckdehnung	%	3		5

Zug-E-Modul	GPa	2,2	8	2,2
Biegefestigkeit	MPa	60	145	90
Kerbschlagzähigkeit Izod ISO 180 -30°C 23°C	kJ/m²	5 11	25 25	15 25
Dielektrizitätszahl 50 Hz 1 MHz		2,7 2,6	2,9 2,9	2,4 2,1
Dielektrischer Verlustfaktor 50 Hz 1 MHz		0,001 0,001	0,001 0,001	0,002 0,001
spez. Durchgangswiderstand	Ωcm	$> 10^{15}$	10^{13}	$> 10^{15}$
Durchschlagfestigkeit (3,2 mm) Öl	kV/mm	20	22	

Bemerkungen: Noryl® ist ein Handelsname der General Electric Plastics.

Die hier aufgeführten Richtwerte wurden einer Produktinformation der GE Plastics entnommen.

Tab.11.2.7: Eigenschaftswerte von Poly(phenylenether)-Mischungen mit Poly(styrol)

Kurzzeichen: PPE/SB-Blend

Struktur:

Eigenschaft	Einheit	Luranyl KR2404 unverst.	Luranyl KR2422 schlag-zäh	Luranyl KR2403-G6 30%
Dichte	g/cm³	1,06	1,06	1,26
Feuchtigkeitsaufnahme 23°C 24h	%	<0,1	<0,1	<0,1
Formbeständigkeit HDT A (1,8 MPa) B (0,45 MPa)	°C °C	105 120	115 134	137 143
Therm. Längenausdehnungskoeff.	10^{-6}/K	60-70	60-70	30-40
Wärmeleitfähigkeit	W/(mK)	0,18	0,18	0,23
Brennbarkeit UL94/mm Dicke	Brandkl.	HB/1,6	HB/1,6	HB/1,6
Reißfestigkeit	MPa			105
Reißdehnung	%	35	25	2
Streckspannung	MPa	55	65	
Streckdehnung	%	4	4	
Zug-E-Modul	GPa	2,5	2,5	9
Biegefestigkeit	MPa	95	103	130

Schlagzähigkeit Charpy -40°C ISO 179/2D -20°C 23°C	kJ/m²	NB NB NB	55 NB NB	16 18 20
Kerbschlagzähigkeit Izod 23°C ISO 180/4A	kJ/m²	37	47	6
Kerbschlagzähigkeit Charpy -40°C ISO 179/2C 23°C	kJ/m²	7 11	7 11	4 5
Dielektrizitätszahl 1 MHz		2,6	2,6	2,9
Dielektrischer Verlustfaktor 1MHz		0,002	0,002	0,005
spez. Durchgangswiderstand	Ωcm	10^{16}	10^{16}	10^{16}
Durchschlagfestigkeit K20/P50	kV/mm	80	80	75

Bemerkungen: Luranyl® ist ein Handelsname der BASF AG.

Die aufgeführten Richtwerte wurden der Produktinformation Luranyl® vom 3.90 entnommen.

Tab.11.2.8: Eigenschaftswerte von Poly(phenylenether)-Mischungen mit Poly(amid)

Kurzzeichen: PPE/PA-Blend

Struktur:

Eigenschaft	Einheit	Noryl GT-X940 unverst.	Noryl GTX830 30% Glasfaser
Dichte	g/cm^3	1,10	1,31
Feuchtigkeitsaufnahme 23°C 24h	%	0,5	0,5
Sättigung 23°C		3,5	3,1
Formbeständigkeit HDT			
A (1,8 MPa)	°C	95	220
B (0,45 MPa)	°C	185	250
Therm. Längenausdehnungskoeff.	10^{-6}/K	70	25
Wärmeleitfähigkeit	W/(mK)	0,23	0,26
Sauerstoffindex LOI	%		29
Reißfestigkeit	MPa	45	115
Reißdehnung	%	40	2
Streckspannung	MPa	50	
Streckdehnung	%	4	
Zug-E-Modul	GPa	2,1	8
Biegefestigkeit	MPa	75	170

Schlagzähigkeit Izod ISO 180	kJ/m^2		
gekerbt -30°C		20	
23°C		40	
ungekerbt -30°C			45
23°C			45
Kerbschlagzähigkeit Charpy 23°C DIN53453	kJ/m^2	25	7

Bemerkungen: Noryl®GTX ist ein Handelsname der General Electric Plastics.

Die hier aufgeführten Richtwerte wurden einer Produktinformation der GE Plastics entnommen.

Tab.11.2.9: Eigenschaftswerte von Poly(etheretherketon)

Kurzzeichen: PEEK   Systematischer Name: Poly[di-(oxy-1,4-phenylen)-carbonyl-
1,4-phenylen]

Struktur:

$$\left[O - \text{⟨⟩} - O - \text{⟨⟩} - \overset{\underset{\|}{C}}{} \underset{O}{} - \text{⟨⟩} \right]_n$$

Eigenschaft	Einheit	Victrex 450 G ungefüllt	Victrex 450GL30 30% Glasf.	Victrex 450CA30 30% Carbonf.
Dichte	g/cm^3	1,32	1,49	1,44
Wasseraufnahme 23°C/Sätt	%	0,5	0,11	0,06
Glastemperatur	°C	143		
Kristallitschmelztemperatur	°C	340		
Formbeständigkeit HDT A (1,8 MPa)	°C	160	315	315
Therm. Längenausdehnungskoeff.	$10^{-6}/K$	47 $<T_g$ 108 $>T_g$	22	15
Wärmeleitfähigkeit ASTM C177	W/(mK)	0,25	0,43	0,92
Brennbarkeit nach UL Sauerstoffindex LOI	Brandklas. %	V-0 35	V-0	V-0
Reißfestigkeit	MPa		170	226
Reißdehnung	%	50	2,2	1,3
Streckspannung	MPa	100		

Streckdehnung	%	4,9		
Zug-E-Modul	GPa	3,6	9,7	13
Biegefestigkeit	MPa	170	233	355
Schlagzähigkeit Izod	J/m	oB	725	749
Kerbschlagzähigkeit Charpy	kJ/m^2	8,2	8,9	5,4
Izod	J/m	83	96	85
Dielektrizitätszahl 0-150°C IEC 250 50-10^4 Hz	3,2-3,3			
Dielektrischer Verlustfaktor 1MHz	0,003			
spez. Durchgangswiderstand	Ωcm	4,9 10^{16}		1,4 10^5
Durchschlagfestigkeit ASTM D149	kV/cm	190	175	

Bemerkungen: Victrex® PEEK ist ein Handelsname der Imperial Chemical Industries PLC.

Die hier aufgeführten Richtwerte wurden der Produktinformation VK 10/2/0492 der ICI entnommen.

Tab.11.2.10: Eigenschaftswerte von Poly(etheretherketonketon)

Kurzzeichen: PEEKK   Systematischer Name: Poly[oxy-1,4-phenylenoxy-di-(1,4-phenylencarbonyl)-1,4-phenylen]

Struktur:

Eigenschaft	Einheit	Hostatec X-915 unverst.	X-925 30% Glasf.	X-935 30% Carbonf.
Dichte	g/cm^3	1,30	1,55	1,45
Wasseraufnahme 23°C/Sätt.	%	0,45	0,40	0,41
Glastemperatur	°C	160		
Kristallitschmelztemperatur	°C	365		
Formbeständigkeit HDT A (1,8 MPa)	°C	165	>320	>320
Therm. Längenausdehnungskoeff.	10^{-6}/K	45 <T$_g$	20	12
Wärmeleitfähigkeit	W/(mK)	0,21	0,24	0,32
Brennbarkeit nach UL94 Sauerstoffindex LOI	Brandklas. %	V-0 40	V-0 48	V-0 46
Reißfestigkeit	MPa	86	168	218
Reißdehnung	%	36	2,2	2,0
Streckspannung	MPa	108		
Streckdehnung	%	6		
Zug-E-Modul	GPa	4	13,5	22,5

Zugkriechmodul	1h - Wert	GPa	3,97		
	1000h-Wert		3,74		
Biegefestigkeit		MPa	156	247	270
Randfaserdehnung		%	6,4	3,3	3,4
Schlagzähigkeit	Charpy 23°C	kJ/m²	oB	>50	>40
	Izod	J/m	oB	408	350
Kerbschlagzähigkeit Charpy 23°C		kJ/m²	9	11	10
	Izod	J/m	51	71	60
Dielektrizitätszahl	50 Hz		3,6	3,0	
	1 MHz		3,5	3,1	
Dielektrischer Verlustfaktor 50 Hz			0,0008	0,0001	
	1 MHz		0,004	0,0004	
spez. Oberflächenwiderstand		Ω	$5 \cdot 10^{12}$		
spez. Durchgangswiderstand		Ωcm	$>10^{16}$	$>10^{16}$	$>10^{5}$
Durchschlagfestigkeit		kV/mm	21		

Bemerkungen: Hostatec® PEEKK ist eine Handelsname der Hoechst AG.

Die hier aufgeführten Richtwerte wurden einer Produktinformation der Hoechst AG entnommen.

Tab.11.2.11: Eigenschaftswerte von Poly(etherketonetherketonketon)

Kurzzeichen: PEKEKK   Systematischer Name: Poly[oxy-1,4-phenylencarbonyl-1,4-phenylenoxy-di-(1,4-phenylencarbonyl)-1,4-phenylen]

Struktur:

Eigenschaft	Einheit	Ultrapek KR-4177 unverst.	KR-4177 G6 30% Glasf.
Dichte	g/cm³	1,3	1,53
Feuchtigkeitsaufnahme 23°C/Sätt.	%	0,8	0,5
Glastemperatur	°C	170	
Kristallitschmelztemperatur	°C	381	
Formbeständigkeit HDT A (1,8 MPa) B (0,45 MPa)	°C °C	170 >250	350
Therm. Längenausdehnungskoeff.	10^{-6}/K	41	20
Wärmeleitfähigkeit	W/(mK)	0,22	0,42
Brennbarkeit nach UL	Brandklas.	V-0	V-0
Reißfestigkeit	MPa		190
Reißdehnung	%		3,4
Streckspannung	MPa	104	
Streckdehnung	%	5,2	
Zug-E-Modul	GPa	4	12,1

Zugkriechmodul 23°C 1h - Wert	GPa	3,6	
1000h-Wert		3,7	
Biegefestigkeit	MPa	130	250
Randfaserdehnung	%	7,3	3,6
Schlagzähigkeit Charpy 23°C	kJ/m²	oB	42
Kerbschlagzähigkeit Charpy 23°C	kJ/m²	7	11
Dielektrizitätszahl 50 Hz		3,4	3,9
1 MHz		3,3	3,8
Dielektrischer Verlustfaktor 50 Hz		0,0028	0,0027
1 MHz		0,0020	0,0022
spez. Oberflächenwiderstand	Ω	$> 10^{13}$	$> 10^{13}$
spez. Durchgangswiderstand	Ωcm	$> 10^{16}$	$> 10^{16}$

Bemerkungen: Ultrapek® (PAEK) ist ein Handelsname der BASF AG.

Die hier aufgeführten Richtwerte wurden einer Produktinformation der BASF AG entnommen.

Tab.11.2.12: Eigenschaftswerte von Poly(4-hydroxybenzoat)

Kurzzeichen: POB   Systematischer Name: Poly[oxy-1,4-phenylencarbonyl)

Struktur:

$$\left[O - \underset{\underset{O}{\parallel}}{\overset{}{\bigcirc}} C \right]_n$$

Eigenschaft	Einheit	Ekonol ungefüllt
Dichte	g/cm³	1,45
Feuchtigkeitsaufnahme 23°C/24 h	%	0,02
Glastemperatur	°C	(170)
Kristallitschmelztemperatur	°C	>550
Dauergebrauchstemperatur	°C	~300
Therm. Längenausdehnungskoeffizient	10^{-6}/K	28
Wärmeleitfähigkeit	W/(mK)	0,75
Zug-E-Modul 100°C 200°C 300°C	GPa	5,9 5,0 4,0
Biegefestigkeit	MPa	74
Biege-E-Modul	GPa	7,1
Druckfestigkeit	MPa	226
Dielektrizitätszahl		3,28

Dielektrischer Verlustfaktor		0,002
spez. Durchgangswiderstand	Ωcm	$> 10^{15}$
Durchschlagfestigkeit	kV/cm	264

Bemerkungen: Ekonol® ist ein Handelsname der Carborundum Co., Engineering Plastics Group.

Daten nach J. Economy, S.G. Cottis in H.F. Mark, N.G. Gaylord, N.M. Bikales [Hrsg.]: Encyclopedia of Polymer Science and Technology, 1. Aufl., New York 1971.

Tab.11.2.13: Eigenschaftswerte von Poly(bisphenol-iso/terephthalat)

Kurzzeichen: PBIT Systematischer Name: Poly[2,2-bis(4-hydroxyphenylpropan)-
co-isophthalsäure;terephthalsäure]

Struktur:

Eigenschaft	Einheit	ARDEL-D100 unverst.	APE KL1-9300 unverst.	APE KL1-9301 30% GF
Dichte	g/cm^3	1,21	1,21	1,44
Glastemperatur	°C	188	188	
Formbeständigkeit HDT HDT-A (1,8 MPa)	°C	174	165	183
Therm. Längenausdehnungskoeff.	10^{-6}/K	50-62		25
Brennbarkeit nach UL Sauerstoffindex LOI	Brandklas. %	V-0 34	V-2 35	V-0
Reißfestigkeit	MPa	66	62	108
Reißdehnung	%	50	56	3,9
Streckspannung	MPa		70	
Streckdehnung	%	8	9	
Zug-E-Modul	GPa	2,0	2,1	6,9
Biegefestigkeit	MPa	81	62	66
Biege-E-Modul	GPa	2,14	2,3	7,8

Schlagzähigkeit	Charpy	kJ/m²	260-360	oB	40
	Izod	J/m		250	8
Kerbschlagzähigkeit	Charpy	kJ/m²		22	
	Izod	J/m	224	280	
Dielektrizitätszahl	50 Hz			3,4	
	1 kHz			3,4	
	1 MHz		2,62	3,2	
Dielektr. Verlustfaktor	50 Hz			0,0024	
	1 kHz			0,004	
	1 MHz		0,02	0,017	
spez. Oberflächenwiderstand		Ω	$>2 \cdot 10^{17}$	$>10^{13}$	
spez. Durchgangswiderstand		Ωcm	$3 \cdot 10^{16}$	$>10^{16}$	
Durchschlagfestigkeit		kV/mm	15,8	>30	

Sonstiges, Bemerkungen:

Daten nach:

L.M. Robeson:"Polyarylate" in I.I. Rubin [Hrsg.]: Handbook of plastic Materials and Technology, J. Wiley & Sons, New York 1990.

D. Freitag, K. Reinking, Kunststoffe 71, 46 (1981).

Tab.11.2.14: Eigenschaftswerte von flüssigkristallinen Poly(arylaten) mit Dihydroxybiphenyl

Kurzzeichen: PBBT   Systematischer Name: Poly(4,4'-dihydroxybiphenyl-co-4-
                                hydroxybensoesäure-co-isophthalsäure;terephthalsäure)
Struktur:

Eigenschaft	Einheit	Ekkcel I-2000	Xydar SRT-500
Dichte	g/cm³	1,40	1,35
Feuchtigkeitsaufnahme 24h/Sätt	%	0,02	
Glastemperatur	°C		395
Formbeständigkeit HDT A (1,8 MPa)	°C	293	337
Therm. Längenausdehnungskoeff.	10^{-6}/K	29	
Wärmeleitfähigkeit	W/(mK)		
Brennbarkeit nach UL Sauerstoffindex LOI	Brandklas. %		V-0 42
Reißfestigkeit	MPa	99	126
Reißdehnung	%	8	5
Zug-E-Modul	GPa	2,55	8,3
Biege-E-Modul	GPa	4,9	8,3
Biegefestigkeit	MPa	120	131
Kerbschlagzähigkeit Izod	J/m		208

Dielektrizitätszahl	1 kHz		3,16	
Dielektr. Verlustfaktor	1 kHz		0,01	
Durchschlagfestigkeit		kV/mm	13,8	31

Bemerkungen: Ekkcel® ist ein Handelsname der Carborundum Co., Xydar® ein Handelsname der Dart Industries Inc..

Daten nach J. Economy, S.G. Cottis in H.F. Mark, N.G. Gaylord, N.M. Bikales [Hrsg.]: Encyclopedia of Polymer Science and Technology, 1. Aufl., J. Wiley & Sons, New York 1971.

S.L. Kwolek, P.W. Morgan, J.R. Schaefgen in H.F. Mark, C.G. Overberger, G. Menges [Hrsg.]: Encyclopedia of Polymer Science and Engineering, J.Wiley & Sons, New York 1988.

Tab.11.2.15: Eigenschaftswerte von flüssigkristallinem Poly(arylat) mit 2,6-Hydroxynaph-thoesäure

Kurzzeichen: POBN   Strukturbezeichnung: Poly(4-hydroxybensoesäure-co-2,6-hydroxynaphthoesäure)

Struktur:

Eigenschaft	Einheit	Vectra A950 unverst.	Vectra A130 30% Glasf.	Vectra A230 30% Carbonf.
Dichte	g/cm^3	1,40	1,60	1,50
Feuchtigkeitsaufnahme 24 h/Sätt.	%	0,03	0,04	0,06
Glastemperatur	°C	(110)		
Kristallitschmelztemperatur	°C	280		
Formbeständigkeit HDT A (1,8 MPa) B (0,45 MPa)	°C °C	168 222	232 254	240
Therm. Längenausdehnungskoeff. zwischen 23 und 80°	10^{-6}/K	-3 längs 66 quer	-1 47	-1 52
Brennbarkeit nach UL Sauerstoffindex LOI	Brandklas. %	V-0 35	V-0 37	V-0
Reißfestigkeit	MPa	156	188	167

Reißdehnung	%	2,6	2,1	1,6
Zug-E-Modul	GPa	10,4	16,1	28
3,5%-Biegespannung	MPa	149		
Biegespannung bei Höchstkraft			256	243
Schlagzugzähigkeit ASTM D1822	mJ/mm^2	115	84	63
Kerbschlagzähigkeit Izod	J/m	520	150	70
Dielektrizitätszahl 50 Hz		3,2	3,43	
1 MHz		2,98	3,37	16,1
Dielektrischer Verlustfaktor 50 Hz		0,016	0,013	
1 MHz		0,02	0,017	0,026
spez. Oberflächenwiderstand	Ω	4 10^{13}	8 10^{13}	10^4
spez. Durchgangswiderstand	Ωcm	10^{16}	10^{16}	4000
Durchschlagfestigkeit	kV/mm	47	50	

Bemerkungen: Vectra® ist ein Handelsname der Hoechst AG.

Die angegebenen Richtwerte wurden einer Produktinformation der Hoechst AG entnommen.

Tab.11.2.16: Eigenschaftswerte von Poly(estercarbonat)

Kurzzeichen: PESC   Strukturbezeichnung: Poly(bisphenol-A-co-iso/terephthal-
                           säure-co-carbonat)

Struktur:

Eigenschaft	Einheit	KL 1-9306	KL 1-9310
Dichte	g/cm^3	1,20	1,20

Formbeständigkeit HDT
    A (1,8 MPa)
    B (0,45 MPa)
	°C
	°C
		136
		150
			160
			174

Therm. Längenausdehnungskoeff.	$10^{-6}/K$	72	72
Wärmeleitfähigkeit	W/(mK)	0,21	0,21
Sauerstoffindex LOI	%	26	26
Reißfestigkeit	MPa	70	60
Reißdehnung	%	100	50
Streckspannung	MPa	66	68
Streckdehnung	%	7	9
Zug-E-Modul	GPa	2,4	2,2
Biegefestigkeit Randfaserdehnung bei Höchstkraft	MPa %	77 7	66 8
Schlagzähigkeit 23°C -40°C	kJ/m^2	oB oB	oB oB
Kerbschlagzähigkeit 23°C -40°C	kJ/m^2	35 14	28 22

Dielektrizitätszahl	50 Hz		3,1	3,2
	1 kHz		3,0	3,2
	1 MHz		2,9	3,0
Dielektrischer Verlustfaktor				
	50 Hz		0,0011	0,0019
	1 kHz		0,0013	0,0022
	1 MHz		0,0112	0,0164
spez. Oberflächenwiderstand		Ω	$> 10^{15}$	$> 10^{15}$
spez. Durchgangswiderstand		Ωcm	10^{16}	$> 10^{15}$
Durchschlagfestigkeit		kV/mm	40,2	42,3

Bemerkungen: Daten nach D. Rathmann, *Kunststoffe* **77**, 1027 (1987).

Tab.11.2.17: Eigenschaftswerte von modifiziertem Poly(carbonat)

Kurzzeichen: TMC-PC   Strukturbezeichnung: Poly(trimethylcyclohexanbisphenol-
                           carbonat)

Struktur:

Eigenschaft	Einheit	Apec HT KU 1- 9331 unverst.	Apec HT KU 1- 9371 unverst.	Apec HT Ku 1- 9357-2 20% Glasf.
Dichte	g/cm³	1,18	1,14	1,30
Glastemperatur	°C		205	174
Formbeständigkeit HDT A (1,8 MPa) B (0,45 MPa)	°C °C	140 152	179 195	178 184
Therm. Längenausdehnungs-koeffizient	10^{-6}/K	75	75	25
Brennbarkeit nach UL Sauerstoffindex LOI	Brandklas. %	HB 24	HB 24	V-0 -
Reißfestigkeit	MPa	60	60	97
Reißdehnung	%	70	50	4
Streckspannung	MPa	65	65	100
Streckdehnung	%	7	7	3

Zug-E-Modul		GPa	2,25	2,25	5,9
Biegefestigkeit		MPa	95	95	160
Schlagzähigkeit 23°C Izod −40°C		kJ/m²	oB oB	oB oB	35
Kerbschlagzähigkeit 23°C Izod −40°C		kJ/m²	12 8	5 5	10
Dielektrizitätszahl	50 Hz 1 kHz 1 MHz 3 GHz		3,0 3,0 3,0	2,8 2,8 2,8	3,2 3,2 3,1 3,1
Dielektrischer Verlustfaktor 	50 Hz 1 kHz 1 MHz 3 GHz		0,0016 0,0008 0,0087	0,0013 0,0008 0,0069	0,0015 0,0014 0,0085 0,0016
spez. Oberflächenwiderstand		Ω	$> 10^{16}$	$> 10^{16}$	$> 10^{16}$
spez. Durchgangswiderstand		Ωcm	$> 10^{16}$	$> 10^{16}$	$> 10^{16}$
Durchschlagfestigkeit		kV/mm	35	35	38

Bemerkungen: Apec®HT ist ein Handelsname der Bayer AG

Die angegebenen Richtwerte wurden einer Produktinformation (Juli und Sept. 1992) der Bayer AG entnommen.

Die Glastemperaturen sind zu finden bei:

G. Kämpf, D. Freitag, G. Fengler, *Kunststoffe* **82**, 385 (1992).

Tab.11.2.18: Eigenschaftswerte von Poly(phenylensulfid)

Kurzzeichen: PPS   Systematischer Name: Poly(thio-1,4-phenylen)

Struktur:

Eigenschaft	Einheit	Fortron 1140A4 40% Glasf.	Fortron 6165A4 65% Glasf.+ Mineral	Primef 7101 75% Glasf.+ Mineral
Dichte	g/cm^3	1,64	2,03	2,09
Wasseraufnahme 24h/23°C ASTM D570	%	0,02	0,02	0,02
Glastemperatur	°C	85		
Kristallitschmelztemperatur	°C	282		
Formbeständigkeit HDT A (1,8 MPa)	°C	>260	>260	>260
Therm. Längenausdehnungskoeff. -50 bis 90°C/90°C bis 250°C	10^{-6}/K	27/50	19/36	12/-
Wärmeleitfähigkeit	W/(mK)			0,7
Brennbarkeit nach UL Sauerstoffindex LOI	Brandklas. %	V-0	V-0	V-0 70
Reißfestigkeit	MPa	159	111	130
Reißdehnung	%	1,4	1,0	0,8
Zug-E-Modul	GPa	14,2	18,2	27
Biege-E-Modul	GPa	12,4	16,7	23

Biegefestigkeit		MPa			210
Schlagzähigkeit	Charpy	kJ/m²	29	19	
	Izod	J/m			170
Kerbschlagzähigkeit	Charpy	kJ/m²	9	7	
	Izod	J/m	76	43	55
Dielektrizitätszahl	50 Hz		4,24	4,3	
	1 kHz				6,1
	1 MHz		4,2	4,14	5,5
Dielektrischer Verlustfaktor					
	50 Hz		0,001	0,0024	
	1 kHz				0,05
	1 MHz		0,0021	0,0023	0,009
spez. Durchgangswiderstand		Ωcm	10^{16}	10^{16}	10^{15}
Durchschlagfestigkeit		kV/mm		18	13

Bemerkungen: Fortron® ist ein Handelsname der Hoechst AG, Primef® einer der Solvay S.A.

Die angegebenen Richtwerte wurden Produktinformationen der entsprechenden Hersteller entnommen.

Tab.11.2.19: Eigenschaftswerte von Poly(sulfon)

Kurzzeichen: PSU   Systematischer Name: Poly(oxy-1,4-phenylensulfonyl-1,4-
phenylenoxy-1,4-phenylenisopropyliden-1,4-phenylen)

Struktur:

Eigenschaft	Einheit	Udel P1700 unverst.	Ultrason S3010 unverst.	Ultrason S2010G4 20% Glasf.
Dichte	g/cm^3	1,24	1,24	1,40
Wasseraufnahme 23°C/Sätt	%	0,62	0,8	0,6
Glastemperatur	°C	185	185	

Formbeständigkeit HDT
         A (1,8 MPa)
         B (0,45 MPa)
	°C
	°C
		174	171
			182
				184
				187

Therm. Längenausdehnungskoeff.	10^{-6}/K	56	55	25
Brennbarkeit nach UL Sauerstoffindex LOI	Brandklas. %	V-2/V-0 30	HB	V-1
Reißfestigkeit	MPa			115
Reißdehnung	%	75	60-85	2,4
Streckspannung	MPa	70	80	
Streckdehnung	%	5-6	5,7	
Zug-E-Modul	GPa	2,48	2,7	7,0
Zugkriechmodul 1h-Wert 1000h-Wert	GPa		2,5 2,5	6,4 6,0

Biege-E-Modul	GPa	2,69		
Schlagzähigkeit Izod 23°C -30°C	J/m	oB	oB oB	250 300
Kerbschlagzähigkeit Izod 23°C -30°C -40°C	J/m	69 64	50 50	60 60
Dielektrizitätszahl 50/60 Hz 1 MHz		3,0 3,1	3,2 3,2	3,5 3,5

Dielektrischer Verlustfaktor
        50/60 Hz
        1 MHz
		
		0,001
		0,005
			
			0,0008
			0,0055
				
				0,001
				0,006

spez. Oberflächenwiderstand	Ω		$>10^{14}$	$>10^{14}$
spez. Durchgangswiderstand	Ωcm	$>10^{16}$	$>10^{16}$	$>10^{16}$
Durchschlagfestigkeit	kV/mm	16,7	100	>60

Bemerkungen: Udel® ist ein Handelsname der Amoco Performance Products, Ultrason®S einer der BASF AG.

Die angegebenen Richtwerte wurden Produktinformationen der entsprechenden Hersteller entnommen.

Tab.11.2.20: Eigenschaftswerte von Poly(ethersulfon)

Kurzzeichen: PES   Systematischer Name: Poly(oxy-1,4-phenylensulfonyl-1,4-
                          phenylen)

Struktur:

Eigenschaft	Einheit	Ultrason E3010 unverst.	Ultrason E2010-G4 20% Glasf.	KR 4101 30% Mineral
Dichte	g/cm³	1,37	1,53	1,62
Wasseraufnahme 23°C/Sätt	%	2,1	1,7	1,5
Glastemperatur	°C	230		
Formbeständigkeit HDT				
A (1,8 MPa)	°C	195	215	206
B (0,45 MPa)	°C	210	221	218
Therm. Längenausdehnungskoeff.	10⁻⁶/K	55	26	31
Brennbarkeit nach UL	Brandklas.	V-0	V-0	V-0
Reißfestigkeit	MPa		138	90
Reißdehnung	%	15-40	2,8	4,1
Streckspannung	MPa	90		
Streckdehnung	%	6,7		
Zug-E-Modul	GPa	2,8	7,8	4,7

Zugkriechmodul	1h-Wert	GPa	2,8	6,4	
	1000h-Wert		2,7	6,0	
Schlagzähigkeit	Izod 23°C	kJ/m^2	oB	35	30
	-30°C			40	30
Kerbschlagzähigkeit Izod	23°C	kJ/m^2	7	7	4
	-30°C		8	7	4
Dielektrizitätszahl	50 Hz		3,6	4,0	4,1
	1 MHz		3,5	3,9	4,0
Dielektrischer Verlustfaktor					
	50 Hz		0,0017	0,002	0,003
	1 MHz		0,011	0,010	0,010
spez. Oberflächenwiderstand		Ω	$>10^{14}$	$>10^{14}$	$>10^{14}$
spez. Durchgangswiderstand		Ωcm	$>10^{16}$	$>10^{16}$	$>10^{16}$
Durchschlagfestigkeit		kV/mm	80	>60	>60

Bemerkungen: Ultrason® E ist ein Handelsname der BASF AG.

Die angegebenen Richtwerte wurden einer Produktinformation der BASF AG entnommen.

Tab.11.2.21: Eigenschaftswerte von Poly(etherimid)

Kurzzeichen: PEI   Systematischer Name: Poly(phthalimido-5,2-diyl-1,3-phe-
nylenphthalimido-2,5-diyl-oxy-1,4-phenylenisopropyliden-1,4-
phenylenoxy)

Struktur:

Eigenschaft	Einheit	Ultem 1000 unverst.	Ultem CRS5311 30% Glasf.	Ultem 8602 Extrusionstyp
Dichte	g/cm³	1,27	1,52	1,31
Wasseraufnahme 23°C/Sätt	%	1,25	0,90	0,14
Glastemperatur	°C	217		
Formbeständigkeit HDT				
A (1,8 MPa)	°C	190	215	185
B (0,45 MPa)	°C	200	215	200
Therm. Längenausdehnungskoeff.	10⁻⁶/K	56		40
Wärmeleitfähigkeit	W/(mK)	0,22		
Brennbarkeit nach UL	Brandklas.	V-0	V-0	V-0
Sauerstoffindex LOI	%	47		
Reißfestigkeit	MPa		160	
Reißdehnung	%	60	2	
Streckspannung	MPa	85		110
Streckdehnung	%	6		6

Zug-E-Modul	GPa	2,9	10	3,4
Biege-E-Modul	GPa	3,2	8,2	3,3
Biegefestigkeit	MPa	160	210	145
Schlagzähigkeit Izod 23°C -30°C	kJ/m²	oB oB	35 35	
Kerbschlagzähigkeit Charpy 23°C Izod 23°C -30°C	kJ/m² kJ/m²	 6 6		 8 6
Dielektrizitätszahl 50 Hz 1 MHz		2,9 2,9	3,4 3,3	2,8
Dielektrischer Verlustfaktor 50 Hz 1 MHz		 0,001 0,007	 0,004	0,001
spez. Oberflächenwiderstand	Ω	$>10^{13}$	$>10^{15}$	$>10^{15}$
spez. Durchgangswiderstand	Ωm	$>10^{14}$	$>10^{15}$	$>10^{15}$
Durchschlagfestigkeit	kV/mm	33		

Bemerkungen: Ultem® ist ein Handelsname der General Electric Plastics.

Die angegebenen Richtwerte wurden einer Produktinformation der GE Plastics entnommen.

Tab.11.2.22: Eigenschaftswerte von Poly(amidimid)

Kurzzeichen: PAI   Systematischer Name: Poly(phthalimido-5,2-diyl-1,4-phe-
nylenmethylen-1,4-phenyleniminocarbonyl)

Struktur:

	Einheit	4203L unverst.	5030 30% Glasfaser	7130 30% Graphitfaser
Dichte	g/cm³	1,40	1,57	1,42
Wasseraufnahme 23°C 24h	%	0,33	0,24	0,22
Glastemperatur	°C	275	275	275
Formbeständigkeitstemp. 1,82MPa	°C	260	274	275
Therm. Längenausdehnungskoeff.	10^{-6}/K	30,6	16,2	9
Wärmeleitfähigkeit	W/(mK)	0,26	0,37	0,53
Brennbarkeit	Klasse	V-0	V-0	V-0
Sauerstoffindex	%	45	51	52
Reißfestigkeit	MPa	152	221	250
Reißdehnung	%	7,6	2,3	1,2
Zug-E-Modul	GPa	4,5	14,6	24,6
Zugkriechmodul 100h 1000h	GPa	2,65 2,2		
Biegefestigkeit	MPa	244	338	355

Schlagzähigkeit, Izod	J/m	1062	504	340
Kerbschlagzähigkeit,Izod	J/m	142	79	47
Dielektrizitätszahl	1 kHz 1 MHz	4,2 3,9	4,4 4,2	
Dielektrischer Verlust	1 kHz 1 MHz	0,026 0,031	0,022 0,050	
Oberflächenwiderstand	Ω	$5 \cdot 10^{18}$	10^{18}	
Durchgangswiderstand	Ωcm	$2 \cdot 10^{17}$	$2 \cdot 10^{17}$	
Durchschlagfestigkeit	kV/mm	23,6	32,6	

Bemerkungen: Torlon® ist ein Handelsname der Amoco Performance Products.
Die angegebenen Richtwerte wurden einer Produktinformation der Amoco Perf. Prod. entnommen.

11.3 Tabellen einzelner typischer Eigenschaftswerte

Tab.11.3.1: Dichte in g/cm^3:

Ungefüllte Materialien:

1,04-1,06	PPE und PPE/PS-Mischungen	Poly(phenylenether)
1,10	PPE/PA-Mischungen	Poly(phenylenether)
1,11	PPX	Poly(p-xylylen)
1,14-1,18	TMC-PC	modifiziertes Poly(carbonat)
1,15-1,20	PPP	Poly(p-phenylen)
1,20	PESC	Poly(estercarbonat)
1,21	PBIT	amorphes Poly(arylat)
1,24	PSU	Poly(sulfon)
1,27	PEI	Poly(etherimid)
1,29	PPX	Poly(p-xylylen)-Monochlorderivat
1,30	PEKEKK	Poly(etherketonetherketonketon)
	PEEKK	Poly(etheretherketonketon)
1,32	PEEK	Poly(etheretherketon)
1,37	PES	Poly(ethersulfon)
1,40	PAI	Poly(amidimid)
	PBBT	flüssigkristallines Poly(arylat)
	POBN	flüssigkristallines Poly(arylat)
1,42	PPX	Poly(p-xylylen)-Dichlorderivat
1,45	POB	Poly(4-hydroxybenzoat)

Gefüllte Materialien:

1,26	PPE/PS(SB)-Mischungen 30% Glasfaser	Poly(phenylenether)
1,30	TMC-PC 20% Glasfaser	modifiziertes Poly(carbonat)
1,31	PPE/PA-Mischungen 30% Glasfaser	Poly(phenylenether)
1,40	PSU 20% Glasfaser	Poly(sulfon)
1,42	PAI 30% Carbonfaser	Poly(amidimid)
1,44	PEEK 30% Carbonfaser	Poly(etheretherketon)
1,45	PEEKK 30% Carbonfaser	Poly(etheretherketonketon)
1,49	PEEK 30% Glasfaser	Poly(etheretherketon)
	PSU 30% Glasfaser	Poly(sulfon)
1,50	PPP Carbonfaserlaminat	Poly(p-phenylen)
	POBN 30% Carbonfaser	flüssigkristallines Poly(arylat)
1,52	PEI 30% Glasfaser	Poly(etherimid)
1,53	PES 20% Glasfaser	Poly(ethersulfon)
1,53	PEKEKK 30% Glasfaser	Poly(etherketonetherketonketon)
1,55	PEEKK 30% Glasfaser	Poly(etheretherketonketon)
1,57	PAI 30% Glasfaser	Poly(amidimid)
1,60	PES 30% Glasfaser	Poly(ethersulfon)
	POBN 30% Glasfaser	flüssigkristallines Poly(arylat)
1,62	PES 30% Mineral	Poly(ethersulfon)
1,64	PPS 40% Glasfaser	Poly(phenylensulfid)
2,03	PPS 65% Glasfaser	Poly(phenylensulfid)
2,09	PPS 75% Glasfaser/Mineral	Poly(phenylensulfid)

Tab.11.3.2: Wasseraufnahme in % bis zur Sättigung bei 23°C:

< 0,1	PPX	Poly(p-xylylen)
0,15-0,30	PPE/PS(SB)-Mischungen	Poly(phenylenether)
0,24	PAI 30% Glasfaser	Poly(amidimid)
0,33	PAI	Poly(amidimid)
0,45	PEEKK	Poly(etheretherketonketon)
0,5	PEEK	Poly(etheretherketon)
0,6-0,8	PSU	Poly(sulfon)
0,8	PEKEKK	Poly(etherketonetherketonketon)
0,9	PEI 30% Glasfaser	Poly(etherimid)
1,25	PEI	Poly(etherimid)
1,5	PES 30% Glasfaser	Poly(ethersulfon)
1,7	PES 20% Glasfaser	Poly(ethersulfon)
2,1	PES	Poly(ethersulfon)
3,5	PPE/PA-Mischungen	Poly(phenylenether)

Wasseraufnahme in % nach 24 h Lagerung:

0,02	PPS 40% Glasfaser	Poly(phenylensulfid)
0,02-0,03	POBN	flüssigkristallines Poly(arylat)
<0,1	PPE/PS-Mischungen	Poly(phenylenether)

Tab.11.3.3: Reißfestigkeit in MPa

40-78	PPE/PS-Mischungen	Poly(phenylenether)
45	PPE/PA-Mischungen	Poly(phenylenether)
	PPX	Poly(p-xylylen)
60	TMC-PC	modifiziertes Poly(carbonat)
60-70	PESC	Poly(estercarbonat)
62-66	PBIT	amorphes Poly(arylat)
80	PPE	Poly(phenylenether)
86	PEKEKK	Poly(etherketonetherketonketon)
90	PES 30% Mineral	Poly(ethersulfon)
97	TMC-PC 20% Glasfaser	modifiziertes Poly(carbonat)
99-126	PBBT	flüssigkristallines Poly(arylat)
105	PPE/PS-Mischungen 30% Glasfaser	Poly(phenylenether)
115	PPE/PA-Mischungen 30% Glasfaser	Poly(phenylenether)
	PSU 20% Glasfaser	Poly(phenylensulfid)
125	PSU 30% Glasfaser	Poly(phenylensulfid)
138	PES 20% Glasfaser	Poly(ethersulfon)
152	PES 30% Glasfaser	Poly(ethersulfon)
	PAI	Poly(amidimid)
156	POBN	flüssigkristallines Poly(arylat)
159	PPS 40% Glasfaser	Poly(phenylensulfid)
160	PEI 30% Glasfaser	Poly(etherimid)
167	POBN 30% Carbonfaser	flüssigkristallines Poly(arylat)
168	PEEKK 30% Glasfaser	Poly(etheretherketonketon)
170	PEEK 30% Glasfaser	Poly(etheretherketon)
188	POBN 30% Glasfaser	flüssigkristallines Poly(arylat)
190	PEKEKK 30% Glasfaser	Poly(etherketonetherketonketon)
218	PEEKK 30% Carbonfaser	Poly(etheretherketonketon)
221	PAI 30% Glasfaser	Poly(amidimid)
226	PEEK 30% Carbonfaser	Poly(etheretherketon)
250	PAI 30% Carbonfaser	Poly(amidimid)

Tab.11.3.4: Reißdehnung in %

1,2	PAI 30% Carbonfaser	Poly(amidimid)
1,3	PEEK 30% Carbonfaser	Poly(etheretherketon)
1,4	PPS 40% Glasfaser	Poly(phenylensulfid)
1,5	PPE/PS-Mischungen 30% Glasfaser	Poly(phenylenether)
1,6	POBN 30% Carbonfaser	flüssigkristallines Poly(arylat)
1,8	PSU 30% Glasfaser	Poly(phenylensulfid)
2,0	PPE/SB-Mischungen 30% Glasfaser	Poly(phenylenether)
	PEI 30% Glasfaser	Poly(etherimid)
	PEEKK 30% Carbonfaser	Poly(etheretherketonketon)
2,1	POBN 30% Glasfaser	flüssigkristallines Poly(arylat)
	PES 30 % Glasfaser	Poly(ethersulfon)
2,2	PEEK 30% Glasfaser	Poly(etheretherketon)
	PEEKK 30% Glasfaser	Poly(etheretherketonketon)
2,3	PAI 30% Glasfaser	Poly(amidimid)
2,4	PSU 20% Glasfaser	Poly(sulfon)
2,6	POBN	flüssigkristallines Poly(arylat)
2,8	PES 20% Glasfaser	Poly(ethersulfon)
3,4	PEKEKK 30% Glasfaser	Poly(etherketonetherketonketon)
4,0	TMC-PC 20% Glasfaser	modifiziertes Poly(carbonat)
4,1	PES 30% Mineral	Poly(ethersulfon)
5-8	PBBT	flüssigkristallines Poly(arylat)
7,6	PAI	Poly(amidimid)
20-40	PPE	Poly(phenylenether)
25-50	PPE/PS(SB)-Mischungen	Poly(phenylenether)
36	PEEKK	Poly(etheretherketonketon)
40	PPE/PA-Mischungen	Poly(phenylenether)
50-56	PBIT	amorphes Poly(arylat)
50-70	TMC-PC	modifiziertes Poly(carbonat)
50-100	PESC	Poly(estercarbonat)

Tab.11.3.5: Streckspannung in MPa:

45-65	PPE/PS(SB)-Mischungen	Poly(phenylenether)
50	PPE/PA-Mischungen	Poly(phenylenether)
65	TMC-PC	modifiziertes Poly(carbonat)
66-68	PESC	Poly(estercarbonat)
70	PBIT	amorphes Poly(arylat)
70-80	PSU	Poly(sulfon)
85	PEI	Poly(etherimid)
90	PES	Poly(ethersulfon)
100	PEEK	Poly(etheretherketon)
104	PEKEKK	Poly(etherketonetherketonketon)
108	PEEKK	Poly(etheretherketonketon)

Tab.11.3.6: Streckdehnung in %:

3-5	PPE/PS(SB)-Mischungen	Poly(phenylenether)
4	PPE/PA-Mischungen	Poly(phenylenether)
4,9	PEEK	Poly(etheretherketon)
5,2	PEKEKK	Poly(etherketonetherketonketon)
5-6	PSU	Poly(sulfon)
6	PEEKK	Poly(etheretherketonketon)
	PEI	Poly(etherimid)
6,7	PES	Poly(ethersulfon)
7	TMC-PC	modifiziertes Poly(carbonat)
7-9	PESC	Poly(estercarbonat)
8-9	PBIT	amorphes Poly(arylat)

Tab.11.3.7: Zug-E-Modul in GPa:

2,0	PBIT	amorphes Poly(arylat)
2,1	PPE/PA-Mischungen	Poly(phenylenether)
2,2-2,4	PESC	Poly(estercarbonat)
2,2-2,5	PPE/PS(SB)-Mischungen	Poly(phenylenether)
2,3	TMC-PC	modifiziertes Poly(carbonat)
2,4-3,2	PPX, unsubst. und Chlorderivate	Poly(p-xylylen)
2,5-2,7	PSU	Poly(sulfon)
2,7	PPE	Poly(phenylenether)
2,8	PES	Poly(ethersulfon)
2,9	PEI	Poly(etherimid)
3,6	PEEK	Poly(etheretherketon)
4	PEEKK	Poly(etheretherketonketon)
	PEKEKK	Poly(etherketonetherketonketon)
4,5	PAI	Poly(amidimid)
4,7	PES 30% Mineral	Poly(ethersulfon)
5,9	TMC-PC 20% Glasfaser	modifiziertes Poly(carbonat)
7	PSU 20% Glasfaser	Poly(sulfon)
7,8	PES 20% Glasfaser	Poly(ethersulfon)
8	PPE/PA-Mischungen 30% Glasfaser	Poly(phenylenether)
8,3	PBBT	flüssigkristallines Poly(arylat)
9,7	PEEK 30% Glasfaser	Poly(etheretherketon)
9,9	PSU 30% Glasfaser	Poly(sulfon)
10	PEI 30% Glasfaser	Poly(etherimid)
10,4	POBN	flüssigkristallines Poly(arylat)
10,6	PES 30% Glasfaser	Poly(ethersulfon)
12,1	PEKEKK 30% Glasfaser	Poly(etherketonetherketonketon)
13	PEEK 30% Carbonfaser	Poly(etheretherketon)
13,5	PEEKK 30% Glasfaser	Poly(etheretherketonketon)
14,2	PPS 40% Glasfaser	Poly(phenylensulfid)
14,6	PAI 30% Glasfaser	Poly(amidimid)
16,1	POBN 30% Glasfaser	flüssigkristallines Poly(arylat)
18,2	PPS 65% Glasfaser	Poly(phenylensulfid)
22,5	PEEKK 30% Carbonfaser	Poly(etheretherketonketon)
24,6	PAI 30% Carbonfaser	Poly(amidimid)
27	PPS 75% Glasfaser/Mineral	Poly(phenylensulfid)
28	POBN 30% Carbonfaser	flüssigkristallines Poly(arylat)

Tab.11.3.8: Kerbschlagzähigkeit (Izod) in kJ/m² bei 23°C:
(nach ASTM D256 ermittelte Werte umgerechnet mit: 10 J/m $\approx$ 1kJ/m²

4	PES 30% Glasfaser	Poly(ethersulfon)
4,3	PPS 65% Glasfaser	Poly(phenylensulfid)
5	PAI 30% Carbonfaser	Poly(amidimid)
	PPE/PS-Mischungen 30% Glasfaser	Poly(phenylenether)
5-7	PSU	Poly(phenylensulfid)
5-12	TMC-PC	modifiziertes Poly(carbonat)
5,1	PEEKK	Poly(etheretherketonketon)
6	PEEKK 30% Carbonfaser	Poly(etheretherketonketon)
	PSU 20% Glasfaser	Poly(sulfon)
	PEI	Poly(etherimid)
6,4	PPE	Poly(phenylenether)
7	PES	Poly(ethersulfon)
	PES 20% Glasfaser	Poly(ethersulfon)
	PSU 30% Glasfaser	Poly(sulfon)
	POBN 30% Carbonfaser	flüssigkristallines Poly(arylat)
7,1	PEEKK 30% Glasfaser	Poly(etheretherketonketon)
7,6	PPS 40% Glasfaser	Poly(phenylensulfid)
8	PES 30% Glasfaser	Poly(ethersulfon)
	PAI 30% Glasfaser	Poly(amidimid)
8,3	PEEK	Poly(etheretherketon)
8,5	PEEK 30% Carbonfaser	Poly(etheretherketon)
9,6	PEEK 30% Glasfaser	Poly(etheretherketon)
10	TMC-PC 20% Glasfaser	modifiziertes Poly(carbonat)
11	PPE/PS(SB)-Mischungen	Poly(phenylenether)
14,2	PAI	Poly(amidimid)
15	POBN 30% Glasfaser	flüssigkristallines Poly(arylat)
20,8	PBBT	flüssigkristallines Poly(arylat)
22,4	PBIT	amorphes Poly(arylat)
40	PPE/PA-Mischungen	Poly(phenylenether)
52	POBN	flüssigkristallines Poly(arylat)

Tab.11.3.9: Wärmeformbeständigkeit nach ISO 75 A (1,8 MPa) in °C:

95-105	PPE/PS- und /PA-Mischungen	Poly(phenylenether)
135	PPS	Poly(phenylensulfid)
137-145	PPE/PS-Mischungen 30% Glasfaser	Poly(phenylenether)
140-179	TMC-PC	modifiziertes Poly(carbonat)
160	PEEK	Poly(etheretherketon)
165	PEEKK	Poly(etheretherketonketon)
168	POBN	flüssigkristallines Poly(arylat)
170	PEKEKK	Poly(etherketonetherketonketon)
174	PBIT	amorphes Poly(arylat)
	PSU	Poly(sulfon)
178	TMC-PC 20% Glasfaser	modifiziertes Poly(carbonat)
180	PPE/PS-Mischungen hochwärmefester Typ	Poly(phenylenether)
	POBN	flüssigkristallines Poly(arylat)
184	PSU 20% Glasfaser	Poly(sulfon)
185	PSU 30% Glasfaser	Poly(sulfon)
190	PEI	Poly(etherimid)
195	PES	Poly(ethersulfon)
206	PES 30% Mineral	Poly(ethersulfon)
215	PES 20% und 30% Glasfaser	Poly(ethersulfon)
	PEI 30% Glasfaser	Poly(etherimid)
220	PPE/PA 30% Glasfaser	Poly(phenylenether)
232	POBN 30% Glasfaser	flüssigkristallines Poly(arylat)
240	POBN 30% Carbonfaser	flüssigkristallines Poly(arylat)
243	PPS 40% Glasfasern (ohne Tempern)	Poly(phenylensulfid)
260	PAI	Poly(amidimid)
>260	PPS 40% Glasfasern (nach Tempern bei 260°C)	Poly(phenylensulfid)
274	PAI 30% Glasfasern	Poly(amidimid)
275	PAI 30% Carbonfasern	Poly(amidimid)
315	PEEK 30% Glasfaser bzw. Carbonfaser	Poly(etheretherketon)
>320	PEEKK 30% Glasfaser bzw. Carbonfaser	Poly(etheretherketonketon)
337	PBBT	flüssigkristallines Poly(arylat)
350	PEKEKK 30% Glasfaser	Poly(etherketonetherketonketon)

320

Tab.11.3.10: Längenausdehnungskoeffizient bei 23° in 10^{-6}/K:

-3		POBN, parallel zur Spritzrichtung	flüssigkristallines Poly(arylat)
	66	POBN, quer zur Spritzrichtung	
-1		POBN 30% Glasfaser, parallel zur Spritzrichtung	
	47-52	POBN 30% Glasfaser, quer zur Spritzrichtung	
9		PAI 30% Carbonfaser	Poly(amidimid)
12		PEEKK 30% Carbonfaser	Poly(etheretherketonketon)
		PPS 75% Glasfaser/Mineral	Poly(phenylensulfid)
14		PPS 40% Glasfaser, parallel zur Spritzrichtung	
	40	PPS 40% Glasfaser, quer zur Spritzrichtung	Poly(phenylensulfid)
14		PPS 65% Glasfaser, parallel zur Spritzrichtung	
	25	PPS 65% Glasfaser, quer zur Spritzrichtung	Poly(phenylensulfid)
15		PEEK 30% Carbonfaser	Poly(etheretherketon)
16		PAI 30% Glasfaser	Poly(amidimid)
20		PEEKK 30% Glasfaser	Poly(etheretherketonketon)
		PEKEKK 30% Glasfaser	Poly(etherketonetherketonketon)
		PSU 30% Glasfaser	Poly(sulfon)
		PEI 30% Glasfaser	Poly(etherimid)
21		PES 30% Glasfaser	Poly(ethersulfon)
22		PEEK 30% Glasfaser	Poly(etheretherketon)
25		PPE/PA 30% Glasfaser	Poly(phenylenether)
		TMC-PC 20% Glasfaser	modifiziertes Poly(carbonat)
		PSU 20% Glasfaser	Poly(sulfon)
25-40		PPE/PS(SB)-Mischungen 30% Glasfaser	Poly(phenylenether)
26		PES 20% Glasfaser	Poly(ethersulfon)
31		PES 30% Mineral	Poly(ethersulfon)
		PAI	Poly(amidimid)
35		PPX-Monochlorderivat	Poly(p-xylylen)
41		PEKEKK	Poly(etherketonetherketonketon)
45		PEEKK	Poly(etheretherketonketon)
47		PEEK	Poly(etheretherketon)
50-62		PBIT	amorphes Poly(arylat)
52		PPE	Poly(phenylenether)
55		PSU	Poly(sulfon)
		PES	Poly(ethersulfon)
56		PEI	Poly(etherimid)
60-90		PPE/PS(SB)-Mischungen	Poly(phenylenether)
69		PPX	Poly(p-xylylen)
70		PPE/PA	Poly(phenylenether)
72		PESC	Poly(estercarbonat)
75		TMC-PC	modifiziertes Poly(carbonat)

Sachwortverzeichnis

324

328

Das technische Wissen der GEGENWART

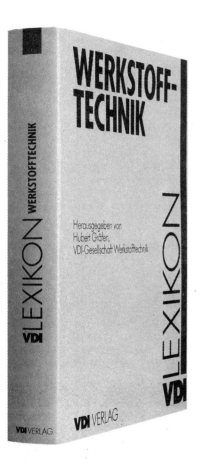

Das Lexikon

Das <u>VDI-Lexikon Werkstofftechnik</u> erscheint als viertes, in der Sammlung der lexikalischen Werke zu bedeutenden Fachdisziplinen der Technik: Ein Meilenstein in der Geschichte der technisch-wissenschaftlichen Literatur.

Aufgabe dieser Fachlexika ist es, Ingenieuren, Ingenieurstudenten und Naturwissenschaftlern einen mühelosen Zugang zu einem enormen Wissensschatz zu ermöglichen. Ein unentbehrliches Werk für jeden, der einen Einstieg in neue Wissensgebiete sucht oder der seine Kenntnisse über aktuelle Themen zum Stand der Technik und der Technik-Anwendung erweitern möchte.

Das <u>VDI-Lexikon Werkstofftechnik</u> zeigt, wie der technische Fortschritt und seine Umsetzung in die Praxis sowie die industrielle Weiterentwicklung mit dem Stand der Werkstofftechnologie verbunden sind.

VDI-Lexikon Werkstofftechnik
Hrsg. von Hubert Gräfen. 1991.
1182 Seiten, 997 Bilder, 188 Tabellen. 16,8 x 24 cm. In Leinen gebunden mit Schutzumschlag.
DM 278,–/250,20*
ISBN 3-18-400893-2

Der Inhalt

Rund 3 000 Stichwörter bzw. Stichwortartikel sind durch zahlreiche Funktionszeichnungen, Bilder und Tabellen ergänzt, die ein einfaches Verständnis der Texte gewährleisten. Bis zum letztmöglichen Augenblick wurden noch Stichworte aus Gebieten mit einer regen Forschungsaktivität ergänzt und teilweise aktualisiert. Das ausgefeilte Verweissystem sowie die Hinweise auf vertiefende Literatur geben dem Leser die Möglichkeit, seine Kenntnisse zu erweitern und zu vertiefen.

Bereits erschienene Fachlexika:

Lexikon Elektronik und Mikroelektronik

Lexikon Informatik und Kommunikationstechnik

VDI-Lexikon Bauingenieurwesen

VDI-Lexikon Meß- und Automatisierungstechnik (1992)

Folgende Fachlexika sind in Vorbereitung:

VDI-Lexikon Energietechnik (1993)

Lexikon Maschinenbau Produktion Verfahrenstechnik (1994)

Lexikon Umwelttechnik (1994)

Der Herausgeber

Prof. Dr. rer. nat. Dr.-Ing. E. h. Hubert Gräfen

Prof. Gräfen, Jahrgang 1926, studierte Chemie an der Universität Köln und TH Aachen, wo er 1954 mit dem Diplom in Technischer Chemie abschloß.
1954 bis 1970 war er Leiter der Korrosionsabteilung der Materialprüfung der BASF Ludwigshafen und promovierte 1962 am Max-Planck-Institut für Metallforschung in Stuttgart. Von 1970 bis 1988 war er als Direktor und Leiter des Ingenieurfachbereichs Werkstofftechnik der Bayer AG Leverkusen tätig.
Ab 1970 Lehrbeauftragter an der TU Hannover, Institut für Werkstofftechnik, 1972 Habilitation und 1976 Ernennung zum außerplanmäßigen Professor. Seit 1984 Wahrnehmung von Lehraufträgen an den Technischen Universitäten Clausthal und München.
Von 1974 bis 1983 war Prof. Gräfen Vorsitzender der VDI-Gesellschaft Werkstofftechnik, seit 1987 Vorsitzender des DVM (Deutscher Verband für Materialforschung und -entwicklung e.V.). Er ist Mitglied des Kuratoriums der DECHEMA, Frankfurt/M.
1989 wurde ihm die Ehrendoktorwürde (Dr.-Ing. E. h.) durch die Fakultät für Bergbau, Hüttenwesen mit Maschinenwesen der TU Clausthal verliehen.
Prof. Gräfen ist Autor von mehr als 140 Fachaufsätzen in technisch-wissenschaftlichen Zeitschriften und von zahlreichen Kapiteln in technisch-wissenschaftlichen Büchern.

Die Autoren

70 hervorragende Fachleute aus Forschung, Lehre und Praxis haben ihr Wissen in dieses Lexikon eingebracht, sowohl in wissenschaftlich präzisen Definitionen als auch in fundierten, vertiefenden Abhandlungen.
Ein Wissensschatz, der in dieser Form vorbildlich ist.

 **VDI** VERLAG
Postfach 10 10 54, 4000 Düsseldorf 1